浅层超稠油地面工程特色技术

SURFACE ENGINEERING CHARACTERISTIC TECHNOLOGIES OF SHALLOW SUPER HEAVY OIL

单朝晖 刘 勇 邢晓凯 于 淼 朱 峰 等著

中国石油大学出版社

山东·青岛

图书在版编目(CIP)数据

浅层超稠油地面工程特色技术 / 单朝晖等著. --青岛：中国石油大学出版社，2022.3
ISBN 978-7-5636-7445-9

Ⅰ. ①浅… Ⅱ. ①单… Ⅲ. ①浅层开采－稠油开采－开采工艺 Ⅳ. ①TE345

中国版本图书馆 CIP 数据核字(2022)第 044010 号

书　　　名：	浅层超稠油地面工程特色技术
	QIANCENG CHAOCHOUYOU DIMIAN GONGCHENG TESE JISHU
著　　　者：	单朝晖　刘　勇　邢晓凯　于　淼　朱　峰　等
责任编辑：	穆丽娜(电话 0532-86981531)
封面设计：	悟本设计
出　版　者：	中国石油大学出版社
	(地址：山东省青岛市黄岛区长江西路 66 号　邮编：266580)
网　　　址：	http://cbs.upc.edu.cn
电子邮箱：	shiyoujiaoyu@126.com
排　版　者：	青岛天舒常青文化传媒有限公司
印　刷　者：	山东临沂新华印刷物流集团有限责任公司
发　行　者：	中国石油大学出版社(电话 0532-86981531，86983437)
开　　　本：	787 mm×1 092 mm　1/16
印　　　张：	12.5
字　　　数：	303 千字
版 印 次：	2022 年 3 月第 1 版　2022 年 3 月第 1 次印刷
书　　　号：	ISBN 978-7-5636-7445-9
定　　　价：	138.00 元

《浅层超稠油地面工程特色技术》编写组

组　　长：单朝晖

副 组 长：刘　勇　邢晓凯　于　森　朱　峰

成　　员：孙　森　杨宇尧　李学军　李家学

　　　　　张永星　窦玉明　邱江源　张贤明

前　言

新疆油田浅层稠油开发始于1984年，风城油田作为新疆油田稠油开发主力接替区块，于2010年开始进入工业化开发，风城原油为超稠油，主要采用过热蒸汽吞吐和SAGD开发方式。由于原油物性的变化和开发方式的转变，地面工程在集输、注汽、油水处理、热能利用等领域面临着四大技术难题：一是风城油田地处国家4A级风景区，属环境敏感区，集输为开式流程，蒸汽和伴生气无组织排放，不满足环保要求；二是油水密度差小、乳化程度高且稳定，导致原油脱水困难；三是产出污水温度高、含硅量高、矿化度高，导致设备及管线结垢严重；四是SAGD采出液温度高、携汽量大，存在高温余热利用问题。针对超稠油开发地面系统面临的系列难题，自2008年起，新疆油田公司开展了"新疆油田稠油开发地面工程配套技术研究"系列项目科研攻关。通过十多年的持续攻关和现场试验，形成了新疆浅层超稠油开发地面系统关键技术，有效保障了稠油资源的规模高效开发，取得的主要创新成果如下：

(1) 创新形成了超稠油密闭集输技术。实现了蒸汽吞吐开发和SAGD开发集输系统全密闭，有效回收了蒸汽和伴生气，既解决了安全环保问题，又提高了油田开发的经济效益。

(2) 创新形成了SAGD采出液高温密闭脱水技术。针对SAGD采出液携汽量大、乳化严重特性，研发了"仰角预脱水＋热化学脱水"工艺，实现了SAGD采出液单独处理，避免SAGD采出液对蒸汽吞吐开发稠油处理造成冲击。

(3) 创新形成了超稠油污水处理技术。揭示了污水除硅、除盐原理，改进了除硅和除盐工艺，实现了污水有效回收再利用。

(4) 创新形成了采出液高温余热综合利用技术。通过锅炉给水提温、采暖及储罐保温来回收SAGD余热,实现了热能梯级利用,提高了热能综合利用率。

全书共7章,第1章详细阐述了地质油藏、地面工程概况及地面工程的主要特色技术;第2章详细阐述了蒸汽吞吐开发密闭集输处理工艺和关键技术,并进行了适应性分析;第3章详细阐述了SAGD开发生产规律、密闭集输处理工艺和关键技术,并对运行存在的问题提出了技术优化方向;第4章详细阐述了超稠油污水净化、除硅、除盐、废水处理等相关技术,并对处理现状进行了适应性分析,提出了技术优化方向;第5章详细阐述了采出液高温余热综合利用关键技术,并针对热平衡矛盾提出了技术优化方向;第6章详细阐述了含油污泥处理关键技术,对现场处理效果进行了评价,提出了技术优化方向;第7章详细阐述了风城超稠油掺稀输送工艺,分析了掺稀输送效果,提出了技术优化方向。

本书是在风城油田前期地面工程设计及科研项目的基础上,对风城油田地面工程主体技术进行的高度总结,是风城油田广大科研工作者智慧和汗水的结晶。在本书编写过程中,欧阳建利、狄建国、夏强、马占江、马大文等提供了大量资料,中国石油大学(北京)克拉玛依校区付璇、张文辉、刘志辉、苏洁、秦梦、鲁文君等做了大量工作,在此表示衷心感谢。

限于笔者经验及技术水平,书中错误及疏漏之处在所难免,敬请读者批评指正。

目　录

第1章　绪　论 ··· 1
1.1　风城油田地质油藏概况 ·· 1
1.1.1　地质概况 ·· 1
1.1.2　储层物性 ·· 1
1.1.3　开发概况 ·· 2
1.2　风城油田地面工程概况 ·· 2
1.2.1　主体地面工艺 ·· 2
1.2.2　主要工程设施 ·· 5
1.3　主要特色技术 ··· 5

第2章　蒸汽吞吐开发密闭集输技术 ·· 7
2.1　国内外稠油集输技术现状 ··· 8
2.1.1　稠油加热集输技术 ·· 9
2.1.2　稠油不加热集输技术 ··· 9
2.1.3　稠油化学降黏集输技术 ··· 9
2.1.4　稠油掺稀油密闭集输技术 ··· 10
2.2　采出液基本物性 ··· 11
2.2.1　重18井区油水物性 ·· 11
2.2.2　原油物性参数 ··· 12
2.2.3　水质分析 ·· 13
2.2.4　伴生气组分分析 ·· 13
2.3　密闭集输关键技术 ·· 15
2.3.1　"微负压蒸汽汽提＋多相复杂流体循环冷却"密闭接转技术 ···················· 15
2.3.2　井下油套连通技术 ·· 17
2.3.3　复杂伴生气高效处理技术 ··· 18
2.3.4　密闭集输的主要工艺设备 ··· 21

2.4 原油处理站工艺 …… 24
  2.5 风城油田稠油密闭集输工艺适应性分析 …… 24
  参考文献 …… 26

第3章 SAGD开发密闭集输技术 …… 27

  3.1 国内外SAGD开发集输处理技术现状 …… 27
    3.1.1 加拿大SAGD技术应用现状 …… 27
    3.1.2 辽河油田SAGD技术应用现状 …… 30
  3.2 SAGD采出液生产情况 …… 31
    3.2.1 循环预热阶段 …… 32
    3.2.2 正常生产阶段 …… 36
    3.2.3 生产阶段判别方法 …… 39
  3.3 SAGD开发密闭集输工艺技术 …… 40
    3.3.1 SAGD开发集输布站方式 …… 40
    3.3.2 SAGD开发密闭集输关键节点压力 …… 42
    3.3.3 关键集输设备 …… 43
    3.3.4 现场应用 …… 44
  3.4 SAGD循环预热采出液处理 …… 44
    3.4.1 预处理流程 …… 44
    3.4.2 关键技术 …… 46
    3.4.3 现场应用 …… 52
  3.5 SAGD正常生产采出液处理 …… 53
    3.5.1 换热降温技术 …… 54
    3.5.2 油水分离技术 …… 55
    3.5.3 高效耐温药剂体系 …… 58
    3.5.4 在线分相计量技术 …… 58
    3.5.5 段塞捕集技术 …… 62
  参考文献 …… 63

第4章 超稠油污水处理技术 …… 65

  4.1 国内外超稠油污水处理技术现状 …… 65
    4.1.1 国内外超稠油污水处理技术 …… 65
    4.1.2 国内外超稠油污水处理工艺 …… 77
  4.2 超稠油污水性质 …… 81
    4.2.1 超稠油污水物性分析及处理难点 …… 81
    4.2.2 垢样成分及成垢机理分析 …… 83
    4.2.3 高含盐水来源及水质特征 …… 89
  4.3 污水处理关键技术 …… 90

	4.3.1 超稠油污水化学混凝除硅技术	91
	4.3.2 超稠油污水离子调整旋流反应技术	101
	4.3.3 超稠油污水气浮选技术	112
	4.3.4 超稠油污水高温反渗透除盐技术	116
	4.3.5 高含盐水蒸发除盐（MVC）技术	121
	4.3.6 高含盐水处理回用及达标外排技术	124
4.4	超稠油污水处理适应性分析及应用情况	131
	4.4.1 超稠油污水处理适应性分析	131
	4.4.2 超稠油污水处理技术应用与社会效益	132
	4.4.3 技术优化方向	132
参考文献		132

第5章 采出液高温余热综合利用技术 — 134

5.1	余热利用技术现状	134
	5.1.1 烟气余热回收利用技术	134
	5.1.2 热泵回收余热技术	135
	5.1.3 余热采暖技术	135
	5.1.4 采出液余热发电技术	136
5.2	余热利用现状	136
5.3	热能潜力分析	137
	5.3.1 热源情况	137
	5.3.2 冷源情况	137
	5.3.3 余热量计算	137
5.4	采出液余热综合利用关键技术	138
	5.4.1 注汽转接站采暖	138
	5.4.2 站内储罐保温技术	142
	5.4.3 采出液换热采暖技术	143
5.5	技术优化方向	144
参考文献		145

第6章 含油污泥处理技术 — 146

6.1	含油污泥处理技术现状	146
	6.1.1 含油污泥减量化处理技术	147
	6.1.2 含油污泥无害化处理技术	150
	6.1.3 含油污泥资源化处理技术	153
	6.1.4 国内典型含油污泥处理工艺流程	156
6.2	风城超稠油含油污泥成分分析	158
6.3	风城超稠油含油污泥处理关键技术	158

  6.3.1 高效菌种的筛选 ····· 159
  6.3.2 复合微生物制剂配方及评价 ····· 162
  6.3.3 运行参数对处理效果的影响 ····· 164
  6.3.4 现场运行参数及处理效果评价 ····· 166
 6.4 技术优化方向 ····· 167
 参考文献 ····· 167

第 7 章 风城超稠油掺稀输送技术 ····· 171

 7.1 超稠油输送技术现状 ····· 171
  7.1.1 加热输送技术 ····· 172
  7.1.2 掺稀降黏输送技术 ····· 172
  7.1.3 稠油改质降黏输送技术 ····· 174
  7.1.4 乳化降黏输送技术 ····· 174
  7.1.5 低黏液环输送技术 ····· 176
  7.1.6 超声波处理输送技术 ····· 176
 7.2 风城超稠油基础物性 ····· 177
  7.2.1 超稠油物性 ····· 177
  7.2.2 超稠油黏温关系及流变特性 ····· 178
  7.2.3 混油黏温特性 ····· 180
 7.3 风城超稠油掺稀输送工艺技术 ····· 180
  7.3.1 工艺原理 ····· 180
  7.3.2 管道概况 ····· 182
  7.3.3 工艺流程 ····· 182
  7.3.4 场站布置 ····· 184
 7.4 应用效果分析 ····· 187
 参考文献 ····· 187

第1章
绪 论

1.1 风城油田地质油藏概况

1.1.1 地质概况

风城油田位于准噶尔盆地西北缘乌夏断裂带,区域构造属西部隆起,范围近 1 100 km²,距克拉玛依市区东北约 120 km,行政隶属新疆克拉玛依市。该区北以哈拉阿拉特山为界,东与夏子街接壤,西邻乌尔禾区,南与艾里克湖毗连,克拉玛依至阿勒泰地区的 217 国道从油田中部通过,交通较为便利。该区地面起伏较大,山脊、冲沟均较发育,地表呈灰白色,地面海拔 300~374 m,平均 340 m,属湖积—洪积地貌。该区地貌单一,地层沉积稳定,不存在崩塌、泥石流、滑坡、地震断层等地震地基失效问题。该区气候干燥,降雨量稀少,属典型的半干燥内陆性气候,极端最高气温为 42.9 ℃,极端最低气温为 -35.9 ℃。

1.1.2 储层物性

风城油田含油层系多,非均质性严重,原油性质较复杂,物性变化范围大。油田落实的 $3.72×10^8$ t 稠油储量中,50 ℃地面脱气原油黏度大于 20 000 mPa·s 的地质储量占到 60%,大部分储量属于特、超稠油范畴。油品具有"三高四低"特性,即原油黏度高、酸值高、胶质含量高,硫含量低、蜡含量低、沥青质含量低、凝点低。

50 ℃地面脱气原油黏度在 8 000~43 000 mPa·s 之间,采出液平均黏度为 14 325 mPa·s,对温度敏感,温度每升高 10 ℃,黏度降低 50%~70%;酸值最高达到 11.5 mg KOH/g;胶质含量最高达到 25%,硫含量为 0.82%,蜡含量为 1.2%,沥青质含量最高达到 9%,凝点在 2.4~22.1 ℃之间。

伴生气以甲烷和二氧化碳为主,其中甲烷含量在 30% 以上,二氧化碳含量在 50% 以上,硫化氢含量高达 6 000 mg/m³。

地层水水型为 $NaHCO_3$ 型,矿化度低,氯离子质量浓度最高为 3 466.17 mg/L,矿化度最高为 7 751.34 mg/L。

1.1.3 开发概况

新疆优质环烷基稠油是炼制长征火箭煤油、耐极寒机油、特种级沥青、高端白油等国家重大工程建设所需原料的稀缺资源,全球已探明石油储量中该类资源仅占2.2%,战略意义重大。

该类资源油藏埋深浅,在地层条件下以固态形式赋存,采用常规蒸汽吞吐和蒸汽驱方式无法全面有效动用,主要采用过热蒸汽吞吐和SAGD方式进行开发。

过热蒸汽吞吐开发采出液含气含砂,伴生气产量变化幅度大。SAGD开采分SAGD循环预热阶段和SAGD正常生产阶段,循环预热阶段通常持续3~6个月,之后转入正常生产阶段。SAGD采出液具有温度高(160~220 ℃)、携汽量大(5%~30%)、携砂量大(0.1%~5%)、携砂粒径小等特点。在SAGD循环预热阶段,初期采出液受钻井和固井等因素的影响,悬浮物含量和矿化度高,含油量低;中后期氯离子含量、悬浮物含量、矿化度下降,含油量上升;在SAGD正常生产阶段,氯离子含量、钾+钠离子含量、悬浮物含量、含油量等物性与循环预热阶段差别较大,氯离子含量、钾+钠离子含量、悬浮物含量急剧下降,含油量急剧升高。

1.2 风城油田地面工程概况

新疆油田针对风城油田开发难度大、地面建设成本及能耗高的特点,开展了地面优化简化工艺技术研究,形成了集输、注汽、原油处理、采出水处理及原油外输等一整套成熟先进的地面工艺技术。

1.2.1 主体地面工艺

1)过热蒸汽吞吐开发集输工艺

采用三级布站密闭集输流程,即采油井场→多通阀集油配汽计量管汇站→密闭接转站→原油处理站。密闭接转站采出液采用"微负压油汽(气)分离+密闭接转+蒸汽冷却喷淋"工艺进行处理,分出液去原油处理站,分出伴生气采用LO-CAT脱硫工艺脱硫、干燥后回用至油区注汽锅炉。原油处理采用两段大罐热化学沉降脱水工艺。过热蒸汽吞吐开发集输处理工艺流程如图1-2-1所示。

2)SAGD开发集输工艺

采用二级布站密闭集输流程,即采油井场→多通阀集油计量管汇(双线混输)→SAGD高温密闭脱水站。原油处理循环预热阶段采用"汽液分离+换热降温+油水分离+浮油回收"处理工艺,正常生产阶段采用"蒸汽分离+采出液换热+仰角预脱水+热化学脱水"处理工艺。SAGD开发集输处理工艺流程如图1-2-2所示。

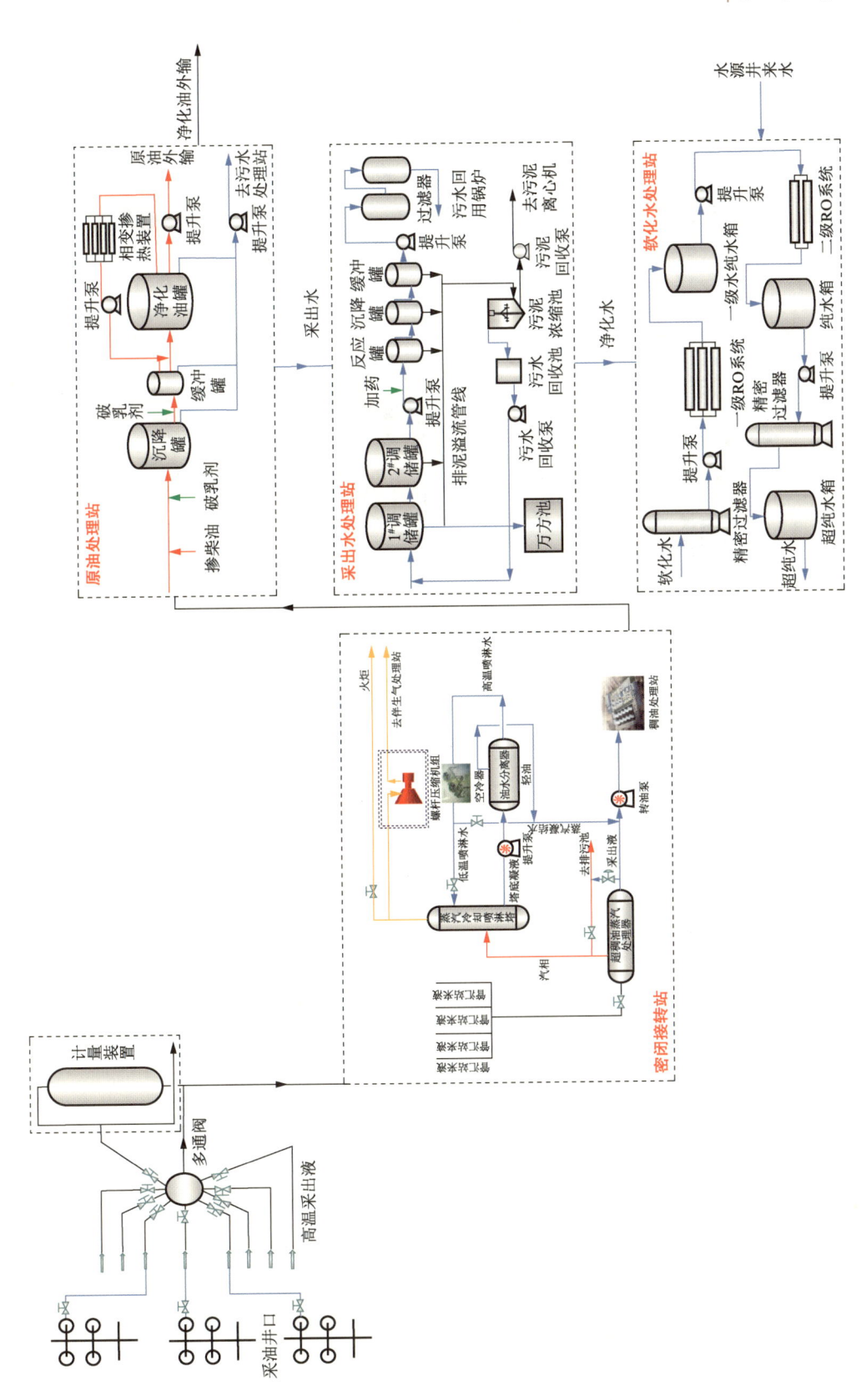

图 1-2-1 过热蒸汽吞吐开发集输处理工艺流程

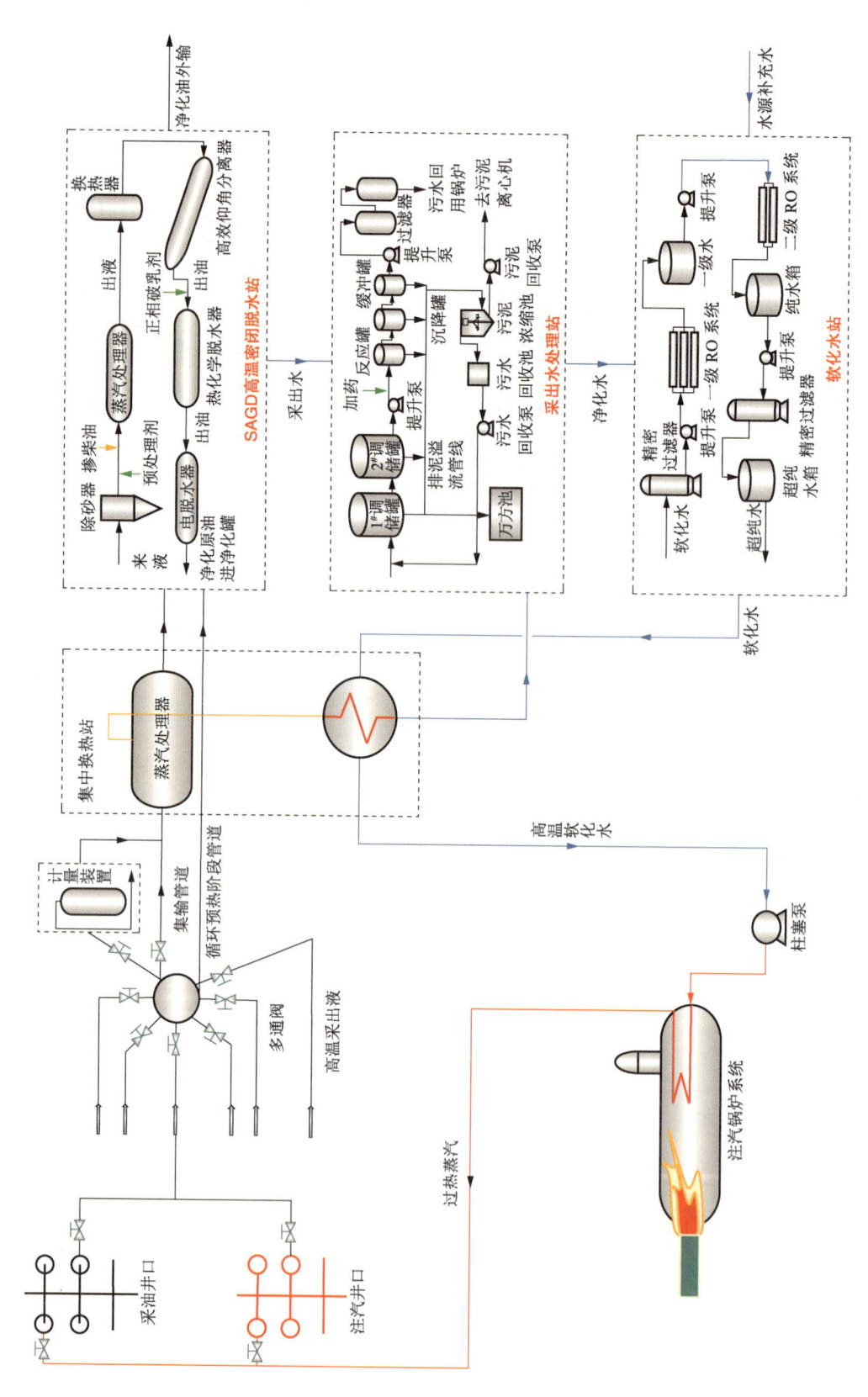

图 1-2-2 SAGD 开发集输处理工艺流程

1.2.2 主要工程设施

风城油田地面已建成6座密闭接转站,设计接转能力为40 000 m³/d;建成2座原油处理站,常规原油处理能力为330×10⁴ t/a,SAGD原油处理能力为180×10⁴ t/a,污水处理能力为70 000 m³/d。风城油田主要工程设施见表1-2-1。

表1-2-1 风城油田主要工程设施

名　称	站　名		工　艺	设计能力	处理指标
原油集输	密闭接转站		微负压油汽(气)分离＋密闭接转＋蒸汽喷淋冷却	2×10 000 m³/d 4×5 000 m³/d	—
	SAGD换热站				—
原油处理	一号稠油联合处理站	常规稠油处理单元	两段热化学沉降	180×10⁴ t/a	原油含水率≤2%
		SAGD稠油处理单元	预脱水＋高温热化学脱水	60×10⁴ t/a	
	二号稠油联合处理站	常规稠油处理单元	两段热化学沉降	150×10⁴ t/a	
		SAGD稠油处理单元	预脱水＋高温热化学脱水	120×10⁴ t/a	
污水处理	一号稠油联合处理站		重力沉降＋化学除硅＋旋流反应＋混凝沉降＋压力过滤	30 000 m³/d	含油量≤2 mg/L 含悬浮物≤5 mg/L 含硅、硬度≤100 mg/L
	二号稠油联合处理站			40 000 m³/d	

1.3 主要特色技术

风城超稠油经过多年开发,地面建设取得了丰硕的成果,优化创新了具有"多、短、集"新疆特色的稠油配套技术,主要特色技术有稠油密闭集输技术、SAGD高温密闭集输工艺技术、超稠油掺柴输送工艺技术、超稠油污水化学混凝除硅技术、超稠油污水高温反渗透除盐技术、高含盐废水机械蒸汽压缩(MVC)深度处理技术。

1) 稠油密闭集输技术

形成了以"蒸汽冷凝、气液分输"为特点的密闭集输工艺,蒸汽冷凝水循环利用,伴生气脱硫干燥后输送至油区作为注汽锅炉的燃料,解决了蒸汽和伴生气无组织排放造成的环保问题,同时回收了轻质油和伴生气。

2) SAGD高温密闭集输技术

首创了以"双线集输、集中换热"为特点的高温密闭集输工艺,充分利用井底采油泵举升能量,实现了全流程无动力高温(180 ℃)密闭集输,系统密闭率达到100%。

3）超稠油掺柴输送工艺技术

建成了国内距离最长(102.2 km)、管输规模最大($500×10^4$ t/a)、输送黏度最高($17×10^4$ mPa·s)的超稠油管道,采用一泵到底的输送方式,解决了超稠油长距离输送的世界级难题,同时保留了环烷基稠油的优良特性。

4）超稠油污水化学混凝除硅技术

多级加药反应结合混凝沉降,处理后二氧化硅质量浓度从 350 mg/L 降到 80 mg/L,除硅率达 80%,为锅炉安全平稳运行提供了保障。

5）超稠油污水高温反渗透除盐技术

采用高温膜反渗透分离工艺,将软化水进一步除盐,利用热能的同时提升了锅炉用水的品质。

6）高含盐废水 MVC 深度处理技术

将机械蒸发压缩技术、板式降膜蒸发器、不除硅防硅垢技术相结合,形成了高含盐废水 MVC 深度处理技术,实现了污水的回用和达标排放。

风城油田主要特色技术应用情况见表 1-3-1。

表 1-3-1 风城油田主要特色技术应用

形成技术(系列)	应用效果
稠油密闭集输技术	成功推广应用于九 6—8 区以及吉 7 井区中深层稠油油藏的开发项目中
SAGD 高温密闭集输技术	成功应用于风城油田 SAGD 开发原油脱水,现场运行稳定,适合规模化推广应用
超稠油掺柴输送工艺技术	成功应用于风-克线、克-乌线的原油输送,有效保障了风城稠油开发
超稠油污水化学混凝除硅技术	成功应用于风城油田,实现了污水的回用和达标排放
超稠油污水高温反渗透除盐技术	
高含盐废水 MVC 深度处理技术	

第 2 章
蒸汽吞吐开发密闭集输技术

新疆油田采出液具有温度高、携汽量大、携砂严重、H_2S 含量高等特点,给集输系统的稳定运行和配套设备选型带来很大困难。传统的"开式"集输工艺具有操作简单、运行稳定等优点,但生产过程中伴随着携油蒸汽和伴生气的无组织排放,导致油区和附近生活区的油气味明显,不符合安全、环保的总体要求。另外,稠油热采导致原油中 C—S 键断裂,H_2S、CO_2、液态烃含量远超冷采开发方式,油田伴生气具有温度高、H_2S 含量高、热值低、含液态烃和饱和水、气量波动大等特点,常规的处理工艺适应性差,不能满足安全环保要求。新疆油田公司通过多年的研究攻关形成了一套完整的稠油密闭集输工艺技术,研发了适应新疆油田稠油集输的核心装备,成功破解了稠油开发和集输过程中蒸汽、伴生气无组织排放以及热能利用率低的突出问题。

自 1984 年以来,随着开采原油黏度的不断增大,新疆油田稠油集输流程也不断发展,先后经历了密闭、开式、密闭的发展历程。开采初期(1984—1993 年),开发原油黏度低,50 ℃ 黏度小于 1 000 mPa·s,油田开发采用注湿蒸汽方式和二级布站密闭集输流程。1994—2004 年,50 ℃ 黏度为 1 000~5 000 mPa·s,随着稠油黏度的升高,注汽干度提高,注汽量增大,采出液温度提高,采出液携汽、携砂。密闭集输后,井口回压升高,采油井产量下降,同时由于当时仪表自动化水平相对落后,不能满足密闭集输系统温压调控的要求,导致员工劳动强度大,系统运行管理难度大,因此将二级布站密闭集输流程改为二级布站开式集输流程。

2005—2011 年,开发区块原油黏度普遍上升到 10 000 mPa·s 左右,尤其是 2011 年以后,风城油田超稠油实现规模开发,原油 50 ℃ 时的黏度普遍在 20 000~50 000 mPa·s 之间,开发方式改为过热蒸汽吞吐开发。为保证井底注蒸汽品质,采用计量、接转、注汽为一体的分散布站方式,即三级布站流程。

针对风城油田开发难度大、地面建设成本高、能耗高的特点,新疆油田公司开展了稠油地面工程优化简化工艺技术研究,优化创新了具有新疆特色的稠油配套技术,形成了以风城油田重 32 井区为代表的"稠油模式",并取得了良好的应用效果。"稠油模式"的主要特点为半径短、分散供热、多通阀选井集油配汽、单管注采集输、称重式油井计量、旋流除砂、掺蒸汽加热脱水处理、稠油采出水处理及回用注汽锅炉等。

新疆油田公司自 2014 年起开展稠油蒸汽吞吐开发区块密闭集输工艺研究以来,依托老区接转站改造和2014—2015年新建产能建设工程开展了密闭集输先导试验;在先导试验取得认识的基础上,2017年启动了风城油田蒸汽吞吐开发区集输系统密闭改造一期工程,2017年12月一期工程全面投产,实现了7座开式接转站的密闭改造。截至2019年,风城油田的接转站全部完成密闭改造,彻底解决了开式流程带来的环保问题,形成了"汽液自然分离+采出液高温密闭接转+蒸汽直接冷却"的密闭接转集输工艺,伴生气脱硫后燃烧再利用,同时形成了一套密闭接转工艺自控系统,它具备在无人值守的情况下应对常见事故的能力,这使新疆油田智能化建设及改造更进一步。

目前,风城油田蒸汽吞吐开发集油区采用三级布站集输工艺,即"采油井场→多通阀集油配汽计量管汇站→密闭接转站→原油处理站"。该密闭集输工艺具有操作简单、运行稳定等优点,能较好地满足蒸汽吞吐开发原油集输、处理要求。

2.1 国内外稠油集输技术现状

我国稠油资源丰富,稠油储量较多的油田有辽河油田、胜利油田和新疆油田等。稠油开发技术发展很快,主要分为热采和冷采两类,其中以蒸汽吞吐、蒸汽驱、火烧油层、化学降黏等方法为主。从目前研究和应用的情况来看,稠油热采方法虽然投资成本高,但适用范围广,可得到较高的采收率,其中蒸汽吞吐和蒸汽驱是最有效、最主要的稠油热采技术。

稠油集输技术也随之发展,充分利用井口余热的不加热集输和加热降黏集输、化学降黏集输在稠油管道运输中得到了广泛应用。在有稀油油源的油田,可采用轻油稀释降黏的集输方式。化学剂降黏法因其工艺简单、成本较低、易于实现在油层开采和管道运输中应用较多。微生物降黏法和井下改质降黏法在稠油开发中应用前景广阔,降黏后将稠油集输问题转化成稀油集输问题,为稠油开发和集输提供了新思路。微生物降黏剂的特点为无毒、价格低等,如果能培养出合适的菌种,则可大幅度降低稠油的黏度,提高现有的稠油开采技术水平,提高稠油的采收率,降低集输难度。井下改质降黏技术是在催化剂作用下将原油在地层中裂解,使其黏度大幅度降低,将稠油开采难题转化为稀油开采问题,可大幅提高稠油产能并简化集输工艺。

油田油气收集的基本流程包括井口不加热单管流程、井口加热单管流程、双管掺液流程、单管环状掺水流程等。

蒸汽吞吐是一种相对简单且成熟的注蒸汽开采稠油的技术,在美国、委内瑞拉、加拿大广泛应用。蒸汽吞吐的机理主要是加热近井地带原油,使其黏度降低,当生产压力下降时,为地层束缚水和蒸汽的闪蒸提供气体驱动力。蒸汽吞吐是先将大量的蒸汽以较高的速度注入,关井焖井一段时间,再开井排液采油,其采收率一般为15%~20%。近几年蒸汽吞吐技术的发展主要在于使用各种助剂改善吞吐效果,助剂主要有天然气、空气、二氧化碳、高温泡沫及溶剂等,由于蒸汽吞吐采出液温度较高,可以考虑采用不加热集输工艺。

2.1.1 稠油加热集输技术

稠油井产出液不掺其他热介质的"纯油"集输技术包括井口加热、管线局部加热和管线连续伴热，主要适用于单井产量高、出油温度高、井口回压为 1.0~1.2 MPa 的稠油区块。稠油采出液由油、气、水三相组成，在集输过程中具有不稳定性和不均匀性，影响稠油集输水力计算的准确性。因此，在稠油集输流程设计中应适当放大管径，采用较低流速输送，以减少集输过程中的压力损失，起到一定的"降黏"效果。在实际工程中，要采取可靠的加热或伴热的保温措施，重点解决稠油管线径向散热量大的问题。在计量站采用单井计量前加热，以便于计量操作。由于稠油黏度高、密度大，伴生气很难从稠油中自然逸出，分离后的气中带油、油中夹气，要得到合格的净化油，往往需要多级加热及分离流程。

稠油加热集输方式多种多样，油田常用的加热方式有井口电加热、井口加热炉加热、计量站集中加热、热水或蒸汽伴热等。辽河油田作为国内典型的稠油油田，原油具有黏度大，胶质、沥青质含量高，密度高，油气比低及黏温敏感性强等特点，地面集输系统形成了单管加热集输、双管掺水集输、双管掺稀油集输和三管伴热集输流程等工艺技术。下面简要介绍一下辽河油田的单管加热和三管伴热集输工艺。

辽河油田单管加热集输工艺是井口来液经加热炉加热后输往计量站或计量接转站。该工艺集油管道流速通常低于 0.5 m/s，适用于稠油黏度不大于 3 000 mPa·s (50 ℃)、单井产液量较高(不小于 30 t/d)、井口出油温度较高(40 ℃以上)的稠油集输。辽河油田采用的稠油单管加热集输工艺具有流程简单、方便管理、投资少等特点。

辽河油田三管伴热集输工艺是利用伴热介质管道与稠油管道伴行来保证稠油集输温度的，常用伴热介质为热水或导热油。该工艺适用于原油黏度为 3 000 mPa·s 以下的稠油集输，特别对一些低产井、间歇出油的油井更适合。

2.1.2 稠油不加热集输技术

与稠油加热集输技术相比，稠油不加热集输技术充分利用稠油在井筒举升过程中的剩余热量进行地面集输，无须在井口设立加热装置，其中最具代表性的是空心抽油杆电加热技术。该技术在稠油井中安装空心抽油杆交流电加热装置，降低井筒内稠油黏度，不但能有效减少常规的油井清蜡及井下热洗次数，而且能提高单井稠油产量，使井口出油温度升高 15 ℃以上，免去井口加热设备，工艺相对简单。蒸汽吞吐采出液的温度较高，可采用不加热集输工艺。

2.1.3 稠油化学降黏集输技术

油水混合物在静止或低速输送状态下容易形成油水两相分层，不利于稠油管道输送的稳定性。活性水是指用表面活性剂配制的一定浓度的水溶液。作为化学降黏的一种有效方法，掺活性水实质是促进润湿边壁的形成，以利于稠油降阻输送。掺活性水时水油比一般为(1.8~2.0):1,在实际运行中掺水量会更大。现场生产中输油温度不宜低于30℃,掺入水温度一般在50℃以上。虽然掺活性水流程仍存在一些缺陷,但是在无稀释剂(稀原油、柴油等)可供输入时,仍是一种行之有效的稠油集输方式。此外,水的热容比油大1倍,在需要掺入热量较多的情况下,掺热水与掺热油相比有明显的优越性。

2.1.4 稠油掺稀油密闭集输技术

经过多年生产实践,我国的一些油田形成了稠油掺稀油密闭集输、多级分离、热化学沉降脱水、掺稀油定量分配等较为完善的稠油密闭集输处理工艺,对于低产、高稠、井深且周边有稀油资源的油田非常适用,掺稀油的部位可选择在井下、井口、站内等位置。掺稀油比(平均为0.6)远小于掺水比(平均为1.8),稠油掺稀油后混合液量比掺水减少约40%,显著降低了集输总量,降黏效果稳定,大大降低了输油泵能耗。针对干抽不能正常生产的抽油井,井下采取掺稀油措施后,油井可恢复正常生产,因此掺稀油是提高稠油产量的一种有效措施。就原油脱水而言,稠油掺稀降黏可能比升温降黏更经济。国内应用稠油掺稀油集输流程比较典型的油田有塔河油田和辽河油田。

塔河油田超稠油开发已逐步建立起节省投资、减少能耗的"掺稀油集中混配、计转站集中增压、多工艺输送至井口"的超稠油开发地面集输模式。塔河油田对伴生气物理、化学等脱硫工艺进行了技术经济论证,最终优选出能耗低、脱硫效率较高的油田伴生气提脱硫工艺,并辅以化学脱硫法,从而形成了具有鲜明特点的"混、输、掺"集中掺稀油模式。塔河油田针对主力上产区块10区、12区超稠油油藏埋藏深、油品黏度大、油水密度差小等特性,优选了井筒掺稀油降黏工艺。随着超稠油开发规模的增大,平均掺稀油比例由最初设计的0.67上升到1.40。为提高稀油供应量,采用中质油、重质油混配工艺,掺稀油密度由初期的0.88 g/cm³提高到0.91 g/cm³,掺稀油量由63.4×10⁴ t/a上升到384.4×10⁴ t/a。集中掺稀站采用计量接转站和掺稀站合建的工艺模式(称计转掺稀站),掺稀油经稀油管道接入计转掺稀站,经加热、集中增压至15~20 MPa后输送至各掺稀阀组或井口。

为满足稠油开发及集输需要,塔河油田逐步建立了以联合站为混配中心、计量接转站为主站场的掺稀油模式。掺稀油管网全面覆盖6区、8区、10区、12区超稠油油藏,实现对292口稠油井的掺稀油开采,形成了国内规模最大的"稀油集中混配、中低压管网输送、高压单井掺稀油"的集中掺稀油工艺系统。目前,塔河油田以一号联合站、三号联合站为中心,已建成掺稀油集中输送、泵对泵二次密闭增压、稀油到各掺稀油站的掺稀油输送管网。塔河油田超稠油油藏通过掺稀油采出的混合油密度约为0.95 g/cm³,黏度约为3 900 mPa·s(30 ℃),流动性较差。通过采用计量站混输、计量接转站分输、联合站集中处理、油罐气回收一体化稠油集输处理工艺,形成了"单井→计量混输站/计量接转(掺稀油)站→联合站"的全密闭集输模式。塔河油田选用自吸能力强、不易汽蚀、运行平稳、适应高黏油品的双螺杆混输泵,扩大了集输半径,实现了系统优化和工艺简化,较好地发挥了双螺杆混输泵对稠油集输的技术优势。

目前塔河油田稠油集输系统主要采用二级或三级布站、掺稀加热混输的集输工艺模式。集中掺稀站和计量接转站合建，集油区来采出液在计量接转站进行油气分离，并分输至集中处理站进行处理。原油计量接转系统采用压力密闭流程，选用油气分离缓冲罐与双螺杆泵变频控制输送工艺，实现密闭输送。该工艺很好地适应了原油产量的波动，成功替代了常规稠油油田采用的大罐缓冲后进泵的开式流程；计量接转站设置了掺稀油系统，统一规划、联合建设，具有站场布置紧凑、占地少、投资低、节能环保的优势。

辽河油田稠油埋藏深，井筒散热量较大，采用湿蒸汽注汽，井底蒸汽干度为40%～50%，井口采出液温度低。超稠油蒸汽吞吐、蒸汽驱区块多采用双管掺稀油集输流程，与塔河油田的集输工艺基本相同。采出液掺稀油后，通过油气分离和大罐沉降进行处理。采用常温集输，当温度较低时，油气分离器分离出的采出液加热后外输。

2.2 采出液基本物性

风城油田超稠油具有高黏度、高密度、高凝固点、低蜡、高酸值、强热敏感性的特点。蒸汽吞吐开发区50 ℃地面脱气原油黏度在8 000～43 000 mPa·s之间，采出液平均黏度为14 325 mPa·s。油品具有"三高四低"特性，原油黏度对温度敏感，温度达到80 ℃以上时，原油黏度降至1 164 mPa·s以下，具有较好的流动性。油藏地层水均为$NaHCO_3$型，氯离子含量为3 466.17 mg/L，总矿化度为7 751.34 mg/L。

2.2.1 重18井区油水物性

风城油田重18井区采出液黏度较高，其油水物性参数见表2-2-1，蒸汽冷凝水基本物性参数见表2-2-2。

表2-2-1 油水物性参数

序 号	检测项目	检测结果
1	凝固点/℃	2.4～22.1
2	开口闪点/℃	160～200
3	闭口闪点/℃	120～150
5	蜡含量/%	1.3
6	胶质含量/%	15～25
7	沥青质含量/%	2～8
8	酸值/(mg KOH·g^{-1})	1.7～11.2
9	初馏点/℃	142～270
10	密度/(g·cm^{-3})(20 ℃)	0.963

续表 2-2-1

序 号	检测项目		检测结果
11	黏度/(mPa·s)	50 ℃	14 325
		60 ℃	12 267
		70 ℃	4 877
		80 ℃	1 164
		90 ℃	857.8
12	地层水水型		NaHCO$_3$
13	氯离子含量/(mg·L^{-1})		3 466.17
14	矿化度/(mg·L^{-1})		7 751.34

表 2-2-2 蒸汽冷凝水参数

项 目	检测数据	项 目	检测数据
pH	6.68	硫酸根离子浓度/(mg·L^{-1})	5.6
碳酸根离子浓度/(mg·L^{-1})	0	钾+钠离子浓度/(mg·L^{-1})	0.26
碳酸氢根离子浓度/(mg·L^{-1})	1.75	矿化度/(mg·L^{-1})	111.48
氢氧根离子浓度/(mg·L^{-1})	0	水 型	NaHCO$_3$
钙离子浓度/(mg·L^{-1})	0.21	含油量/%	0.5
镁离子浓度/(mg·L^{-1})	0.06	悬浮物含量/(mg·L^{-1})	16
氯离子浓度/(mg·L^{-1})	25.60		

2.2.2 原油物性参数

风城油田原油黏度较高,热敏感性强,其随温度变化范围较大。以重 18 井区为例,采出原油物性见表 2-2-3。

表 2-2-3 重 18 井区采出原油物性

序 号	项 目	八道湾组原油	齐古组原油
1	原油密度/(g·cm^{-3})(20 ℃)	0.915 8~0.986 8	0.934~0.996
2	原油黏度/(mPa·s)(50 ℃)	6 600~9 500	2 700~160 100
3	凝固点/℃	−24~32	−20~48
4	酸值/(mg KOH·g^{-1})	4.5	3.2
5	蜡含量/%	1.2	—
6	沥青质含量/%	5.2	9.1
7	胶质含量/%	19.4	13.8

续表 2-2-3

序 号	项 目	八道湾组原油	齐古组原油
8	含硫量/%	0~0.82	—
9	地层水类型	NaHCO$_3$型	NaHCO$_3$型
10	氯离子浓度/(mg·L^{-1})	3 466.17	1 950.53
11	矿化度/(mg·L^{-1})	7 751.34	4 970.24
12	含水率/%	70~85	70~85

2.2.3 水质分析

风城油田地层水水型为 NaHCO$_3$ 型,地层水平均矿化度为 3 967 mg/L,氯离子平均含量为 2 115.2 mg/L,具体见表 2-2-4。

表 2-2-4 采出水物性

项 目	检测结果	项 目	检测结果
pH	7.81	氯离子浓度/(mg·L^{-1})	2 115.2
碳酸根离子浓度/(mg·L^{-1})	0	硫酸根离浓度子/(mg·L^{-1})	80.7
碳酸氢根离子浓度/(mg·L^{-1})	147.2	钾+钠离子浓度/(mg·L^{-1})	1 590.9
氢氧根离子浓度/(mg·L^{-1})	0	矿化度/(mg·L^{-1})	3 967
钙离子浓度/(mg·L^{-1})	22.7	水 型	NaHCO$_3$
镁离子浓度/(mg·L^{-1})	10.3		

2.2.4 伴生气组分分析

风城油田伴生气的主要成分是甲烷和二氧化碳等,对油田伴生气进行多次采样检测,伴生气的组分和性质参数见表 2-2-5 和表 2-2-6。

表 2-2-5 密闭接转站伴生气组分

组分名称	不同采样下伴生气各组分的体积分数/%					
	1	2	3	4	5	6
甲 烷	46.89	33.31	33.50	30.56	40.23	31.70
乙 烷	0.55	0.50	0.48	0.51	0.52	0.59
丙 烷	0.29	0.29	0.27	0.30	0.34	0.37
异丁烷	0.08	0.08	0.07	0.08	0.10	0.10
正丁烷	0.09	0.09	0.09	0.09	0.11	0.12

续表 2-2-5

组分名称	不同采样下伴生气各组分的体积分数/%					
	1	2	3	4	5	6
异戊烷	0.05	0.04	0.05	0.04	0.08	0.07
正戊烷	0.08	0.07	0.04	0.07	0.12	0.11
正己烷	0.02	0.01	0.07	0.01	0.06	0.06
正庚烷	0.01	0.01	0.03	0.01	0.03	0.07
氮气	10.16	10.36	13.94	12.37	2.41	16.36
二氧化碳	41.40	54.10	51.09	55.21	55.31	49.62
氧气	0.39	1.15	0.38	0.76	0.67	0.83
硫化氢/(mg·m^{-3})	6 005	6 008	5 964	5 638.2	5 248	6 012.9

表 2-2-6 密闭接转站伴生气性质参数

参数名称	不同采样下伴生气的性质参数					
	1	2	3	4	5	6
计算相对分子质量	29.22	32.89	32.46	33.39	32.35	32.49
真实密度/(kg·m^{-3})	1.218 3	1.371 8	1.353 9	1.392 4	1.349 8	1.354 9
真实高位发热量/(kJ·m^{-3})	18 488.99	13 365.67	13 773.27	12 361.96	16 347.56	13 284.50
真实低位发热量/(kJ·m^{-3})	16 674.55	12 058.04	12 428.29	11 154.35	14 753.51	11 996.93
压缩因子	0.997 1	0.996 7	0.996 7	0.996 7	0.996 8	0.997 0

风城油田的大气污染物有两种:硫化氢、非甲烷总烃。伴生气经过处理后去已建注汽锅炉作燃料气,燃烧产物为二氧化硫、二氧化碳、水。硫化氢、非甲烷总烃不作为最终排放形式,执行厂界排放指标,尾气中的污染物二氧化硫执行锅炉大气污染物排放浓度限值。硫化氢、非甲烷总烃控制指标见表 2-2-7,二氧化硫控制指标见表 2-2-8。

表 2-2-7 硫化氢、非甲烷总烃控制指标

污染物名称	厂界检测指标/(mg·m^{-3})	遵循规范
硫化氢	0.03	《恶臭污染物排放标准》(GB 14554—1993)
非甲烷总烃	2.00	《大气污染物综合排放标准》(GB 16297—1996),同时根据乌尔禾环保局要求,按规定值的50%执行

表 2-2-8 二氧化硫控制指标

污染物名称	最高允许排放浓度/(mg·m^{-3})	遵循规范
二氧化硫	50	《锅炉大气污染物排放标准》(GB 13271—2014)

2.3 密闭集输关键技术

油气密闭集输工艺过程是将油井生产的油气水采出液进行收集、计量、初加工及输送的过程。采用密闭集输系统可以充分利用油井剩余的能量，减少能源损耗，实现油气高效集输，避免消耗过多的电能和热能，满足油田生产节能降耗以及环保的技术要求。通过提高井筒采出液温度降低黏度的方式，不断提高稠油油井的产能。利用油流自井筒到达井口的剩余能量将其输送到油气接转站，进行初步的油气水分离，将低含水的原油泵送至联合站并进行油、气、水的彻底分离，含水率小于 0.5% 的原油外输，这部分原油达到行业标准的规定，符合油田生产的产品质量目标。

密闭集输工艺易实现自动控制和管理，降低油田生产的安全风险，满足环保要求，防止发生安全事故，保证稠油开采和集输的效率。风城油田集油区采用"采油井场→多通阀集油配汽计量管汇站→密闭接转站→稠油处理站"三级布站密闭集输工艺，集输半径为 2.5 km 左右。单座中型密闭接转站管辖 5～10 座接转站所辖的管汇及单井。原油集输流程如图 2-3-1 所示。

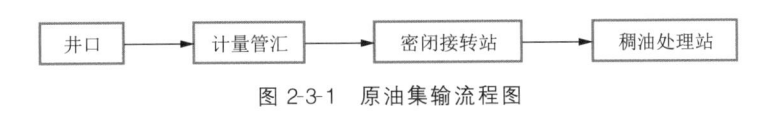

图 2-3-1 原油集输流程图

蒸汽吞吐开发油井井口采出液经多通阀管汇计量后混输至密闭接转站，进站采出液首先进行油汽(气)分离，分离后的采出液经转油泵提升输送至稠油处理站，伴生气降温增压后输送至伴生气集中处理站进行处理。

2.3.1 "微负压蒸汽汽提+多相复杂流体循环冷却"密闭接转技术

风城油田采出液采用"微负压油汽(气)分离+密闭接转+蒸汽喷淋冷却"工艺进行处理，伴生气采用 LO-CAT 脱硫工艺进行处理，脱硫、干燥后至油区注汽锅炉回用，实现超稠油蒸汽吞吐开发的密闭集输。

密闭接转站内主要有原油接转、蒸汽喷淋冷却、伴生气增压等设施。风城油田密闭接转站采出液转输规模主要有 5 000 m³/d 和 10 000 m³/d 两类：5 000 m³/d 密闭接转站的蒸汽冷却能力为 1 000 t/d，伴生气增压能力为 25 000 Nm³/d；10 000 m³/d 密闭接转站的蒸汽冷却能力为 2 000 t/d，伴生气增压能力为 50 000 Nm³/d。

油田集油区携汽(气)采出液混输至接转站，经超稠油蒸汽处理器进行汽(气)液分离，分离出的液相经转油泵提升增压后经集输干线管输至稠油处理站。超稠油蒸汽处理器分离出的饱和蒸汽与蒸汽冷却喷淋塔塔顶的循环喷淋水在塔内逆向接触冷凝，将废汽中的蒸汽和轻质油组分冷凝成含油污水，塔釜含油污水经提升泵提升后进入油水分离器，除油后的冷凝水进入空冷器冷却至 60 ℃后作为喷淋塔冷却水循环使用。冷凝水出口管道旁路设电动调节阀,阀门开度与塔釜液位连锁控制。多余冷凝水进入原油集输系统,油水分离器分离出轻质油,与多余冷凝水一起回原油集输系统。喷淋塔顶排出的不凝气经螺杆压缩机组增压、干燥后去伴生气集中处理站,同时在密闭接转站内安装事故放空火炬,以保障伴生气处理系统安全。风城油田采出液密闭接转站工艺流程如图2-3-2所示,风城油田密闭接转站三维模型如图2-3-3所示。密闭接转站主要控制节点参数见表2-3-1。

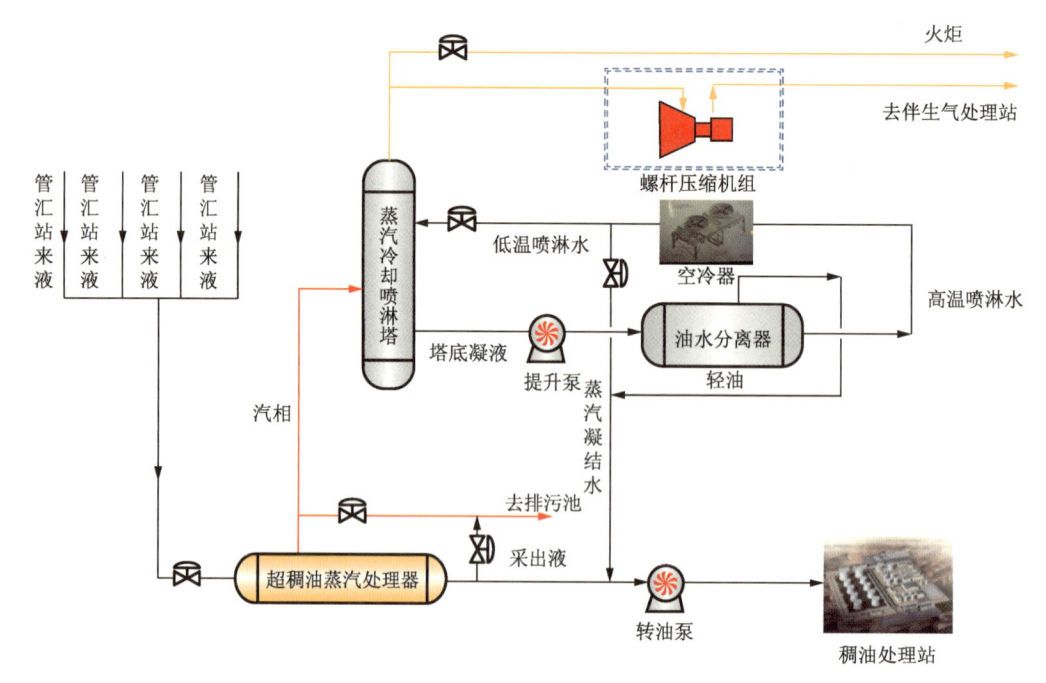

图 2-3-2 风城油田采出液密闭接转站工艺流程图

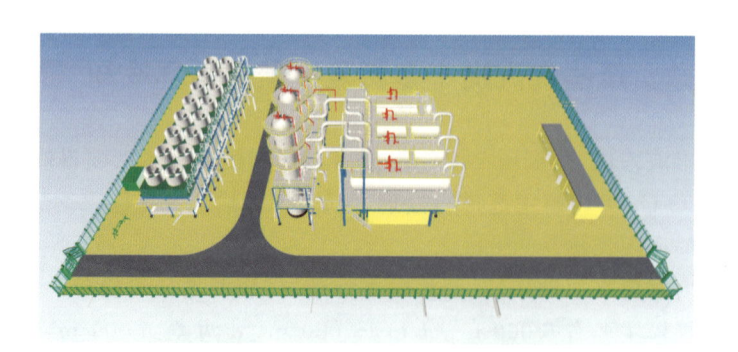

图 2-3-3 风城油田密闭接转站三维模型图

表 2-3-1 密闭接转站主要控制节点参数

节 点	温度/℃	压力/MPa
蒸汽处理器	98～107	0.10～0.12
转油泵外输	<100(正常工况)	1.2
进塔冷却水	58	0.45～0.49

续表 2-3-1

节　点	温度/℃	压力/MPa
塔　釜	80～95	0.01～0.05
塔顶气	<60	0.08～0.10
伴生气外输	<60	0.8(出口压力露点 5 ℃)

风城油田密闭接转工艺主流程自动控制回路有 3 路,分别为分离器液位自动控制、汽(气)相出口冷却温度自动控制和冷凝水缓冲罐液位自动控制;事故保障流程有 4 路,分别为分离器次高液位汽(气)相关断保护、分离器高高液位自动切换至事故罐、分离器超压后定压放汽和脱硫罐超温保护,能够满足正常工况调控需要,具备在无人值守的情况下应对常见事故的能力。

2.3.2　井下油套连通技术

在稠油井井下的上油管和下油管之间安装井下套压放气阀,当油井内套管环形空间的气体压力高于油管内压力时,气体将凡尔顶起,气体经套管进入进气孔,再进入凡尔座,由出气孔进入油管内腔;当套管内的气体压力低于油管内压力时,凡尔靠重力下落,凡尔与凡尔座相接,油管内的油不能返回套管,只能由套管进入油管。井下油套连通技术依靠机械定压自锁结构实现套气走油路,杜绝外排,从源头上解决了采油井生产环保问题,具有结构简单、动作可靠、成本低廉等特点。井下套压放气工艺如图 2-3-4 所示,井下套压放气装置如图 2-3-5 所示。

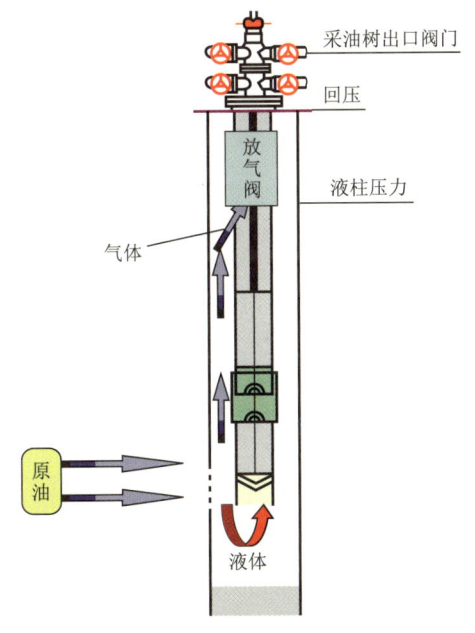

图 2-3-4　井下套压放气工艺　　　　图 2-3-5　井下套压放气装置

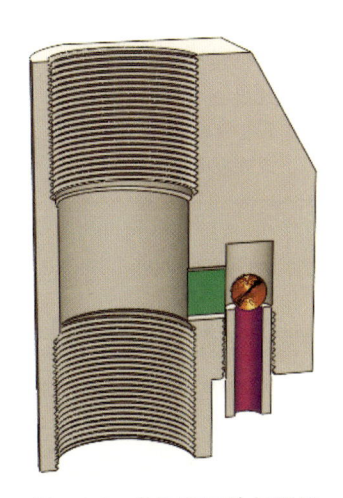

井下套压放气工艺已在新疆油田 2 600 口井中进行了工业化应用,取得了很好的效果。井下油套连通技术的优势主要体现在:

(1) 降低了前线工人的劳动强度;
(2) 减少了因突然放喷对地层造成的破坏;
(3) 减少了因套管返油对地面造成的污染;
(4) 降低了对操作人员人身造成的影响(硫化氢、噪音等)。

2.3.3 复杂伴生气高效处理技术

由于接转站密闭改造前采用开式接转流程,风城油田油区高温采出液在接转站的缓冲罐内发生常压闪蒸、分离,导致一定量的蒸汽和伴生气无组织排放,既污染了环境,又影响了油区工作人员和附近居民的正常生活及身体健康,同时还存在非甲烷总烃、H_2S 等气体的无组织、无处理排放,污染了周边空气环境,不满足环保要求。因此,风城油田的密闭集输工艺应用成为必然。

风城油田伴生气产量大,甲烷含量为 30%～45%,具备燃烧条件,伴生气增压干燥后作为燃料气去油田注汽锅炉再利用,伴生气中的大气污染物硫化氢、非甲烷总烃燃烧后以二氧化硫、二氧化碳、水的形式排放,因此硫化氢、非甲烷总烃不作为最终排放形式,执行厂界排放指标,烟气中的二氧化硫执行锅炉大气污染物排放浓度限值。

伴生气脱硫方法主要有干法、湿法、氧化还原法、氧化+脱 SO_2 法等。对风城油田伴生气处理站的脱硫方法进行比选,见表 2-3-2。风城油田硫黄产量约为 1.5 t/d,干法脱硫存在运行成本过高的问题;湿法脱硫需要采用 MDEA(甲基二乙醇胺)+湿式氧化法组合方法,投资和运行成本均远高于单独氧化还原法;氧化+脱 SO_2 法不能实现伴生气的回收利用。因此,风城油田伴生气处理站的脱硫工艺优选氧化还原法。

表 2-3-2 脱硫工艺比选

名称	干法	湿法	氧化还原法	氧化+脱 SO_2 法
原理	硫化氢与吸附剂发生反应,生成的固体硫吸附于脱硫剂上,从而实现脱硫化氢	利用吸收剂吸收原料气中的硫化氢,吸收剂经再生后循环使用	利用氧化剂将原料气中的硫化氢氧化为硫,氧化剂经再生后循环使用	将硫化氢利用燃烧或高温氧化的方式转化为 SO_2,再用石灰脱除 SO_2
主要工艺	活性炭、氧化铁	甲基二乙醇胺(MDEA)、二异丙醇胺(DIPA)	LO-CAT 工艺、络合铁法、高效湿法脱硫、栲胶法等	蓄热式热氧化(RTO)焚烧炉+湿法/半干法脱二氧化硫
优点	脱硫精度高;系统简单、投资少	技术成熟,硫容高,脱硫效率高,适应性好	中型规模,投资少,运行费用低,并且腐蚀性相对较小	工况适应性强,技术成熟,运行费用低

续表 2-3-2

名 称	干法	湿法	氧化还原法	氧化＋脱 SO_2 法
缺 点	再生难度大、成本高，一般不再生，对于硫含量高的气体，运行费用高	需要配套克劳斯或氧化还原法，系统复杂，设备较多、一次性投资高	硫容较低，规模较大时投资较高	一次性投资高，伴生气无法回收利用
应用范围	小规模(≤0.5 t/d)、脱除效率高的精细脱硫装置	大规模气体的处理及硫黄的回收(硫黄产量≥10 t/d)	适合中小规模(0.05~20 t/d)的脱硫处理	适合中小规模(0.05~20 t/d)的脱硫处理

风城油田采用双塔流程的直接接触式络合铁(LO-CAT)脱硫工艺技术，密闭接转站输送伴生气经除液器缓冲除液后进入吸收塔，伴生气中的硫化氢与脱硫液反应，处理后的净化气经除液器除液，干燥至出口压力、露点(5 ℃)后回收再利用。处理站日均处理量约 $9×10^4 \ m^3/d$，硫化氢含量由 8 800 mg/m^3 降至 15 mg/m^3 以下，伴生气中硫化氢脱除率达 99.9% 以上，日产硫膏约 1 t，硫膏含水 40%。伴生气脱硫系统的核心设备有吸收塔、氧化塔等。在吸收塔内，伴生气经鸭嘴分布器均匀分布后与 LO-CAT 溶液充分接触，提高 HS^- 被氧化为 S 的速率；氧化塔内 S 大量沉淀，在设备底锥部形成硫浆，设置环形空气吹扫系统可提高硫浆流出速度，防止硫浆堆积而堵塞出料口。伴生气处理站工艺流程如图 2-3-6 所示。

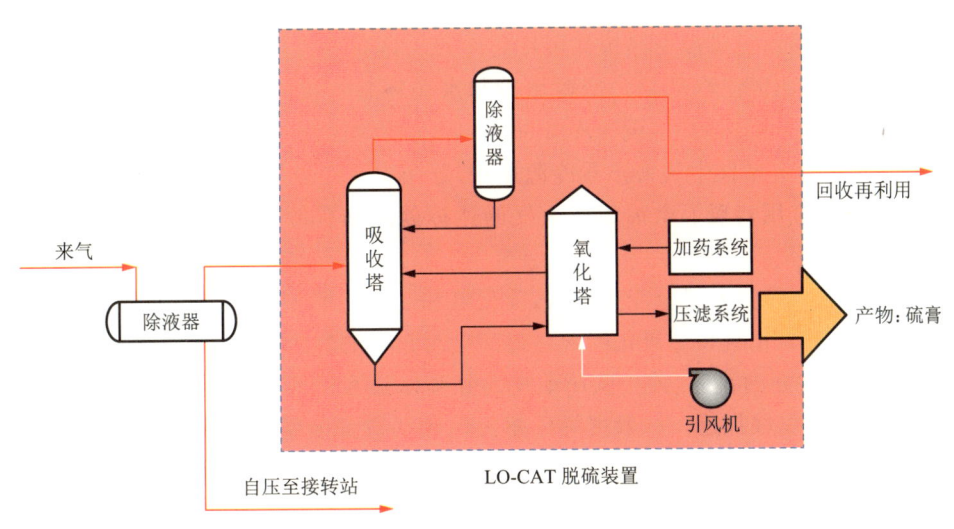

图 2-3-6 伴生气处理站工艺流程

伴生气进处理站后，经分离器缓冲除液后进入换热器，换热至 45 ℃，进脱硫系统进口分离器除液，去吸收塔。分离器液相管道设置电动开关阀，自压去密闭接转站超稠油蒸汽处理器。进站换热器冷源为循环冷却水装置来水，在夏天来气温度高于 45 ℃ 时使用。

为保障伴生气处理站的安全，在伴生气处理站设置伴生气直接去放空火炬流程的控制系统，脱硫装置出现故障时可以越站进放空火炬燃烧。进站分离器出口旁通管道设置气动开关阀,以检测进站分离器压力,当分离器压力达到压力高、低限设定值时,报警并联锁开气动开关阀。设置进站分离器、脱硫进口分离器液位控制系统,检测分离器液位,当液位达到高限设定值时联锁开液相出口开关阀,当液位达到低限设定值时联锁关液相出口开关阀。

伴生气处理站进气需先经过酸性气分液罐,以除去上游夹带的液态烃或冷凝物。气相进入吸收塔。吸收塔为鼓泡空塔,装有酸性气分布器等塔内件。伴生气中的硫化氢与溶液接触,硫化氢经溶液吸收后被三价铁离子氧化为单质硫。处理后的净化气从吸收塔顶部离开,经净化气分液罐脱除夹带的溶液,去冷干机干燥后输送至出口(满足露点小于5 ℃的要求),然后作为注汽锅炉的燃料输送至油区。

含硫的反应溶液自吸收塔流出,经氧化塔进料泵增压进入氧化塔并进行催化剂再生。由鼓风机向氧化塔内鼓入空气,经分布器在塔内均匀分布,空气中的氧气将二价铁离子氧化为三价铁离子。再生后的溶液离开氧化塔,经吸收塔进料泵返回吸收塔循环使用。再生后的溶液经氧化塔循环泵大部分从顶部喷洒,以利于硫黄沉降,剩余的小部分进入过滤机系统。

处理站过滤机系统主要由水平过滤板和密封过滤槽组成,以提高过滤效果。过滤机使用滤布和传送带除去已经干燥的滤饼,干燥过程通过空气吹扫实现。滤液用滤液回收罐回收并经滤液返回泵打回氧化塔以重新利用。

伴生气处理工艺设有化学品添加系统,脱硫系统需要连续添加部分催化剂、化学品及去离子水以维持溶液的最佳操作浓度和性质。系统操作过程中需要连续添加的化学剂包括 ARI-340,ARI-350C,ARI-400,ARI-600J 和 45%KOH,化学剂 ARI-802 间歇添加。

循环液换热系统既可接受热源又可接受冷源。热源为风城油田油区注汽锅炉的净化软化水,换热后去油区注汽锅炉。冷源由冷却水循环装置提供。冷却水循环装置采用闭式循环冷却水系统,循环冷却水设计规模为 80 m³/h,冷源压力为 0.2～0.3 MPa,冷源温度为 35 ℃,一部分作为进站伴生气换热器冷源,一部分作为溶液换热器冷源。风城油田复杂伴生气处理技术的应用实现了全油田伴生气的达标处理和资源化利用,吨硫处理成本约为 2 000 元,提高了经济效益。

由于油田伴生气量和组分变化较大,硫化氢和二氧化碳的处理难度较大,处理站工艺有待进一步优化,硫化氢和二氧化碳含量过高会对正常的生产运行产生不利影响。

(1)硫化氢含量过高时,伴生气压缩机易在喷水过程中形成强酸性液体,导致密封失效,机组金属材料腐蚀加速。一般现场压缩机硫化氢质量浓度限值为 3 500 mg/m³,而实际硫化氢质量浓度为 5 000～8 500 mg/m³,这将大幅度缩短压缩机使用年限。

由于伴生气组分变化比较大,产气量波动幅度较高,目前脱硫后的伴生气无法满足锅炉要求,只能放散燃烧。伴生气回收处理工艺成本较高,同时由于伴生气产地分散、密闭接转规模小,蒸汽调峰能力有限。

(2)二氧化碳含量过高。伴生气中含有 40%～60% 的二氧化碳,会造成压缩机和伴生气管网的严重腐蚀,同时天然气热值大幅度降低,影响锅炉平稳运行。

伴生气输送处理流程需要进一步优化,以适应风城油田伴生气量和组分变化较大的特点,使伴生气得到充分利用。

2.3.4 密闭集输的主要工艺设备

1）超稠油蒸汽处理器

超稠油蒸汽处理器（图 2-3-7）的主要目的是对进站采出液进行油汽（气）分离，保证气体从采出液中充分分离，气体中的硫化氢能够集中到伴生气中统一处理，同时降低采出液温度。在进行超稠油蒸汽处理器选型时要充分考虑采出液在超稠油蒸汽处理器中的停留时间，以满足蒸汽分离和液相缓冲的需要。

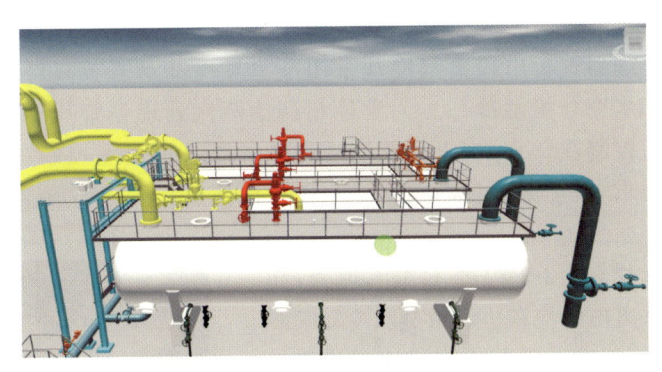

图 2-3-7　超稠油蒸汽处理器三维模型图

风城油田集油区携汽（气）采出液的温度为 98～107 ℃，压力为 0～0.03 MPa，汽液混输至接转站，在超稠油蒸汽处理器进行汽（气）液分离，分离出的液相经转油泵提升增压后由集输干线管输至稠油处理站。超稠油蒸汽处理器分离出的饱和蒸汽去蒸汽冷却喷淋塔冷却。

蒸汽冷却喷淋塔塔釜换热后蒸汽凝结水自压至超稠油蒸汽处理器，与采出液经转油泵增压后一起输送至稠油处理站。将油区来净化软化水引至超稠油蒸汽处理器冲砂水进口，超稠油蒸汽处理器具备在线冲排砂功能。

超稠油蒸汽处理器液相出口设置液位检测、控制系统，采用单回路定值控制。根据装置液位控制要求，设定超稠油蒸汽处理器液位最佳值，当超稠油蒸汽处理器液位高于设定值时，增大转油泵变频器频率，使液位下降至设定值；当超稠油蒸汽处理器液位低于设定值时，减小转油泵变频器频率，使液位上升至设定值。这样稳定超稠油蒸汽处理器液位在控制值范围内。超稠油蒸汽处理器设有超高液位保障措施，检测超稠油蒸汽处理器液位，与液位高、低限设定值比较，当液位达到高限设定值时，报警并联锁开排污电动开关阀。

为了保障汽液分离系统和蒸汽处理系统的安全，密闭接转站蒸汽冷却系统设置超负荷保障措施，超稠油蒸汽处理器汽相出口旁通去排污池管道上设电动调节阀，当超稠油蒸汽处理器分离出的蒸汽量大于密闭接转站蒸汽冷却能力（1 000 t/d）时，多余蒸汽泄放到排污池，以保证蒸汽冷却系统平稳运行。检测蒸汽冷却喷淋塔气相出口温度，与温度高、低限设定值进行比较，当温度超过 95 ℃ 时，报警并联锁开多余蒸汽去排污池管道电动调节阀。

2）转油泵

风城油田超稠油具有高黏度、高密度、高凝固点、低蜡、高酸值、强热敏感性的特点，且采出液中含砂含气。转油泵作为稠油油田采出液的主要集输设备，在选型时要充分考虑采出液的性质，选用自吸能力强、不易汽蚀、运行平稳、适用于高黏油品的双螺杆混输泵。风城油田接转站综合泵房使用3台双螺杆转油泵（2用1备），转油泵的排量为150 m³/h，可提供压力1.2 MPa，将超稠油蒸汽处理器分离后采出液增压后输送至稠油处理站。

为保障设备安全，且满足密闭接转站自动化和智能化运行要求，转油泵变频与超稠油蒸汽处理器高液位联锁，维持超稠油蒸汽处理器液位在控制值范围内。

3）蒸汽冷却喷淋塔

超稠油蒸汽处理器气相出口蒸汽冷却采用蒸汽和冷却水直接接触换热工艺，保证蒸汽和伴生气与冷却水充分接触冷却。为满足超稠油蒸汽处理器常压油气分离需要，蒸汽冷却喷淋塔顶压力控制在0.08 MPa。蒸汽冷却喷淋塔塔顶温度控制在60 ℃，满足螺杆压缩机进气温度要求，塔釜温度控制在95 ℃，以保证换热介质与环境温度存在较高温差，提高喷淋水空冷器换热效率。

蒸汽冷却喷淋塔（图2-3-8）的工作原理为：超稠油蒸汽处理器分离出的饱和蒸汽由蒸汽冷却喷淋塔中部进入，与塔顶的喷淋冷却水在塔内逆流接触冷却，废气中的蒸汽和轻质油组分冷凝成含油污水并在塔釜聚集，废气中的伴生气冷却后（小于60 ℃）由塔顶排出并去螺杆压缩机增压。

蒸汽冷却喷淋塔的自动控制原理为：蒸汽冷却喷淋塔塔釜液位采用单回路定值控制，检测闪蒸分离塔塔釜液位，并与蒸汽冷却喷淋塔塔釜液位控制设定值进行比较，当闪蒸分离塔塔釜液位高于设定值时，增大蒸汽凝结水回超稠油蒸汽处理器调节阀开度，使液位下降至设定值；当闪蒸分离塔塔釜液位低于设定值时，减小调节阀开度，使液位上升至设定值。这样可以稳定闪蒸分离塔塔釜液位在控制值范围内。

图2-3-8 蒸汽冷却喷淋塔三维模型图

蒸汽冷却喷淋塔塔釜温度也采用单回路定值控制，检测闪蒸分离塔塔釜温度，并与控制设定值进行比较，当闪蒸分离塔塔釜温度高于设定值时，增大冷却水进水调节阀开度，使温度下降至设定值；当闪蒸分离塔塔釜温度低于设定值时，减小冷却水进水调节阀开度，使温度上升至设定值。这样可以稳定闪蒸分离塔塔釜温度在控制值范围内。

蒸汽冷却喷淋塔塔顶温度控制系统检测蒸汽冷却喷淋塔气相出口温度，与温度高、低限设定值进行比较，当温度大于高设定值时，联锁开超稠油蒸汽处理器气相出口旁通，去排污池管道。排污池管道设有电动调节阀，当温度低于低设定值时，报警并联锁关闭多余蒸汽放散电动调节阀。

蒸汽冷却喷淋塔顶伴生气出口设螺杆压缩机进气温度超温去火炬流程,即当温度高于设定值时,报警并联锁开伴生气去火炬电动开关阀,伴生气直接去放空火炬。

4) 油水分离器

蒸汽冷却喷淋塔塔釜的蒸汽与冷却水直接接触换热后的热水经空冷器冷却后,除蒸汽凝结水回超稠油蒸汽处理器外,剩余水经喷淋水空冷器冷却后作为喷淋水循环使用。为保证喷淋水空冷器冷却效果,同时实现塔釜热水中的轻烃回收,在冷却前设置油水分离器进行除油。油水分离器满液运行,有效提高了设备容积利用率,底部连续出水,顶部间歇收油。循环喷淋水泵来水经油水分离器除油至含油量小于或等于 100 mg/L 后去喷淋水空冷器冷却。

5) 喷淋水空冷器

油水分离器底部出水经喷淋水空冷器冷却后去蒸汽冷却喷淋塔循环使用。当夏季环境温度高于 30 ℃时启动喷淋冷却水循环系统,水箱来清水软化水经泵增压并雾化后喷到管束表面,少量未蒸发的水聚集在空冷器底部收水槽中,当收水槽液位达到一定值时,启动回水泵将水打回水箱循环使用。

喷淋水空冷器具有自动化控制系统,空冷器出口温度采用单回路定值控制,检测喷淋水空冷器出口温度,并与喷淋水空冷器出口温度控制设定值进行比较,当喷淋水空冷器出口温度高于设定值时,增大空冷器风机变频器频率,使温度降至设定值;当喷淋水空冷器出口温度低于设定值时,减小空冷器风机变频器频率,使温度升至设定值。这样可以稳定喷淋水空冷器出口温度在控制值范围内。

检测喷淋水空冷器出口温度,并与温度高、低限设定值进行比较,当温度达到高限设定值时报警,当温度达到低限设定值时报警并联锁关空冷器风机。

6) 压缩机

伴生气增压采用无油喷水螺杆压缩机,蒸汽冷却喷淋塔塔顶来伴生气进螺杆压缩机增压,同时冷却水喷入螺杆压缩机,增压后的伴生气和水进除液器进行分离,分离后伴生气经冷冻式干燥机干燥至出口压力、露点(5 ℃)并管输至伴生气处理站。分离后水经空冷器冷却至 50 ℃作为喷淋水循环使用。

螺杆压缩机控制系统中单机配置独立的 PLC 控制柜,对机组的所有参数进行自动检测、控制和报警停车等。喷液系统控制包括出口除液器液位及液位控制、出口空冷器温度及温度控制,机泵状态等所有信号上传至机组 PLC 控制柜。冷干机独立成橇,自带仪表控制箱,冷干机控制参数统一上传至机组 PLC 控制柜。

7) 火炬

蒸汽冷却喷淋塔塔顶伴生气超温或其他原因致螺杆压缩机流程不能使用时,伴生气去放空火炬燃烧放散。蒸汽冷却喷淋塔塔顶来伴生气经放空除液器除液后去火炬燃烧放散。

放空除液器液位控制系统检测放空除液器液位,并与液位高、低限设定值进行比较,当液位达到高限设定值时,报警并联锁开液相出口开关阀;当液位达到低限设定值时,报警并联锁关液相出口开关阀。放空火炬自动点火控制系统中设有放空火炬自动点火装置,检测可燃气体浓度,自动点火。

2.4 原油处理站工艺

风城油田作业区有 2 座蒸汽吞吐开发稠油处理站,总处理能力为 330×10^4 t/a。常规原油处理单元主要采用 2 段大罐沉降热化学掺稀脱水工艺,油区来液通过进站汇管进入沉降罐,第一次沉降脱水除砂后进入缓冲罐,经过泵提升后进入二段净化油罐,在净化油罐进一步脱水除砂,通过外输泵外输,如图 2-4-1 所示。破乳剂投加点分别为沉降罐进、出口,第一次投加量为 70 mg/L,第二次投加量为 200 mg/L。利用破乳剂破坏油水界面膜,实现油滴聚集上浮,通过沉降罐翻油槽进入原油缓冲罐。

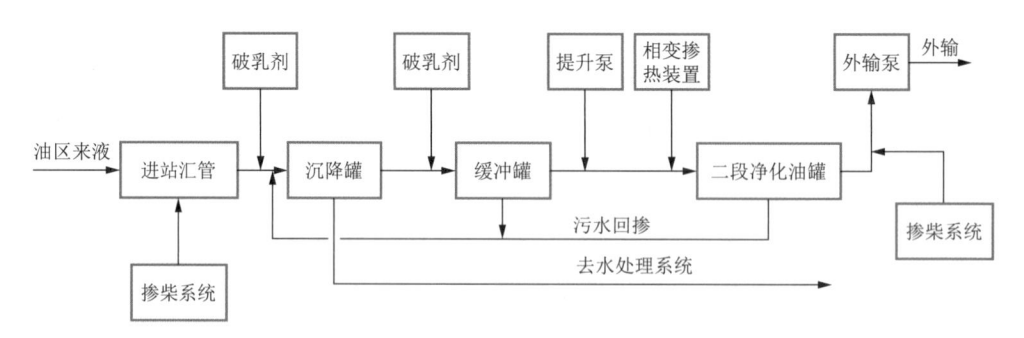

图 2-4-1 稠油处理站工艺流程图

油区来液分别在进站汇管和外输泵前掺柴油。稠油外输前与外输需补充的柴油经过静态混合器混合后,混油先进缓冲罐稳流,然后进入外输螺杆泵。柴油掺入量与稠油外输量按稀释输送工艺的掺混比例进行匹配,并通过流量计出口调节阀进行调节。

2.5 风城油田稠油密闭集输工艺适应性分析

蒸汽吞吐开发工艺简单、见效快、投资少、增产效果明显,当其应用于普通稠油及特稠油油藏时几乎没有任何技术和经济上的风险。蒸汽吞吐开发采出液含气含砂,伴生气产量变化幅度大,给密闭集输增加了难度。为了在不影响产量的前提下实现风城油田100%密闭集输,新疆油田不断地进行相关研究,通过密闭集输先导试验进行验证并改进密闭集输工艺,取得了丰硕的成果。下面对风城油田稠油密闭集输工艺适应性进行分析。

(1) 从工艺适应性来看,在超稠油蒸汽吞吐开发领域成功实现了密闭集输,主体工艺中油汽分离、原油接转和蒸汽喷淋冷却系统运行平稳,为风城稠油开发以及国内其他稠油开发提供了可靠的依据。

(2) 从生产运行适应性来看,井口回压过高会影响油井产量,稠油油井井口回压宜为 0.6~1.5 MPa。对风城油田的密闭接转站管辖单井的井口回压进行跟踪分析,见表 2-5-1。由表可见,集输半径为 2.0~2.3 km 的井口回压在 0.20~0.28 MPa 之间,小于 0.60 MPa,满足生产要求。

表 2-5-1 密闭接转站管辖井口回压统计表

井号	集输半径/m	不同采集时间的井口回压/MPa						
		1	2	3	4	5	6	7
1	1 950	0.25	0.25	0.20	0.25	0.25	0.20	0.20
2	2 000	0.20	0.25	0.20	0.20	0.25	0.25	0.20
3	2 200	0.22	0.20	0.20	0.22	0.20	0.20	0.22
4	2 250	0.28	0.25	0.25	0.28	0.25	0.25	0.25

对风城油田某密闭接转站管辖的 7 座接转站密闭集输前采出液量进行统计,见表 2-5-2。

表 2-5-2 密闭集输前各站采出液量统计

计量批次	不同接转站采出液量/(m³·d⁻¹)								合计
	1	2	3	4	5	6	7	
1	864.8	620	1 110.2	776.2	637.5	496	580	5 085
2	943	540	1 143.3	994.8	589.7	465	574	5 250
3	944.5	563.3	957.9	1 165.3	628.9	440	634	5 334
4	831	576	835	1 263	587	480	666	5 238
5	819	564	730	833	780	536	618	4 880
6	669	483	743	700	745	335	605	4 280
7	560	481	916	492	825	524	617	4 415
8	580	498	914	546	631	497	586	4 252
9	649	432	804	590	623	358	650	4 106
10	849	470	970	656	648	537	587	4 717
11	804	488	878	719	764	662	618	4 933
12	805	629	726	583	696	582	589	4 610
13	757	533	727	652	847	390	602	4 508
14	525	337	722	565	712	426	579	3 866
15	791	429	801	619	643	535	650	4 468
16	774	554	948	708	746	498	652	4 880
17	738	522	865	625	966	456	701	4 873

由表 2-5-2 可知,密闭接转站辖区 7 座接转站采出液量随时间波动趋势明显,在 3 866~5 334 m³/d 之间,平均 4 688 m³/d。由于集输半径为 2.0~2.3 km 的井口回压在 0.20~0.28 MPa 之间,且采出液量波动不大,密闭集输后采出液量没有明显影响,满足生产

要求。

（3）对主体设备的适应性进行分析,即对原油接转、蒸汽冷凝、伴生气处理等系统进行适应性评价。接转站的主体设备稠油蒸汽处理器缓冲时间为 40 min,运行平稳,可以满足汽液分离需要。转油泵采用双螺杆泵,现场运行一段时间后对转油泵进行检测,转油泵的转子与内壳体间隙、轴、机械密封、齿轮、轴承等运行情况良好,满足生产需求。

蒸汽冷凝系统主要包括蒸汽冷却喷淋塔、油水分离器、喷淋水空冷器等设备,对蒸汽冷却喷淋塔塔釜温度、塔釜液位、气相出口温度等关键参数进行跟踪,蒸汽冷凝系统运行较为平稳,设计负荷 1 000 t/d,实际蒸汽量在 400~1 079 t/d 之间,可以满足密闭集输要求。

（4）从经济适应性来看,蒸汽吞吐开发采出液温度高、携汽量大,蒸汽、伴生气以及携带轻烃无组织排放,造成资源浪费,若采用密闭集输工艺,可实现资源回收利用。按风城油田 48 座开式接转站计算,可回收伴生气 45 000 m³/d,天然气费用按照 1.336 元/m³ 计,节约成本 2 164 万元/a;可回收蒸汽冷凝水 7 500 t/d,回收蒸汽冷凝水量的 90% 替代清水作为注汽锅炉水源注采原油,清水费用按照 2.25 元/m³ 计,节约成本 546 万元/a;冷凝水携油按照 0.5% 计,可回收轻质油 37.5 t/d,轻质油油价按照 2 000 元/t 计,回收成本 2 700 万元/a。

参 考 文 献

[1] 黄强,蒋旭,刘国良,等.风城油田稠油开发地面集输与处理工艺技术[J].石油规划设计,2013,24(1):24-27.
[2] 王治红,肖惠兰,左毅.开采与集输过程中稠油降黏技术研究进展[J].天然气与石油,2012,30(6):1-4.
[3] 李鹏华.稠油开采技术现状及展望[J].油气田地面工程,2009,28(2):9-10.
[4] 黄轶.超稠油脱水处理工艺优化研究[D].大庆:东北石油大学,2020.
[5] 周旭波.油气密闭集输工艺技术研究[J].化工设计通讯,2018,44(1):124.
[6] 袁鹏,王梓丞,陶小平,等.新疆油田超稠油吞吐开发密闭集输组合工艺技术应用[J].油气田地面工程,2020,39(2):37-40.

第 3 章
SAGD 开发密闭集输技术

SAGD 采出液在管道中呈油、气、汽、水、砂多相共存的饱和状态,极易形成段塞流,严重影响集输系统的安全平稳运行。此外,处于不同生产周期的 SAGD 采出液物性及产量差异明显,传统的集输流程和布站方式不能满足开发需要。针对上述问题,风城油田 SAGD 开发稠油密闭集输采用稠油热采分布式无动力密闭集输工艺和装备,解决了油、气、汽、水、砂多相共存复杂工况下密闭集输的难题。该工艺充分利用井底采油泵举升能量,尽可能地减少中间接转环节,系统密闭率达到100%;采用双线集输、混输分输灵活搭配,既解决了不同开发阶段采出液的集输问题,又确保了全线集输降压过程中脱汽采出液以较低流速输送,有效防止段塞流的发生;全线采用高温(180 ℃)集输,便于热能的集中回收和梯级利用,为实现热能综合利用奠定了基础;采用"分离+换热+计量"的局部过冷装置进行高温携汽(气)采出液计量,与常规称重式和容积式计量装置相比,计量精度提高了 5%~8%。

3.1 国内外 SAGD 开发集输处理技术现状

SAGD 是超稠油热力开发的一项前沿技术,已成为超稠油开发的主体技术,其机理是在注汽井中注入蒸汽,蒸汽向上超覆,在地层中形成蒸汽腔,蒸汽腔向上及侧面扩展,与油层中的原油发生热交换,加热后的原油和蒸汽冷凝水靠重力作用下泄到水平生产井中并产出。该技术是开发超稠油的高效技术,具有驱油效率高、采收率高等特点。在国外特别是在加拿大的超稠油和油砂矿开发中得到了广泛的应用,在国内的辽河油田和新疆油田也得到了工业化开发应用。

3.1.1 加拿大 SAGD 技术应用现状

加拿大是 SAGD 开采技术的发源地,其配套地面技术较为成熟。自 1998 年以来建成了 10 余个先导试验区、7 个商业化开采油田,其中 2 个规模较大的油田的日产油能力分别达到5 000 t/d和7 000 t/d。截至2004年,加拿大依靠SAGD方式开采原油累计达到700×10⁴ t以上,2010年以来的年产油能力已经超过3 000×10⁴ t/a。位于阿尔伯塔省Fort McMurray以北65 km的Fort油田是其SAGD油砂开发的样板工程,配套SAGD地面工程于2006年2月正式投产,投产初期该油田有4个SAGD井场设施,共17对注采井组,日注汽量4 770 m³/d,日产油量1 590 m³/d,原油密度1 019 kg/m³,50 ℃时黏度1 000 mPa·s。

Fort油田的SAGD开发采用由生产井站到集中处理站的二级布站模式,采油井利用高温电潜泵采油,注汽锅炉置于集中处理站内,已形成了较为成熟的高温密闭集输、高温油水分离及处理、输送等地面配套工艺技术。

1)生产井场流程

Fort油田油气集输采用高温密闭油气分输工艺。生产井场有4～8套单井流程,采出液由生产井组采出,经计量阀组进入单井计量分离器进行计量,再进入生产汇管输送至集中处理站。注汽流程为从集中处理站先输送至注汽干线,再进入配汽阀组,最后进入注汽井。生产井站运行参数见表3-1-1。

表3-1-1 SAGD井组生产运行参数

参数名称	取 值	参数名称	取 值
井口压力/MPa	2.1	注汽温度/℃	≥300
井口温度/℃	≥120	注汽压力/MPa	5
井口产量/(m³·h⁻¹)	50	注汽干度/%	100
油气比/(t·m⁻³)	2.7	注汽半径/m	≥5 000

2)采出液处理

集中处理站由原油脱水装置、污水处理装置、注汽锅炉等构成,具有原油处理、污水处理回用、蒸汽生产"三位一体"模式。

进站原油经高温脱水后外输,降低了破乳剂的加药浓度和成本;采出水经深度处理(除油和机杂,软化和脱硫等)回用至注汽锅炉,降低了清水的利用成本,减少了污水排放造成的环境污染;注汽锅炉产汽后,蒸汽经固定干线输至生产井站,降低了流程中连接安装等施工项目的劳动强度和施工费用。

原油处理系统流程为:原油经各生产井站来液计量装置计量后进入高温气液分离器进行初步分离,分离出的水与软化水换热后再与乙二醇换热,最后进入除油罐;分离出的油加入稀释剂后依次进入热化学沉降罐、电化学分离器等处理器进行脱水,然后进入换热装置进行换热,最后进入净化油储罐;每隔一段时间需要向分离器中注入冲砂水清理罐底泥沙,冲刷后排出的水及处理器中脱出的水经同一管线进入除砂罐。加拿大SAGD开发原油处理工艺流程如图3-1-1所示,集中处理站运行参数见表3-1-2。

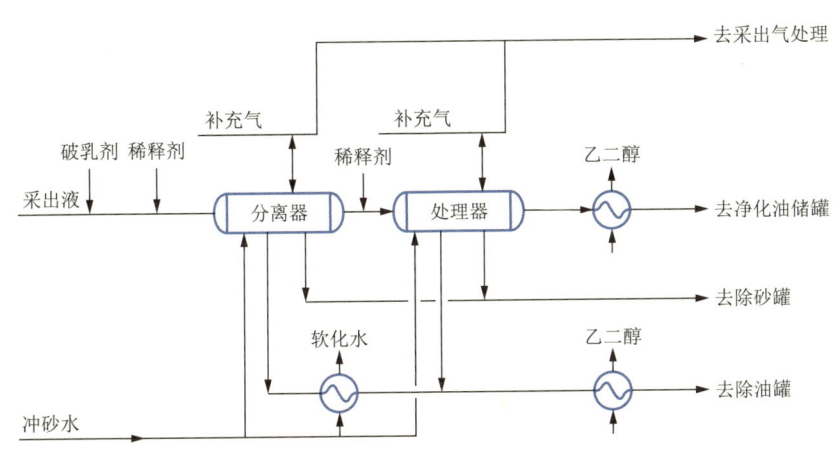

图 3-1-1 加拿大 SAGD 开发原油处理工艺流程示意图

表 3-1-2 集中处理站运行参数

参数名称	取 值	参数名称	取 值
处理能力/(10^4 t·a^{-1})	100	污水处理温度/℃	96
进站温度/℃	≥120	蒸汽温度/℃	300
脱水温度/℃	120	蒸汽压力/MPa	5

加拿大阿尔伯塔处理站的 SAGD 采出液预脱水工艺为：各个超稠油井站来液经过计量后进入气液分离器将游离的油田伴生气脱除，随后进行换热，将温度调到适合脱水器处理的温度后进入游离水脱除罐，将大部分游离水（约 70%）脱除之后，加入稀释剂后进入电脱水器进行进一步脱水，油品达标后存储或者外输，而电脱产生的污水进入污水处理系统，其工艺流程如图 3-1-2 所示。

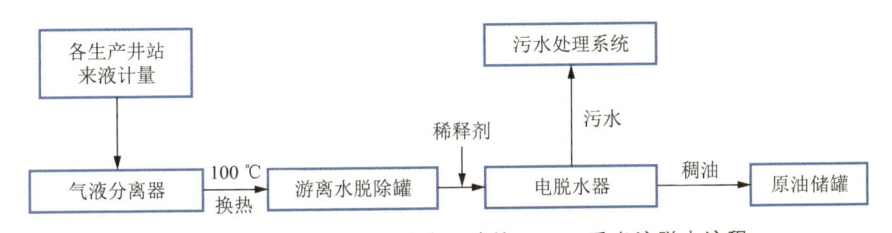

图 3-1-2 加拿大阿尔伯塔处理站的 SAGD 采出液脱水流程

此外，加拿大的部分油田还采用掺轻质油电脱闪蒸脱水工艺。该工艺为：井口采出液进站后，先通过掺轻质油降黏，经换热器升温后再进入电脱水器进行脱水，脱出的水进入污水处理系统，脱水原油进入闪蒸塔，对轻质油进行回收再利用，稠油进入原油储罐准备外输，工艺流程如图 3-1-3 所示。该工艺的特点是脱水速度快，电脱效果好，掺的轻质油可以循环利用。

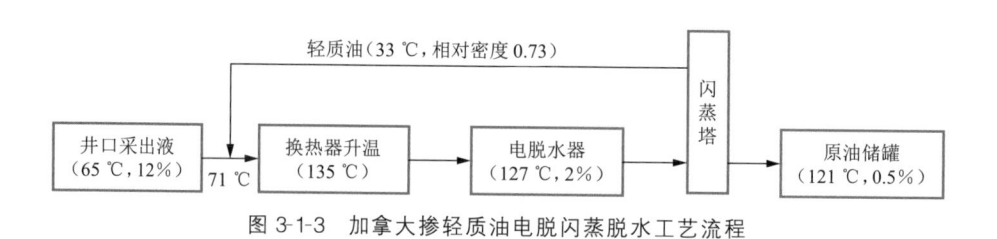

图 3-1-3 加拿大掺轻质油电脱闪蒸脱水工艺流程

3.1.2 辽河油田 SAGD 技术应用现状

辽河油田 SAGD 技术经过前期的先导试验基本实现了工业化应用,成为辽河油田千万吨稳产的重要组成部分。

1) 集输流程

辽河油田 SAGD 井口采出液具有温度高(140～170 ℃)、含水高(综合含水率70%)、油气比高的特点,因此采用双管高温密闭集输工艺。辽河油田 SAGD 高温集输工艺流程如图 3-1-4 所示。

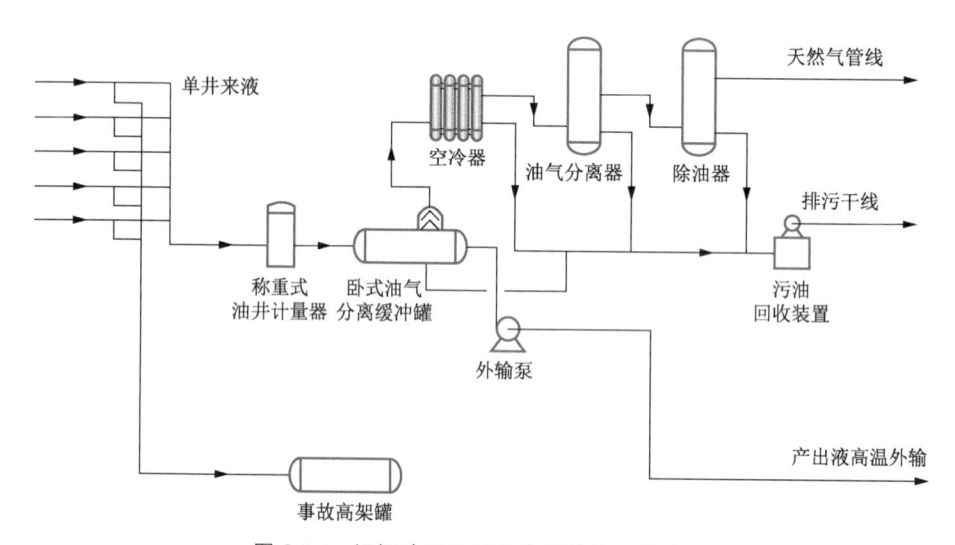

图 3-1-4 辽河油田 SAGD 高温集输工艺流程

随着辽河油田稠油开发的深入,地面集输工艺在不断改进。近年来,辽河油田集油系统布站方式逐渐由传统的二级布站发展为平台集输(图 3-1-5),在采油井场上实现计量、掺液、加热与外输,替代计量接转站,缩短了集油半径,增大了输油半径,大幅度降低了工程投资。

目前,辽河油田 SAGD 采出液集输系统工艺技术包括高温密闭集输工艺(即采出液先经称重式计量,高温取样后进入分离缓冲装置,最后进行高温泵输,实现了超稠油带压密闭输送)、SAGD 高温产出液在线自动计量技术,以及大型管廊带综合布置技术等多项关键技术,其中高温密闭集输工艺技术在 SAGD 工程多座计量接转站成功应用。

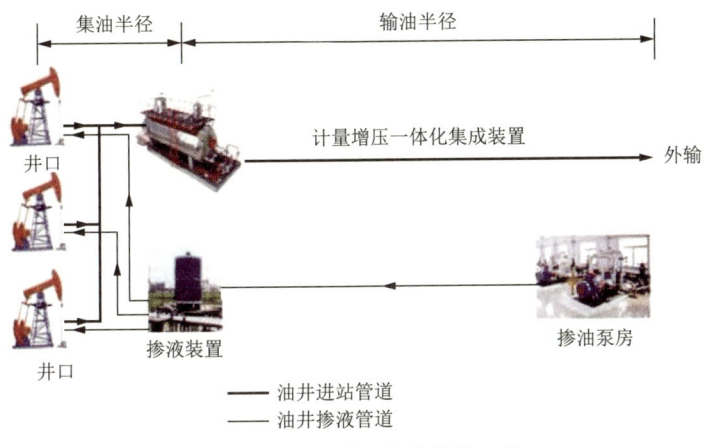

图 3-1-5 辽河油田平台集输工艺

2) 采出液处理

为了实现注采系统热能综合利用,并提高原油脱水工艺水平,辽河油田 SAGD 采出液采用高温密闭两段热化学脱水工艺(图 3-1-6):SAGD 采出液(150 ℃)进站后与注汽系统高温废水换热至 170 ℃,加入质量浓度为 300 mg/L 的破乳剂后进入一段三相分离器,脱水后原油含水率 30%;经二段换热升温到 180 ℃,再加入质量浓度为 300 mg/L 的破乳剂,随后进入二段三相分离器,脱水后原油含水率可降至 5% 以下。

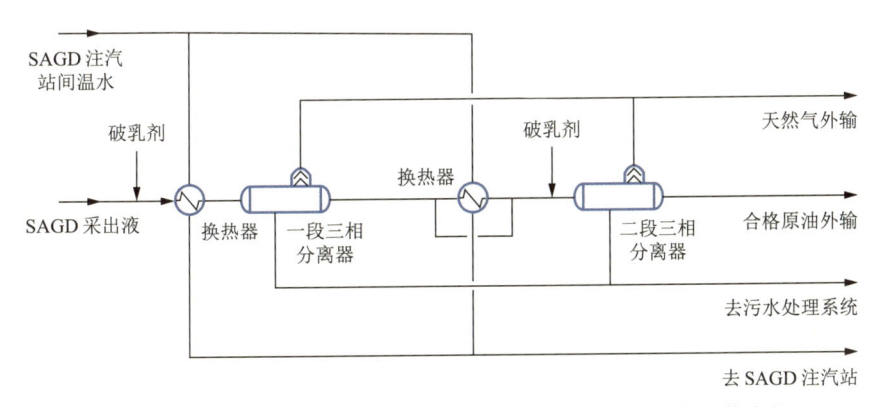

图 3-1-6 辽河油田 SAGD 采出液高温密闭两段热化学脱水工艺流程

3.2 SAGD 采出液生产情况

SAGD 开采分为两个阶段,即 SAGD 循环预热阶段和 SAGD 正常生产阶段。SAGD 循环预热阶段主要是在上下水平井间实现热连通,为转入 SAGD 生产创造条件,它是 SAGD 工艺顺利开展的必要条件。根据开发经验,SAGD 循环预热阶段通常持续 3~6 个月,之后转入正常生产阶段。通过对风城油田各区块部署的 SAGD 井组采出液进行跟踪取样分析,确定了各区块 SAGD 井组循环预热阶段的持续时间。经现场试验,风城油田重 32 区块采出液循环预热阶段持续时间平均为 213 d,最多为 268 d,最少为 165 d;重 1 区块采出液循环预热阶段持续时间平均为 134 d,最多为 224 d,最少为 65 d;重 18 区块循环预热阶段持续时间平均为 59 d,最多为 69 d,最少为 47 d。从各区块的取样分析结果可以看出,不同区块采出液、同一区块不同井组采出液循环预热周期均存在很大差异。

3.2.1 循环预热阶段

SAGD 新井投产前期需要对注采井同时注入高干度蒸汽,建立双水平井的热连通和水力连通。注采井各自通过长管注汽、套管环空排液或短管排液形成自循环,排出的油水混合物即为 SAGD 循环预热采出液,简称循环液。SAGD 循环液温度较高(150～220 ℃),携汽量大、泥砂含量高(含泥 5%～10%,含砂 0.09%～4.62%),含油量为 5.89%～13.20%,外观为不透明深棕色液体,久置未见油水分离,也无明显的砂粒沉淀,呈现出很强的动力稳定性。循环预热阶段具有下述 4 个特点:

(1)重 1 区块 SAGD 开发井组循环预热阶段向地层内注入干度为 95% 的蒸汽,注汽压力在 4～6 MPa 之间,返回压力约为 2 MPa,注汽量在 60～100 t/d 之间,以目前的操作参数,重 1 区块 SAGD 井组在循环预热期间井口返液携汽量均在 40% 以上。

(2)不同区块井组循环预热周期、循环液含油量等指标差异较大,给处理站工艺确定和设备选型带来一定困难。其中,重 32 区块采出液转入正常生产阶段时间普遍为 4～6 个月,整个循环期采出液含油量普遍为 5.89%～13.20%;重 1 和重 18 区块采出液转入正常生产阶段时间为 2～3 个月,循环 2 个月采出液含油量就达到 10% 以上,部分井组含油量超过 20%。

(3)SAGD 循环液温度高(150～220 ℃),携汽量大(20%～50%,最高可达 80%)。

(4)循环预热采出液蒸汽携带量分析见表 3-2-1、表 3-2-2。循环预热单井实际蒸汽注入量为 60～70 t/d;风重 010 井区和重 5 井区的油层深度为 400～520 m,平均为 460 m,井口采出液携汽量确定为 45%。

表 3-2-1　150 ℃时不同注汽量采出液携汽量计算表

井深 /m	不同注汽量下采出液携汽量/%				
	50 t/d	60 t/d	70 t/d	80 t/d	90 t/d
300	39.2	47.6	53.2	57.7	60.9
400	22.4	34.2	41.9	47.7	52.8
500	—	15.7	26.6	34.5	41.0
600	—	—	10.0	21.0	29.0

表 3-2-2　200 ℃时不同注汽量采出液携汽量计算表

井深 /m	不同注汽量下采出液携汽量/%				
	50 t/d	60 t/d	70 t/d	80 t/d	90 t/d
300	57.0	62.2	66.7	68.4	70.7
400	37.2	46.0	52.1	56.7	60.2
500	21.0	33.2	41.1	47.6	51.4
600	—	19.0	28.0	37.0	43.0

注：注汽干度为95%，循环预热1个月后井下油管环境温度为150 ℃，2个月后为200 ℃。

在循环预热阶段初期，循环液所携带的砂、黏土等固体物质较多，含油量很低；随着蒸汽的持续循环，含砂量逐渐降低，含油量逐步升高，但是黏土矿物含量一直维持在很高的水平，这部分物质给后续的油水分离处理带来严重的影响。据重32试验区齐古组地质资料显示，该区块含油储层岩性主要为中细砂岩，以泥质胶结为主，胶结类型以接触式为主。黏土矿物以伊蒙混层矿物(42.3%)为主(混层比80%)，其次为高岭石(28.7%)、伊利石(14.5%)和绿泥石(14.5%)。

1）物性基本参数

SAGD循环液物性参数见表3-2-3。

表 3-2-3　SAGD循环液物性参数表

分析项目	循环初期SAGD循环液	循环中后期SAGD循环液
pH	7.81	7.94
碳酸根离子浓度/(mg·L^{-1})	0	0
碳酸氢根离子浓度/(mg·L^{-1})	147.2	108.4
氢氧根离子浓度/(mg·L^{-1})	0	0
钙离子浓度/(mg·L^{-1})	22.7	20.3
镁离子浓度/(mg·L^{-1})	10.3	8.4
氯离子浓度/(mg·L^{-1})	2 115.2	1 114.8
硫酸根离子浓度/(mg·L^{-1})	80.7	67.4
钾+钠离子浓度/(mg·L^{-1})	1 590.9	755.9
矿化度/(mg·L^{-1})	3 967	2 075.2
水　型	NaHCO$_3$	NaHCO$_3$
含油量/(mg·L^{-1})	11 415	114 134
悬浮物含量/(mg·L^{-1})	2 100	11 400
含油量(放置48 h)/(mg·L^{-1})	10 763	85 763
悬浮物含量(放置48 h)/(mg·L^{-1})	1 950	7 500

从表3-2-3中可以看出，SAGD开采初期（循环预热阶段）的采出液受钻井和固井等因

素的影响,悬浮物含量和矿化度高,含油量低。SAGD 循环预热前期混合液和中后期混合液在氯离子含量、钾+钠离子含量、含油量、悬浮物含量等物性方面差别较大,中后期氯离子含量、钾+钠离子含量显著减少。

地面工程中 SAGD 循环预热阶段采出液名称和 SAGD 采油工艺的生产阶段划分保持一致,但对采出液处理的时间阶段并不一致。SAGD 开发区块循环初期及中后期的原油物性见表 3-2-4。地面工程上对循环预热阶段采出液的处理分为两个阶段:前期进循环预热采出液预处理单元进行处理(主要为循环液换热和采出水回收),后期进高温密闭脱水装置进行处理(和生产阶段采出液相同)。前期和后期的划分并无明显的时间节点,3.2.3 节给出了 4 个划分不同阶段的参考指标,现场以取样做脱水实验的评价结果为依据。

表 3-2-4 SAGD 开发区块原油物性表

序号	检测类型		循环初期原油物性	循环中后期原油物性
1	开口闪点/℃		187	190
2	沉淀物		微量	微量
3	凝固点/℃		29	30
4	总硫/%		0.05	0.07
5	蜡含量/%		1.94	2.06
6	胶质含量/%		22.75	24.51
7	沥青质含量/%		1.89	2.01
8	含砂量/%		1.14	0.48
9	酸值/(mg KOH·g^{-1})		0.77	0.651
10	密度/(g·cm^{-3})	20 ℃	0.972 0	0.980 1
		50 ℃	0.957 0	0.963 2
		95 ℃	0.929 0	0.935 0
11	黏度/(mPa·s)	50 ℃	67 840	75 421
		90 ℃	2 953	3 143.4
		100 ℃	1 525	1 604
		120 ℃	501	543
		140 ℃	204	220
		160 ℃	100	109
		180 ℃	55.9	58.7

2) 粒度参数

SAGD 采出液携砂主要为石英砂类,碳酸盐(白垩)含量较低,采出液平均含砂量为 0.1%~1.5%(图 3-2-1)。

蒸汽吞吐采出液静置后自然分层,上层为 W/O 乳状液,下层为 O/W 乳状液,而

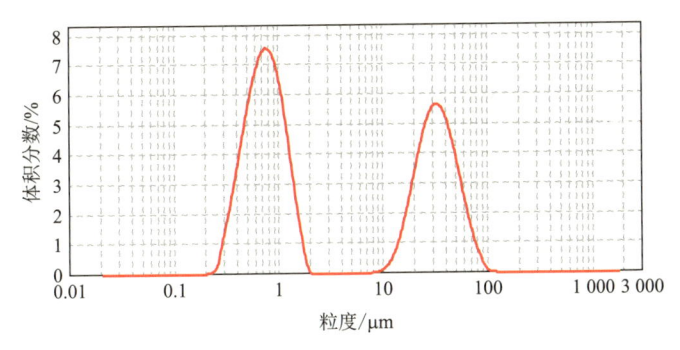

图 3-2-1　SAGD 循环液含砂粒度分布图

SAGD 循环液的乳化形态明显不同于蒸汽吞吐采出液,静置后无明显油水分层,也无泥砂沉降,表现出胶体动力学稳定性。SGAD 循环液是以水为连续相的胶体分散体系,胶核是微小的原油液滴,原油液滴周围吸附了大量的黏土颗粒、粉砂,形成了带负电荷的胶粒,胶粒之间相互排斥,维持动力学稳定状态,长期静置也不会出现泥砂沉降现象。

3) 乳化性质

SAGD 循环预热阶段采出液在长时间静置后呈稳定的 W/O 型、O/W 型混合乳化状态。该状态下加入常规的正相、反相破乳剂及预脱水药剂均不能达到预期目的。若进污水处理系统,则含油量、悬浮物含量过高;若进原油处理系统,则常规正相破乳剂没有效果,药剂选型难度较大。

循环液既是胶体又是乳状液,其稳定的根源主要有以下两个因素:① 循环液中分散的油滴主要是稠油,稠油黏度大,沥青质和胶质含量高,与固体颗粒间的吸附能力强,导致油水密度差小,油水界面强度大,乳状液比较稳定;② 稠油油藏比较疏松且稠油的携带能力较强,导致产出液黏土颗粒的含量较高,黏土一方面可以作为乳化剂,在油水界面形成坚固的薄膜而阻碍油滴聚并,另一方面由于带负电荷而使胶粒之间相互排斥,维持整个分散系的动力学稳定。

4) 稳定性

(1) 沥青质、胶质对循环液稳定性的影响。

稠油乳状液(表 3-2-5)的成膜物质主要有沥青质、胶质、石油酸皂、蜡晶、微型碳酸盐、黏土颗粒等天然乳化剂,其中沥青质、胶质对乳状液稳定性的贡献较大,这类物质的含量越高,稠油乳状液就越稳定。

表 3-2-5　重 37 井区 SAGD 原油物性分析

物性参数	数　值	物性参数	数　值
凝固点/℃	28	胶质含量/%	21.39
总硫/%	0.05	沥青质含量/%	1.36
含蜡量/%	1.85	含砂量/%	0.1

从表 3-2-5 中可以看出,SAGD 开发区超稠油胶质含量较高,且沥青质、胶质与饱和烃比值较大,使得稠油乳状液具有较高的稳定性。此外,稠油中的沥青质、胶质具有非常强的极性,极易吸附杂质,而乳状液中黏土含量越高,分散程度越高,乳状液稳定性越强。油水相对密度又非常接近,这都会使油水自然沉降分离变得更加困难。

（2）黏土颗粒对循环液稳定性的影响。

碱性蒸汽对地层岩石存在冲刷、溶蚀作用,且稠油的黏度大,携带能力强,导致 SAGD 采出液中黏土颗粒的含量较高。微细、不溶的固体颗粒构成一类重要的乳化剂。固体颗粒对乳状液稳定性的贡献取决于粒子大小、粒子间相互作用、粒子浓度和粒子润湿性质。一般情况下,固体颗粒在油水界面上形成的刚性结构会阻碍分散油滴间的聚并。此外,固体颗粒还能提供一定程度的静电排斥作用,进一步稳定乳状液。如果乳状液的分散粒径比较小,达到了胶体的分散程度,表现出来的就是胶体分散体系的特征。

3.2.2 正常生产阶段

循环预热阶段结束之后,SAGD 井进入正式生产阶段,这一阶段排出的液体称为 SAGD 采出液。SAGD 采出液基本物性参数见表 3-2-6,原油基本物性参数见表 3-2-7。

表 3-2-6 SAGD 采出液基本物性参数

参数名称	数据	参数名称	数据
pH	7.96	硫酸根离子浓度/(mg·L^{-1})	57.6
碳酸根离子浓度/(mg·L^{-1})	0	钾+钠离子浓度/(mg·L^{-1})	655.6
碳酸氢根离子浓度/(mg·L^{-1})	112.4	矿化度/(mg·L^{-1})	1 806.3
氢氧根离子浓度/(mg·L^{-1})	0	水型	NaHCO$_3$
钙离子浓度/(mg·L^{-1})	18.4	含油量/(mg·L^{-1})	256 321
镁离子浓度/(mg·L^{-1})	6.5	悬浮物含量/(mg·L^{-1})	2 750
氯离子浓度/(mg·L^{-1})	955.8		

表 3-2-7 原油基本物性参数

参数名称	A井区原油物性	B井区原油物性	C井区原油物性	D井区原油物性
开口闪点/℃	184	190	191	—
沉淀物	微量	微量	微量	微量
凝点/℃	34	40	22	36
总硫/%	0.05	0.07	0.06	
蜡含量/%	1.94	2.06	2.13	5.55
胶质含量/%	22.75	24.51	25.65	—
沥青质含量/%	1.89	2.01	2.11	

续表 3-2-7

参数名称		A井区原油物性	B井区原油物性	C井区原油物性	D井区原油物性
含砂量/%		0.01	0.06	0.08	—
酸值/(mg KOH·g^{-1})		1.55	0.651	0.576	1.78
密度/(g·cm^{-3})	20 ℃	0.972 0	0.980 1	0.982 5	—
	50 ℃	0.957 0	0.963 2	0.964 1	0.954 2
	90 ℃	0.929 9	0.924 1	0.911 1	—
黏度/(mPa·s)	50 ℃	25 390	55 400	10 800	46 000
	90 ℃	1 060	1 760	516.2	2 802
	100 ℃	584	960	299	664
	120 ℃	227	358.9	132	223
	140 ℃	124	192.6	60.9	116
	160 ℃	68.5	159.0	39.6	—
	180 ℃	35.9	122.2	19.8	—

与水相比，随着温度的升高，SAGD采出液中油的密度大幅度减小，使得油水密度差增大，并且原油黏度减小，有利于原油脱水。当温度达到140～160 ℃时，油水密度差为20～30 kg/m³，原油黏度为50～200 mPa·s，达到适合脱水的条件。

SAGD采出液具有高温携汽的特点，蒸汽冷凝水基本物性见表3-2-8。从表中可以看出，SAGD采出液的蒸汽冷凝水的含油量和悬浮物含量均较低，以CaCO$_3$计的硬度为3.5 mg/L。相对于采出液中分离出的水，SAGD蒸汽冷凝水水质较好，经除油、软化后可回用注汽锅炉。

表 3-2-8 SAGD蒸汽冷凝水基本物性参数

参数名称	检测数据	参数名称	检测数据
pH	7.45	硫酸根离子浓度/(mg·L^{-1})	2.64
碳酸根离子浓度/(mg·L^{-1})	0	钾+钠离子浓度/(mg·L^{-1})	40.5
碳酸氢根离子浓度/(mg·L^{-1})	11.75	矿化度/(mg·L^{-1})	111.48
氢氧根离子浓度/(mg·L^{-1})	0	水型	NaHCO$_3$
钙离子浓度/(mg·L^{-1})	0.85	含油量/(mg·L^{-1})	225
镁离子浓度/(mg·L^{-1})	0.14	悬浮物含量/(mg·L^{-1})	8
氯离子浓度/(mg·L^{-1})	55.6		

正常生产采出液的井口温度为180～220 ℃，井口油压为1.5～2.5 MPa，在管输至处理站的过程中，随着压力的降低，蒸汽闪蒸分离。该阶段采出液总量大，闪蒸出的蒸汽总量大。

SAGD采出液的集输流程为：井口采出液（回压0.9～1.2 MPa）至集油计量管汇（0.8～1.0 MPa），经接转站（0.6～0.8 MPa）到达处理站（0.9～1.0 MPa）。SAGD采出液在接转站进行一级蒸汽/伴生气分离。SAGD生产井的井口温度、压力数据见表3-2-9。

表3-2-9 SAGD生产井井口温度、压力数据统计表

序号	油压/MPa	温度/℃	回压/MPa	油压饱和温度/℃	差值/℃
1	2.20	220	1.20	219.6	−0.4
2	1.65	183	1.05	205.7	22.7
3	1.60	186	1.00	204.3	18.3
4	2.35	191	1.00	222.9	31.9
5	2.35	156	1.00	222.9	66.9
6	1.65	180	1.05	205.7	25.7
7	2.00	196	1.20	214.9	18.9
8	1.70	204	0.55	207.2	3.2
9	1.70	203	0.98	207.2	4.2
10	2.30	179	0.98	221.8	42.8
11	1.80	186	0.98	209.8	23.8
12	1.70	173	1.00	207.2	34.2
13	2.10	186	0.95	217.3	31.3
14	2.20	209	1.00	219.6	10.6
15	1.60	170	0.90	204.3	34.3
16	1.50	192	0.92	201.4	9.4
17	1.70	184	0.90	207.2	23.2
18	2.40	178	1.00	224.0	46.0

从表3-2-9中可以看出,井口油压在1.5~2.5 MPa之间,温度在170~220 ℃之间,油温相对于油压对应的饱和温度差值为10~35 ℃(去掉异常数据),平均过冷值为24.8 ℃。结合现场生产数据,通过模拟计算确定SAGD正常生产阶段采出液的蒸汽闪蒸量为10%。

现场密闭接转站伴生气实测小时累积量在500~1 200 m³/h之间波动,日累积量为17 000~22 000 m³/d,平均为20 037 m³/d,折合气液比约5∶1,气油比约(40~50)∶1。

SAGD高温采出液经过汽(气)液分离后,对蒸汽和伴生气进行冷却,再对伴生气进行取样分析,伴生气组分见表3-2-10,伴生气中硫化氢含量见表3-2-11。

表3-2-10 伴生气组分表

组分名称	摩尔分数/%	组分名称	摩尔分数/%
O_2	0.16	$n\text{-}C_4$	0.09
N_2	1.81	$i\text{-}C_5$	0.04
CO_2	18.85	$n\text{-}C_5$	0.04

续表 3-2-10

组分名称	摩尔分数/%	组分名称	摩尔分数/%
C_1	77.55	C_6	0.58
C_2	0.55	C_7	0.06
C_3	0.16	C_8	0.02
$i\text{-}C_4$	0.07		

表 3-2-11 伴生气中硫化氢含量表

序号	硫化氢质量浓度/(mg·m^{-3})	序号	硫化氢质量浓度/(mg·m^{-3})
1	890	8	1 834
2	840	9	1 385
3	1 596	10	35 500
4	960	11	55 000
5	1 591	12	49 000
6	1 849	13	46 875
7	1 600		

从表 3-2-11 中可以看出，SAGD 采出液伴生气的硫化氢数据存在较大的区块差异，前 9 个井区的硫化氢含量在 800～2 000 mg/m³ 范围内，后 4 个井区的硫化氢含量在 30 000～55 000 mg/m³ 范围内。

3.2.3 生产阶段判别方法

SAGD 循环预热阶段采出液携砂量大（1%～5%）、携汽量大（40%～53%，最高可达 80%），含油量小（1%～20%），不宜和 SAGD 正常生产阶段采出液混合处理。另外，在 SAGD 正常生产阶段前期（3～6 个月），虽然采出液含油量逐渐上升，但其整体性质仍然和循环预热阶段采出液相似，该阶段采出液也不宜和 SAGD 正常生产阶段采出液混合处理，所以判断 SAGD 井组采出液是循环预热阶段还是正常生产阶段就显得尤为重要。

根据 SAGD 井组开发的现场经验和室内实验研究，得到了以下几种判断 SAGD 循环预热和正常生产阶段的方法。

1）通过含油量、悬浮物含量指标判断

考虑将含油量 120 000 mg/L（12%）、悬浮物含量 3 000 mg/L 作为区分的标准之一，并与下述指标协同评价。

2）通过药剂体系判断

一周内持续在井口取样 3～5 组，若采用"预脱水剂（≤800 mg/L）+正相破乳剂"处理工艺有效，同时采用"净水剂（≤500 mg/L）+助凝剂"处理工艺达不到净水效果，则该井组可以当作正常生产阶段采出液处理。

3）通过ζ电位测量判断

ζ电位是表征胶体分散体系稳定性的重要指标。通过对新井 SAGD 循环液ζ电位的跟踪测量,发现随着井组循环时间的延长,采出液ζ电位的绝对值呈逐渐降低的趋势。根据经验,当ζ电位低于某一值时,认为进入正常生产阶段。

4）通过生产方式判断

通过地质判断,井组连通程度达到要求后,正常转抽井组的采出液可以当作正常生产阶段采出液处理。

3.3 SAGD 开发密闭集输工艺技术

SAGD 采出液分为循环预热采出液与正常生产采出液,不同生产阶段采出液物性差别较大,脱水机理不同,同时,SAGD 采出液具有温度高(160～220 ℃)、携汽量大(5%～30%)、携砂量大(0.1%～5%)、携砂粒径小(D_{90}<10 μm)等特点,给集输工艺的确定和配套设备选型带来很大困难,具体表现在:

(1) SAGD 采出液高温携汽,集输温度远高于水在常温下的饱和蒸汽压。在输送工况下,通常表现为汽液两相共存的饱和状态。当系统压力波动时,高温饱和流体会发生明显的相态转换,给集输系统的稳定性造成很大的冲击。

(2) SAGD 采出液携砂严重,当介质流速偏快时,会使集输系统设备和管道发生磨蚀。尤其在降压输送过程中,大量的蒸汽从采出液中闪蒸出来,而蒸汽流速远高于液相流速,此时会显著加剧砂对管道的磨蚀。

(3) 介质在管道中呈油、汽、水、砂多相流共存的饱和状态,在地形起伏或高差较大时极易形成段塞流,严重影响集输系统的平稳、安全运行。

(4) SAGD 开发周期可分为循环预热阶段和正常生产阶段,两阶段采出液物性和脱水机理存在较大差异,混合处理效果不理想,会大幅度增加脱水药剂用量,严重影响油水处理指标,甚至可能造成系统瘫痪,因此 SAGD 循环预热阶段采出液需要进行单独处理。由于 SAGD 循环预热阶段持续 3～6 个月,个别井组可能多达 12 个月,井组间个性化差异明显,所以采用一套集输管网不能实现两阶段采出液分开处理,而采用两套管网则存在重复投资问题。

(5) SAGD 开采出的原油黏度高,黏温关系敏感,集输系统在防止高温闪蒸的同时还应考虑管道低温凝堵和停输再启动问题。

3.3.1 SAGD 开发集输布站方式

风城油田集输采用二级或三级布站方式。二级布站是采出液通过集输干线自压输送至中心处理站进行处理,工艺流程为从井场到多通阀集油计量管汇后输送至 SAGD 高温密闭脱水站;三级布站的工艺流程为从井场先到多通阀集油计量管汇进行计量,再输送到接转站进行换热,最后进入 SAGD 高温密闭脱水站。其中,采用二级布站流程的多为先建井组,采用三级布站流程的多为 2018 年以后建设的井组。随着开发区块的增加、井数的增多,二级布站密闭集输工艺在生产过程中反映出系统各单元关联性过强的问题,难以满足井组间个性化注采生产要求,制约了风城油田 SAGD 的规模开发。因此,风城油田研发了以"双线集输、集中换热"为特点的高温密闭集输工艺,解决了 SAGD 开发不同阶段采出液物性差异大的问题,提高了集输管网的利用率,也提高了热能的综合利用效率;同时,充分利用了井底采油泵举升能量,尽可能减少中间接转环节,系统密闭率达到 100%。风城油田 SAGD 采出液集输工艺示意图如图 3-3-1 所示。

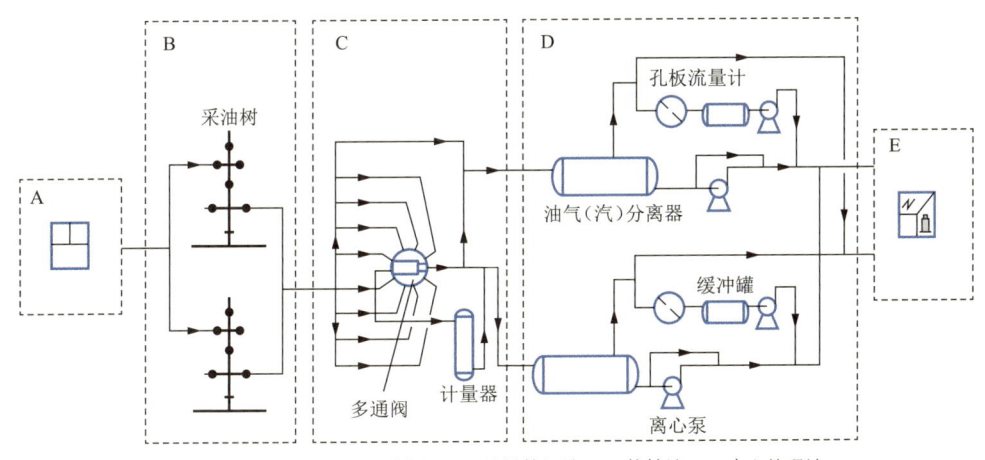

A—注汽站;B—SAGD 注采井场;C—计量管汇站;D—接转站;E—中心处理站。

图 3-3-1　风城油田 SAGD 采出液集输工艺示意图

注汽站通过注汽管道对 SAGD 采油井和 SAGD 注汽井进行注汽,SAGD 采油井采出液通过单井集油管道进入计量管汇站。需要计量的单井循环预热采出液通过多通阀选井后,经过单井计量管道进入单井计量装置,计量后的采出液通过计量装置出油管道进入油气(汽)分离器,其余不计量单井循环预热采出液通过多通阀循环预热集油汇管进入油气(汽)分离器。油气(汽)分离器分离出的液相通过油气(汽)分离器出液管道进入循环预热采出液提升泵升压后,通过集油管道去中心处理站;分离出的汽相通过循环预热蒸汽换热器管道,再通过集汽管道靠自压去中心处理站。

该集输工艺具有如下特点:

(1)集输半径小于 3 km 的区块采用"从井场到多通阀集油计量管汇(双线混输)再到 SAGD 高温密闭脱水站"的二级布站流程;集输半径大于 3 km 的区块采用"从井场到多通阀集油计量管汇后进入 SAGD 高温密闭接转站(汽液分离双线集输),再到 SAGD 高温密闭脱水站"的三级布站流程。其中,接转站根据具体工况可有如下变化:

① 正常工况下,接转站包括汽液分离和液相增压功能;

② 针对集输半径较小的区块(≤3.5 km),接转站的功能可简化为汽液分输站,取消站内液相增压设备,充分利用井底采油泵的举升能量,将采出液自压汽液分输至集中处理站;

③ 对于接转站周边有冷源的区块,在接转站内增设蒸汽换热单元,消除蒸汽相变后,液化物和采出液一起泵输至集中处理站。

(2) 为满足 SAGD 不同生产阶段采出液的集输、处理需要,集输管网均采用双线设计:

① 投产初期,区域内所有井组均处于循环预热阶段,该阶段采出液携汽严重,管输能力下降,双线均用于循环预热采出液集输。

② 由于地层条件存在差异,随着井底汽腔发育,部分油井转入正常生产阶段,另一部分油井仍处于循环预热阶段,两阶段采出液基本物性和脱水机理差异明显,需分开处理。此时,一条集输管道用于循环预热采出液集输,另一条集输管道用于正常生产采出液集输。

③ 当所有井组都进入正常生产阶段后,单井产液量不断上升,可达到投产初期的 3~4 倍,此时双线均用于正常生产采出液集输。

从以上过程可以看出,集输管网虽采用双线设计,但整体利用率并不比单线低,同时可大幅度提高管网的灵活性,可以满足 SAGD 开发不同阶段采出液集输和分开处理的需要。

(3) 根据 SAGD 采出液的集输特点,流程前半段(井场经计量管汇进接转站)集输压力较高,不易发生闪蒸,介质流速可以得到控制。因此,可采用汽液混输流程以提高管网利用率;流程后半段(接转站至集中处理站)集输压力相对较低,在降压输送过程中,大量的蒸汽从采出液中闪蒸出来,而蒸汽流速远高于液相流速,砂对管道的磨蚀会显著加剧,此时采用汽液分输流程以确保脱汽采出液流速较低,同时可有效防止段塞流的发生。

(4) 全线采用高温集输,便于热能在集中处理站的集中回收和梯级利用,为实现油田热能综合利用奠定了基础。

3.3.2 SAGD 开发密闭集输关键节点压力

截至 2020 年,风城油田开发了重 37、重 32、重 1、重 18、重 45 井区,共形成 5 个集油管网,分别为:重 37、重 32 集油管网,重 1 井区密闭管网,重 1 井区(换热)接转管网,重 45、重 18 井区密闭管网和重 18 井区接转管网。这是 5 个相互独立、互不干扰的集油系统。

对 SAGD 单井回压有关键影响的因素为处理站的蒸汽处理器运行压力,而蒸汽分离的运行压力取决于 SAGD 采出液高温密闭脱水的需要温度及其对应的饱和蒸汽压。

根据风城油田 SAGD 开发区的原油黏度,最佳脱水温度为 140 ℃,该温度对应的饱和蒸汽压为 0.361 MPa(绝压)。考虑管路压力损失和分离器的压力控制,在对原有流程进行优化之后,各节点压力控制参数见表 3-3-1。

表 3-3-1 SAGD 密闭集输各节点压力控制参数表

节点名称	温度/℃	压力/MPa
采出水换热器出口	100	0.30
采出水换热器进口	135	0.35

续表 3-3-1

节点名称	温度/℃	压力/MPa
压力除油器出口	135	0.35
压力除油器进口	135	0.40
热化学脱水分离器出口	135	0.35
热化学脱水分离器进口	140	0.40
仰角预脱水分离器出口	140	0.40
仰角预脱水分离器进口	145	0.50
蒸汽处理器出口	165	0.60
蒸汽处理器进口	165	0.70
管汇	165	<1.0
单井	178	<1.1

3.3.3 关键集输设备

为顺利实现SAGD采出液的密闭集输,针对SAGD采出液的特殊性质,风城油田在井口装置、计量模块、计量分输站等集输关键位置设置了针对性的设备及流程,具体如下。

(1) 井口采用橇装化、模块化设计,将采油井、注汽井、注汽分配计量及自动控制系统高度集成,满足了地面集输及注汽精细调控的需求,并在减少冬季保温用汽、工厂化预制、缩短施工周期、减少占地面积方面具有明显优势。

(2) 计量模块包括多通阀选井装置、高温密闭取样装置及稠油管式分离计量橇。研发了国内首台高温饱和流体防闪蒸在线密闭取样装置,实现了高温油井采出液带压密闭定量取样功能。高温携气(汽)流体计量采用"汽液分离+液相局部过冷+单相计量"技术,SAGD单井来液先进入汽液分离器进行汽液分离,分离出的汽相经换热冷却(≤100 ℃)后用计量罐进行计量,伴生气采用旋进旋涡流量计计量;分离出的液相经换热装置降温10 ℃左右后达到过冷状态,能够克服后端管线和管件的摩阻压降,保证质量流量计在单相状态下计量。

该技术消除了SAGD采出液多相流、泡沫油、高温流体闪蒸相转换给计量准确度带来的影响,计量误差控制在2%以内,与常规称重式和容积式计量装置相比,计量精度可以提高5%~8%,可用于常规计量设备的标定。

现场实施过程中将汽相换热流程简化,通过标定将计量误差控制在8%以内,可以满足油田生产中对液、气、汽的计量精度要求,已集成为布局紧凑、操作维护方便、利于拉运吊装的高温采出液在线计量橇。

(3) 计量分输站具备油汽分离功能,油汽分离压力控制在0.6~0.8 MPa之间,研发了段塞流捕集处理一体化装置,集成了段塞流捕集和汽(气)液分离及处理两种功能,能有效避免段塞流对下游油、汽(气)、水处理系统造成的冲击。

3.3.4 现场应用

基于双线集输、集中换热流程的 SAGD 高温密闭集输工艺在风城油田 SAGD 产能开发区得到了全面推广应用,覆盖产能 162×10^4 t。截至 2020 年,已建成 7 座高温接转站、2 座高温密闭脱水站。

风城油田建设过程中累计应用 SAGD 井口注采一体化橇 85 套、稠油管式分离计量装置 46 套、超稠油蒸汽处理器 37 套、段塞流捕集处理一体化装置 2 套、高温饱和流体计量标定装置 1 套、高温防闪蒸在线取样装置 20 套,装置性能满足了生产需求。SAGD 井口注采一体化橇如图 3-3-2 所示,稠油管式分离计量橇如图 3-3-3 所示。

图 3-3-2　SAGD 井口注采一体化橇　　　　图 3-3-3　稠油管式分离计量橇

3.4　SAGD 循环预热采出液处理

3.4.1　预处理流程

循环预热阶段采用"汽液分离+换热降温+油水分离+浮油回收"的 SAGD 循环液处理工艺。SAGD 循环预热阶段采出液预处理单元采用汽液分离处理,先在 180 ℃温度下脱汽,然后进入换热装置使温度降到 90 ℃,最后进入除油沉降罐脱水,流程如图 3-4-1 所示。

SAGD 循环预热阶段高温采出液(180 ℃,携汽 30%～60%)经过蒸汽处理器和闪蒸分离器两级分离(闪蒸分离器目前跨越使用),蒸汽处理器分离出的蒸汽作为站区辅助热源,可用于常规开发区原油掺热;过剩的蒸汽和进站管汇来蒸汽经过汽水换热器换热及缓冲罐缓冲后进入二号稠油联合站除油罐或调储罐,缓冲罐分离出的气体由放散管放散;经过两级分离出的液相换热后加入净水剂,再进入 2 座 1 200 m³ 除油沉降罐进行油水分离,分离出的油相加入柴油和老化油破乳剂后泵输至二号稠油联合站老化油沉降脱水罐进行

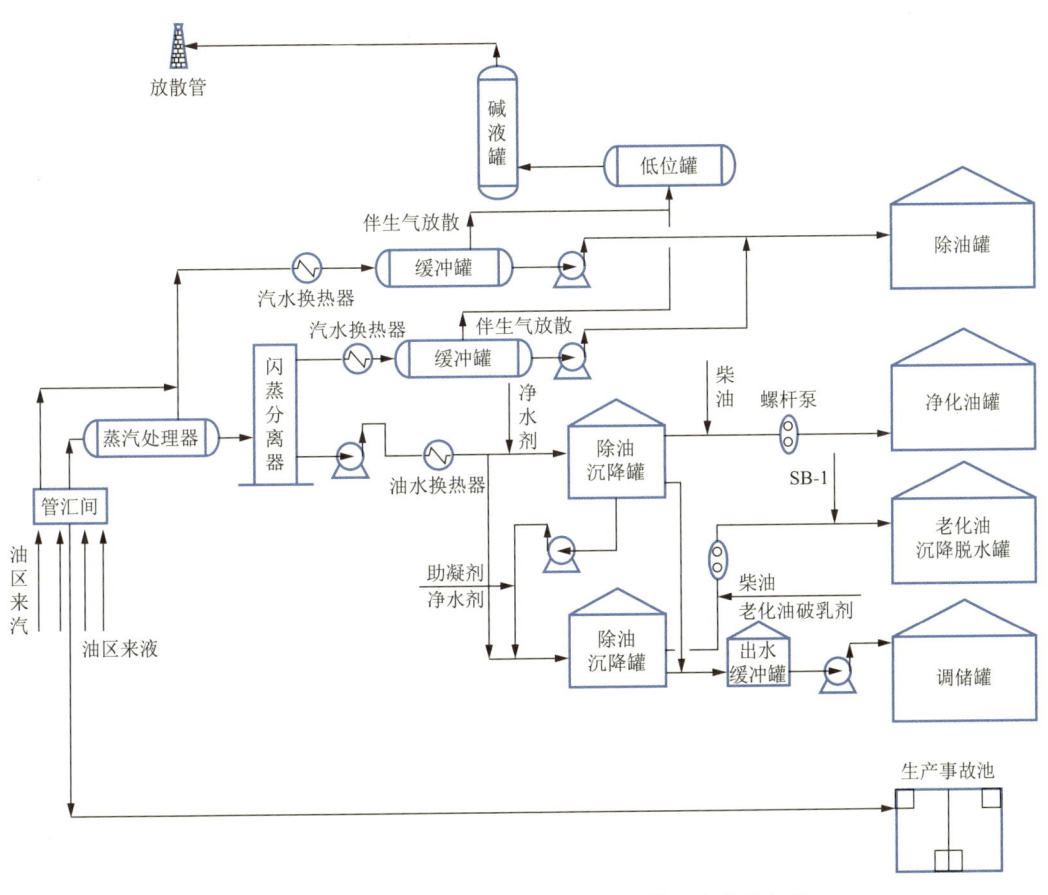

图 3-4-1　SAGD 循环预热采出液预处理单元流程示意图

脱水处理,一段除油沉降罐分离出的水相加入净水剂和助凝剂,经二段除油沉降罐处理后泵输至二号稠油联合站调储罐;一段除油沉降罐中脱出的浮油进入净化油罐中进行脱水。各主要容器底部均设置水力冲砂系统,排出的污泥依靠二号稠油联合站污泥系统处理。

针对 SAGD 循环液含油量随循环时间延长而增大的特性,SAGD 循环液经过换热后,向其中加入耐高温净水剂(200～500 mg/L)、助凝剂(200～400 mg/L),在除油沉降罐中进行初步的油水分离及净化处理。处理后的污水含油量、悬浮物含量均小于 150 mg/L。在运行过程中发现,SAGD 循环预热过程中处理的原油黏度明显高于常规开发系统来液,在污油回收时,污油泵长时间冲洗仍存在"凝死"现象,污油回收困难,加热水冲洗流程后,效果仍不理想。为解决此问题,风城油田采用"掺柴油(25%)+掺老化油破乳剂(2 000 mg/L)+掺蒸汽提温"后进入站区大罐沉降脱水的工艺对污油进行处理,经检测污油处理效果合格。掺柴油比例、老化油破乳剂浓度及蒸汽提温温度要随着老化油性质的变化、破乳剂对设备腐蚀程度的变化进行调整。

3.4.2 关键技术

针对SAGD循环预热采出液的胶体特性研制出耐高温净水剂体系,具有油、水、泥砂相分离速度快、分离彻底的特点。风城油田利用高效复合净水剂结合蒸汽分离、换热及分段加药技术,形成了由"汽液分离＋换热降温＋油水分离＋浮油回收"组成的完整的SAGD循环预热采出液处理工艺,处理后污水含油量、悬浮物含量指标均低于150 mg/L,净化后浮油含水率低于1.5%。

1) 汽液分离技术

循环预热阶段分离出的蒸汽供特稠油联合站导热油换热升温,液相自压至联合站污泥浓缩池进行单独处理。在循环预热阶段,SAGD采用蒸汽循环预热,采出液热量高、携汽量大,管输过程中常出现段塞流现象,导致换热系统不能正常工作,剩余大量的热能不能得到有效利用,且破坏系统的热平衡,采出液温度无法达到进处理站的温度要求;若以常压闪蒸降温后投加复合净水剂进行深度净化,则闪蒸后逸出的大量蒸汽会携带细小油珠散布在低空大气中,对环境造成严重污染。因此,必须在换热器前端增加汽液分离器,对携汽采出液所含的蒸汽进行分离,再对高温液相进行换热,以保证换热装置及整个集输系统正常工作,减少对低空大气环境的污染。超稠油蒸汽处理装置结构如图3-4-2所示。

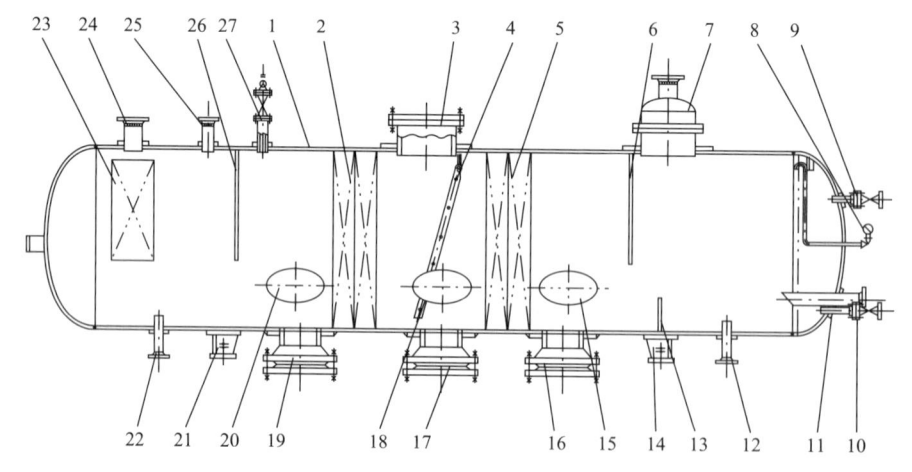

1—罐体;2—一级分离装置;3—人孔;4—内部斜梯;5—二级分离装置;6—第二破泡装置;7—出气除液装置;8—压力表;9—第一液位计;10—第二液位计;11—出液管;12—后端排污管;13—挡砂板;14—F形鞍座;15—第三清砂孔;16—第三砂包;17—第二砂包;18—第二清砂孔;19—第一砂包;20—第一清砂孔;21—S形鞍座;22—前端排污管;23—入口装置;24—进料管;25—放空管;26—第一破泡装置;27—放空管。

图3-4-2 超稠油蒸汽处理装置结构示意图

根据对重32井区SAGD试验区的现场调研情况,SAGD井口采出液中携20%左右的饱和蒸汽。因此,在热平衡计算中,分别进行采出液含汽量为25%、20%和15% 3种情况下的热平衡分析,计算结果见表3-4-1。

表 3-4-1　重 32 井区 SAGD 换热系统热能平衡计算表

采出液量 /(t·d^{-1})	蒸汽含量 /%	携汽采出液 蒸汽潜热 /(10^6 kJ)	液相放热 /(10^6 kJ)	锅炉用水升温至 130 ℃所需热量 /(10^6 kJ)	携汽(不分汽) 采出液余热 /(10^6 kJ)	蒸汽分离后 采出液余热 /(10^6 kJ)
480	25	207	106	120	193	−14
480	20	261	113	120	254	−7
480	15	162	120	120	162	0

蒸汽分离后采出液预热为负，说明在蒸汽含量为 25％及 20％时，蒸汽完全分离后的液相放热不足以使锅炉用水升温至 130 ℃。

采出液含水率按 80％考虑，温度为 150 ℃，锅炉用水从 50 ℃换热升温至 130 ℃，以保证采出液进常规原油脱水系统时温度低于 100 ℃。

由现场数据得出，经过蒸汽分离工艺处理后再经换热的采出液可以满足进站的温度要求。此外，还需增设段塞流捕集器，降低瞬时峰值流量对分离器的冲击，分汽后液相进行集中换热，分离出的汽相进行热能利用，以确保换热系统安全平稳运行。

分离出的蒸汽进入常规原油脱水站供二段掺蒸汽使用。在正常工作状态下，蒸汽处理器压力控制在 0.9～1.0 MPa 之间，温度控制在 180 ℃；段塞流冲击期间，装置压力控制在 1.0～1.05 MPa 之间。该装置液位与液相出口调节阀联锁，液位稳定在 0.75 m 左右。

当出现段塞流时，应调节装置汽相出口调节阀联锁压力，将装置压力控制在 1.0～1.05 MPa 之间，观察仰角式预脱水装置液位变化情况，尽可能保证预脱水装置、热化学脱水装置进液平稳。改变加药量，在段塞流持续期间将加药量提高 2～3 倍。

2）换热降温技术

2008 年，风城油田在重 32 井区进行了 SAGD 开发试验，试验区采出液温度为 180 ℃，通过换热降温至 100 ℃以下才能满足进站处理的要求。当时选用的液水换热器为浮头式换热器，使用后发现该型换热器结构较为复杂、部件多，换热效率低，而且管程管径较小，冷源温度较低时易发生凝堵，因此在 2009 年建设无盐水换热站时，在结合换热介质物性的特点，且对换热装置结构和工作原理进行剖析的基础上，对浮头式换热器及立式可拆卸螺旋板式换热器进行了适应性分析，最终对换热器进行了改进，选择立式可拆卸螺旋板式换热器。该换热器的换热冷源通道为自下而上的螺旋式换热结构，螺旋通道由两张整钢板(厚 2～6 mm)卷制而成，而热源通道为自上而下的壳程直流通道，两种传热介质可进行逆流流动，增强了换热效果。该换热器采用立式分节可拆式结构(图 3-4-3)，可以任意组合安装，克服了传统螺旋板式换热器整体检修、更换、清洗困难的弊端。

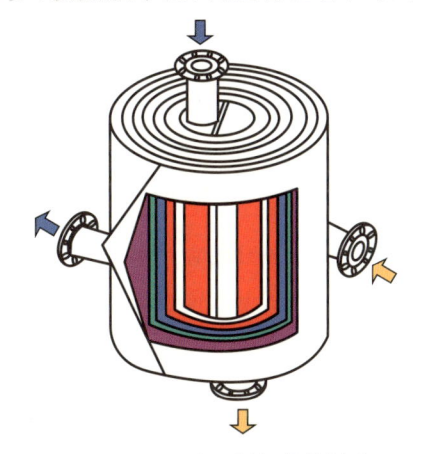

图 3-4-3　立式可拆卸螺旋板式换热器原理示意图

该换热器的优点为：

(1) 由于热源从换热器顶部进入、底部流出，所以换热装置不易积沙。

(2) 该换热器中冷流由底部向上流动，沿切线方向进入，流道内容易形成湍流，而热流由换热器顶部进入，两种传热介质可进行逆流流动，增强了换热效果，即使是两种小温差介质，也能达到理想的换热效果。

(3) 结构紧凑，占用空间小。据统计，在处理相同的流体时，使用该换热器所占的空间仅是传统列管式换热器的1/6。

(4) 该换热器采用单流道结构，因此换热器本身具有自清洁功能，在处理易沉积流体、黏稠流体和含有颗粒的流体时，阻塞未完全形成之前就已经被流体冲洗干净。

(5) 从螺旋形流道的中心到壳体全部由整张钢板卷制而成，这样就完全避免了由于存在不易处理的焊缝而产生的泄漏危险，并减少了焊接工作量。

(6) 该换热器在制作上实现了分节拆换，在结构上通过提高板材壁厚、减少焊缝避免了装置泄漏危险。另外，由于热源从换热器顶部进入，介质垂直流动，流通面积大，大幅度减缓了热源流动速度。各种有利因素无形中提高了装置耐磨蚀性能，有助于延长换热装置的寿命。

立式可拆卸螺旋板式换热器在使用过程中仍存在一定的问题：

(1) 由于内部结构复杂，焊点多，所以发生内漏时很难维修；

(2) 由于该换热器由两节串联而成，下节因要承受上节的重量，其自身承受的应力增大，易导致内漏及焊点损坏；

(3) 对流换热使冷源局部过冷，导致热源通道局部堵塞；

(4) 热源进液口在换热器上方，对维护造成不便。

SAGD试验区高温采出液的二级换热数据见表3-4-2。

表3-4-2 立式可拆卸螺旋板式换热器参数

项 目	数据及分析结果
换热效率/(W·m^{-2}·K^{-1})	70~80
总换热面积/m^2	1 976.06
单台换热面积/m^2	400
携粉砂原油通道	垂直方向，自上而下的流道
原油流通截面积/m^2	1.82
原油在换热器中的流速/(m·s^{-1})	0.003 2
耐磨蚀性能分析	原油流通面积大，介质流速小，大幅度缓解了携砂原油对装置内部件的磨蚀，加之加厚的卷制焊接钢板，进一步提升了设备使用寿命
对高黏携砂流体换热的适应性分析	热源自上而下在集输压力和重力双重作用下流动，高黏携砂液由设置于立式换热装置最底部的出液口排出，不易发生凝堵，即使发生凝堵事故，也较易处理

在同等级换热器中，立式可拆卸螺旋板式换热器在投资、耐磨蚀性能以及对高黏携砂流体换热的适应性等方面都有一定的优势。

油水换热器仍选用在集中换热站有一定应用经验的立式螺旋板式换热器作为主要换热设备。在使用一段时间之后,风城油田结合该设备的使用情况,对其结构进行了优化,选用瑞典的阿法拉伐公司生产的新型板式换热器,以更好地适应SAGD循环预热采出液换热需要。优化包括:

(1) 将单台设备的换热面积由 400 m^2 减小到 280 m^2,以消除部分应力;
(2) 优化进口及布液装置,重新核算每圈钢板间距,以提高换热效率;
(3) 冷源进入换热器前先用蒸汽进行预换热,避免原油局部过冷而发生凝管。

优化后的新型螺旋板式换热器的特点见表3-4-3。

表 3-4-3 新型螺旋板式换热器特点

项　目	特　点
柱钉强度	对于所有柱钉,新型螺旋板式换热器全部采用气体保护焊,并且在焊后进行强度测试
无液体互混的风险	柱钉焊接区域具有一致的应力,同时采用高质量的自动封边技术和通道焊接技术,这3个因素避免了内部通道的泄漏和开裂
抗温度和压力疲劳	板片末端技术+流体分配通道+外部封口加强(应力、热效率和流动分析)
抗结垢的自清洗功能	筒状中心+进料口+布流区结构体>整个通道流速均匀(没有死区)且新型螺旋板式换热器为单一通道,结垢会使通道变窄,流速增加,所以具有自清洗功能
防止砂粒磨蚀的措施	调整合适的流速,尽量减轻砂粒的磨蚀;设计恰当的换热板厚度,提高抗磨蚀能力
防止凝固及发生凝固时的解决方案	内部空间小,温度指示更灵敏,更易于控制换热器;设计时控制壁温在78 ℃,防止发生凝固;发生凝固后,可以用热油或热水进行加热
换热效率	纯逆流的设备结构,换热效率更高
空间和重量	因为纯逆流接触的换热效率更高,所以该新型螺旋板式换热器具有更小的体积和重量,直径为2 m,厚度为2 m
清　洗	该新型螺旋板式换热器可以从侧面打开,方便清洗;采用机械清洗方法,清洗效果更好
维　护	由于两侧均可方便打开,所以在板片焊接处若发生泄漏,则可以检测并焊接漏点

对于汽水换热器而言,工艺介质为含少量油滴的高温蒸汽,选型时应充分考虑所选换热器结构的可靠性、维护的方便性和高效性,同时应尽量减少换热管的结垢和腐蚀,以保证换热器的使用寿命。基于以上几点,在集中管式换热器中选择来复管式换热器,其结构如图3-4-4所示。

来复管的结构是军工上常用到的技术,这种换热管就像枪膛、炮膛内的来复线,可形成强烈的旋流,产生推动介质流动的动力,无任何阻力,能够形成强烈的逆流、错流,高速的旋流旋转冲刷管子的内外管壁,使所有容易结垢的晶体无法附着,换热

图 3-4-4 来复管式换热器结构图

管内保持洁净。来复管还可使换热管外的介质更加强烈地冲刷换热管外表面。来复管的换热效率较波节管高25%～30%,较螺纹管高20%～25%。强烈的冲刷使得换热管外的钙镁离子、铝离子、氧等一系列容易结垢、腐蚀的物质无法附着和沉积,换热管压降很小。来复管降低了系统泵的电耗,使系统运行更流畅,换热管的使用寿命更长,同等厚度的来复管较波节管的使用寿命高15%～25%,较螺纹管的使用寿命高20%～25%。

该换热器采用分腔室、多流程、全逆流的工作方式,解决了一般换热器流程短、换热不充分等问题,极大地提高了热能利用率,具有重量轻、体积小、能耗低的特点。汽水换热时,不需要安装减温减压装置、疏水阀组以及凝结水回收装置,节省配套设备费用、工艺管道费用以及能耗费用。

该换热器采用分腔式换热,即在不同的腔体内换热,实现了分段式加热(过热段、饱和段、混合段、高温段、中低温段)。加热管内是热媒,管外是被加热水(水包围蒸汽)。一次热媒可通过8～12个流程,得到了充分利用,换热效率高,热媒终温与回水温差仅为5～8 ℃。二次热媒通过4个腔室,每个腔室大小不同,一大一小形成了湍流,水流对管道表面冲刷强烈,使管道表面不易结垢,没有死水区,换热充分。该方式增加了一、二次热媒的流程和接触时间,全面提高了能源利用率。分腔式换热换热效率分布如图3-4-5所示。

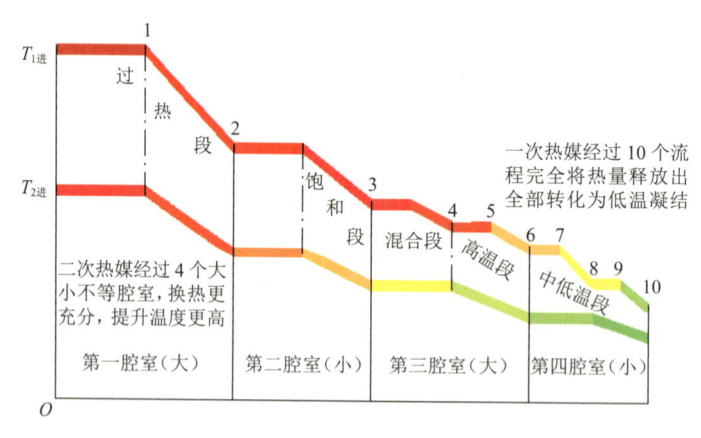

$T_{1进}$——一次热媒进入循环前的温度;$T_{2进}$——二次热媒进入换热流程时的温度。

图3-4-5 分腔式换热换热效率分布图

自投入使用以来,来复管式汽水换热器在SAGD集中换热站取得了较好的应用效果,换热效率达到预期要求,操作简洁灵活,生产运行稳定可靠,维护简单方便,提高了锅炉用水温度,减少了锅炉燃料消耗量,有效解决了SAGD井组的热能过剩问题。

3) 油水分离技术

SAGD循环预热采出液粉泥、粉砂含量高,稳定性极强,用单一的化学破乳方法难以对其进行分离。循环预热采出液含油量低,油几乎完全以乳化形态存在于黏土分散液中,形成了均一的胶体分散体系,加入电解质后即可破坏胶体的稳定态,从而达到净化目的。在室内尝试加入酸液(10%的盐酸)、饱和盐水、净水剂(即电解质)后,处理效果表现为净水剂最好,饱和盐水次之,酸液最差。

结合实际的生产工艺与现状分析,可以使用净水剂和饱和盐水,但饱和盐水处理后污水矿化度由 4 000 mg/L 激增至 12 000 mg/L。高矿化度的污水将给注汽锅炉带来较为严重的结垢问题,对锅炉的安全运行造成隐患。净水剂在常规污水处理中不改变污水矿化度,处理后循环液与处理站内污水配伍性较好,对锅炉的运行不造成影响,在进行综合评价后,确定以净水剂作为处理 SAGD 循环液的主体。但是现场试验发现常规净水剂耐温性能差,当温度达到 120 ℃以上时,净水剂溶液被大量汽化,无法与循环液有效混合。风城作业区通过优化净水剂配方,研制出专用于循环液高温、稳定性极强的复合型净水剂,使其在 140 ℃时对循环液仍有较好的处理效果。

(1) 复合净水剂。

考虑到净水剂的除油效果较好,配合助凝剂还可净化脱出污水。为了满足现场应用对耐温、腐蚀等性能的要求,研制了以阳离子型净水剂为主体的复合净水剂。初期循环液加药质量浓度为 500 mg/L,除油率达到 99%,污水含油量为 112 mg/L;后期循环液加药质量浓度为 900~1 200 mg/L,除油率达到 99%,污水含油量为 260 mg/L。这说明复合净水剂能达到 SAGD 循环液油水分离的目的,污水指标满足进入常规水处理系统的要求。结合现场试验结果,30 min 内循环液除油效果明显,30 min 以上除油效果没有明显变化,因此初步确定复合净水剂在 SAGD 循环液中的药剂反应时间不小于 30 min。

复合净水剂的 pH 在 3~4 之间,对普通碳钢有一定的腐蚀性;当复合净水剂和 SAGD 循环液混合均匀后,腐蚀强度在设计指标允许的范围内。因此,循环液输送管线及处理设备采用了普通碳钢材料,在加药点采取了防腐措施。

(2) 加药方式。

使用复合净水剂处理 SAGD 循环液,必须合理控制加药量。若加药不足,除油率低且污水含油不达标;若加药过量,泥质絮体混入油相,会增大浮油脱水的难度。参考常规开发原油处理系统的两段加药脱水模式,风城油田尝试在 SAGD 循环液处理方面开展两段加药试验,评价两段加药处理后的污水指标变化。结果发现,一段净水剂加药量是二段净水剂加药量的一半时,最终出水水质和单点加药运行相比没有影响,效果还稍好于单点加药的处理效果。因此,SAGD 循环液采用两段加药处理。

(3) 污油破乳剂。

浮油中含有大量的泥质絮体,体积蓬松、结构稳定,裹挟一定量的水进入油相,导致浮油含水较高;泥质颗粒吸附在油水界面,增加了界面膜的机械强度,阻碍水滴相互聚并,对浮油乳状液的稳定性起到保护作用。采用污油破乳剂能实现浮油脱水。污油破乳剂由有机弱酸和聚醚型破乳剂复配而成,有机弱酸组分可使泥质絮体的外界呈微酸性,导致絮体"解絮",破坏其稳定结构;聚醚组分可顶替油水界面的乳化物质,降低界面张力和界面膜强度,使水滴相互聚结沉降。现场采用污油破乳剂对 SAGD 循环液浮油进行脱水,加 2 000 mg/L 污油破乳剂,热化学沉降 91 h,含水率由 32% 下降至 5%,达到了预期的脱水目标。

4) 浮油回收技术

经过复合净水剂处理后的循环液主要分为水相和油相,脱出的污油和泥质絮团相互吸附结合,形成难以处理的污油,污油日产生量在 150 m³/d 左右,外运处理费用较高。为解决循环液脱出污油的回收处理难题,风城油田对加药方式进行了优化,结合室内循环液处理和污油脱水对比实验,确定采用如下方式对后续循环液及脱出污油进行处理:

(1) 控制净水剂加量。

实验发现,随着复合净水剂加药量的提高,浮油处理难度增加。当净水剂加药量为 400 mg/L 时,加入一号稠油联合站老化油破乳剂后,SAGD 循环预热阶段含水原油在 100 h 内可以达到浮油含水率小于 5% 的脱水效果;当加药量为 500 mg/L 时,需 143 h 才能达到浮油含水率小于 5% 的脱水效果。

(2) 采用两段式加药。

在一段投加净水剂,在二段投加助凝剂。该方法有助于 SAGD 循环预热阶段含水原油的回收,同时循环液采出水处理效果不受影响。采用两段加药流程处理时,一级装置浮油含水率为 30%～35%,稍低于单点加药方式时油中含水指标(35%～40%),产油量为总含油量的 80% 左右;二级装置浮油含水率在 50% 左右,产油量占总含油量的 20%。

(3) 掺柴油。

掺柴油处理 SAGD 循环预热阶段含水原油,可以有效降低浮油处理难度,减少原油脱水时间和破乳剂的加药量,因此风城油田将浮油回掺至原油处理系统。浮油以 5% 的比例回掺入原油处理站来液中时对脱水影响小,但是中层油样脱水比原油处理站中层油样单独脱水慢,现场回掺比例控制在 5% 或 5% 以下。

3.4.3 现场应用

随着重 32 区、重 1 区、重 18 区等 SAGD 开发区块的相继投产,为满足风城油田生产需要,在二号稠油联合站二期工程预留区域新建 SAGD 循环液预处理单元,设计处理能力为 6 000 m³/d,其设计参数及指标见表 3-4-4。

表 3-4-4 SAGD 循环液预处理单元设计技术参数及指标

参数名称	设计指标	参数名称	设计指标
除油沉降罐出水含油量/(mg·L⁻¹)	≤4 000	耐高温净水剂加药量/(mg·L⁻¹)	≤1 000
除油沉降罐出水悬浮物含量/(mg·L⁻¹)	≤400	助凝剂加药量/(mg·L⁻¹)	≤5
除油沉降罐除油含水率/%	≤40		

SAGD 循环液处理系统于 2015 年 6 月 16 日建成投产,目前处理循环液量为 1 600～2 000 m³/d,采油站来液压力为 0.70 MPa、温度为 168 ℃,蒸汽压力为 0.10 MPa、温度为 137 ℃,略低于设计指标。SAGD 井组循环预热初期,循环液含油量低,小于 10 000 mg/L,随着循环时间延长,循环液的含油量增加至 25 000 mg/L 以上。

截至 2020 年,该 SAGD 循环液预处理单元累计处理循环液 30×10⁴ m³(其中液量 20×10⁴ m³,蒸汽凝结水 10×10⁴ m³),回收污油毛油量 2×10⁴ t,在耐高温净水剂加药量

200~500 mg/L、助凝剂加药量 200~400 mg/L 的条件下,除油沉降罐出水含油量、悬浮物含量均小于 150 mg/L,各项指标均达到或优于设计指标,实现了 SAGD 循环液油、水、汽、泥的全部消化处理,保障了 SAGD 新井的投产。

3.5 SAGD 正常生产采出液处理

风城油田 SAGD 正常生产阶段采用"蒸汽分离＋采出液换热＋仰角预脱水＋热化学脱水"密闭处理工艺技术。对采出液的携汽进行分离后,对高温液相采用"乙二醇换热＋空冷"及"掺水降温"组合换热工艺技术进行换热,采用高效仰角预脱水器与热化学脱水器结合的脱水方法,并研制了高效耐温药剂体系,可以适应 SAGD 采出液温度高(180~220 ℃)、携汽(5%~30%)、携砂(粒径中值小于 10 μm)的特点,处理后密闭脱水站出站原油含水率小于 5%,再依靠常规稠油脱水系统脱至含水率低于 1.5%。油区来液先进入超稠油蒸汽处理器进行汽液分离,脱汽后的混合液经换热器换热至 125 ℃,然后进入 3 座高效仰角预脱水器进行脱水,低含水原油再进入 3 座高温热化学脱水装置进行油水二次分离,如图 3-5-1 所示。原油进容器前加入正相破乳剂辅助原油脱水,脱水后的净化油(含水率≤3%)自压至常规稠油脱水系统净化油罐进行沉降,脱水合格后外输。3 列装置并联运行,避免不同区块来液压差影响,单列处理能力为 40×10^4 t/a,既实现了分区计量,又满足了互为检修备用,设备处理利用率达到 100%。

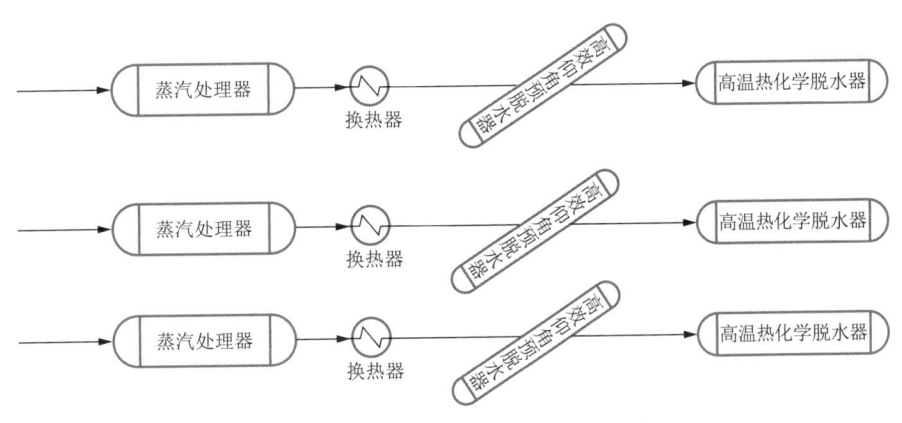

图 3-5-1 SAGD 密闭处理站原油脱水流程示意图

分离出的蒸汽进入常规原油脱水站供二段掺蒸汽使用。目前在正常工作状态下,蒸汽处理器压力控制在 0.9~1.0 MPa 之间,温度控制在 180 ℃;段塞流冲击期间,装置压力控制在 1.0~1.05 MPa 之间。该装置液位与液相出口调节阀联锁,液位稳定在 0.75 m 左右。

当出现段塞流时,应调节装置汽相出口调节阀联锁压力,将装置压力控制在 1.0~1.05 MPa 之间。观察高效仰角预脱水装置液位变化情况,尽可能保证预脱水装置、热化学脱水装置进液平稳。在段塞流持续期间,将加药量提高 2~3 倍。

3.5.1 换热降温技术

风城油田采用"乙二醇换热+空冷"及"掺水降温"组合换热工艺技术进行换热,如图 3-5-2 所示。

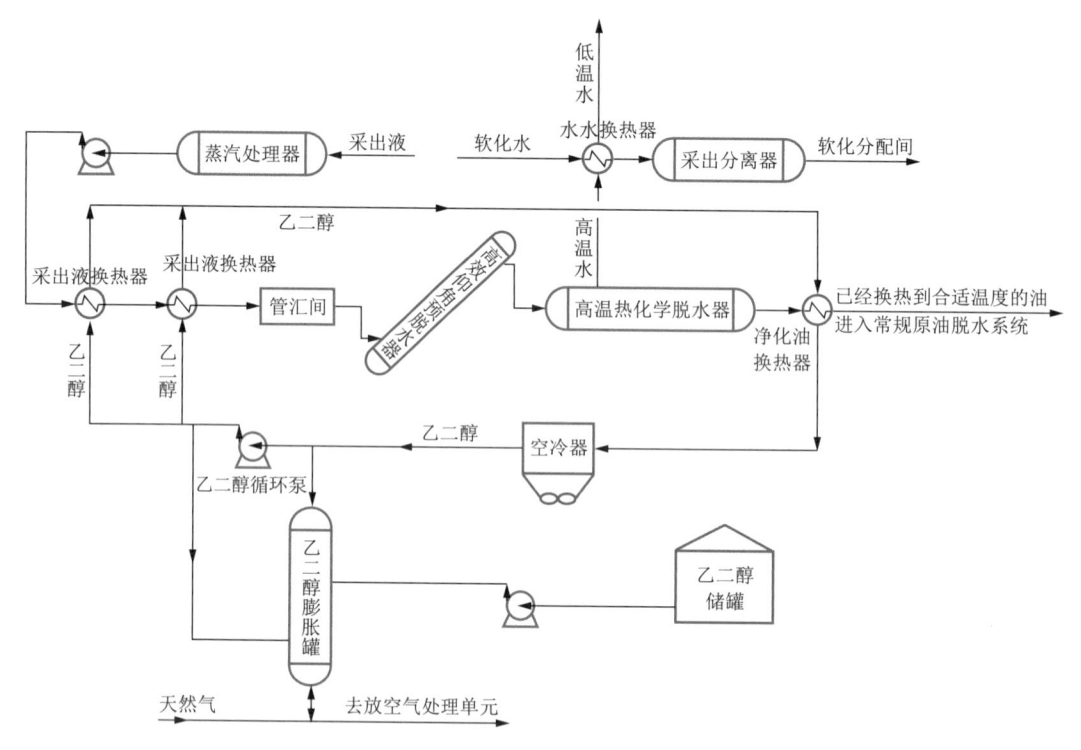

图 3-5-2 热平衡/换热工艺流程示意图

通过蒸汽处理器分离出的采出液通过泵提升后进行两次换热,经高效仰角预脱水器、高温热化学脱水器后,采出水与软化水经管壳式换热器换热,油经油/乙二醇换热器换热达到合适温度后进入常规原油脱水系统。油水换热器出液温度控制在 100 ℃以下,水水换热器出水温度控制在 80~95 ℃之间。换热器进口压力为 0.98 MPa,进口温度为 175 ℃,出口压力为 0.75 MPa,出口温度为 145 ℃。

1) 乙二醇换热+空冷降温

借鉴国内外类似工况,软化水换热之外的余热由循环冷却工质(乙二醇水溶液)进行冷却。乙二醇的低凝固点(<−30 ℃)及其与水的共融性使其成为优异的循环换热工质。风城油田选用体积分数为 55% 的乙二醇水溶液作为循环冷却工质,其优点有:

(1) 便于系统余热的集中,溶液比热容较大,有利于提高热能综合利用率;
(2) 在冷源、热源物料不稳定时,可作为"热缓冲",提高系统的抗冲击能力;
(3) 避免采出水、净化油、携油蒸汽等介质直接与锅炉软化水接触;
(4) 可降低换热器选型难度。

此外,采出水的热负荷占SAGD余热总负荷的60%,该部分预热负荷与冷源负荷相匹配;通过采出水与软化水换热回收采出水中的余热并给注汽锅炉用软化水升温。

40 MW的乙二醇空冷设备自投产后运行稳定,相较于采用软化水为冷源的换热设备,显示出了调节范围大、风险可控的特点。

2)掺水降温

SAGD密闭集输处理热平衡矛盾随着SAGD开发规模的增大而日益凸显。受制于冷源换热器(水水换热)的换热能力无法达到设计指标,含油污水换热能力不足,采出水换热后温度高达110 ℃,对生产系统产生了较大冲击,同时增加了污水储罐喷溅的风险。

为缓解以上热平衡矛盾,风城油田采用掺水降温技术辅助换热,采出水换热器如图3-5-3所示。经过生产运行论证,现场将常规稠油采出水与SAGD高温采出水掺混,掺水降温前采出水换热温度为110 ℃,掺水降温后采出水换热温度为90 ℃,实现冷源利用率100%,与此同时,冷源负荷提高了14 MW,见表3-5-1。

图 3-5-3 风城油田SAGD密闭站采出水换热器

表 3-5-1 风城油田SAGD密闭站采出水换热负荷对比表

项 目	设计指标	掺水降温前	掺水降温后
流量/(m³·h⁻¹)	250	250	250
换热温度/℃	90	110	90
热负荷/MW	17.5	3.5	17.5
冷源利用率/%	100	20	100
冷源缺口/MW	0	14	0

3.5.2 油水分离技术

超稠油SAGD采出液的高温密闭脱水分离器包括高效仰角预脱水器(图3-5-4)和高温热化学脱水器。原油先进入高效仰角预脱水器,在其中停留20~40 min,将含水率由

85%降至20%;继而进入高温热化学脱水器中并停留2.5~4 h,将含水率由20%降至1.5%。按原油处理能力 40×10⁴ t/列计算,高效仰角预脱水器(仰角12°)的尺寸为 ϕ3.6 m×20 m,热化学脱水器的尺寸为 ϕ4.2 m×24 m。

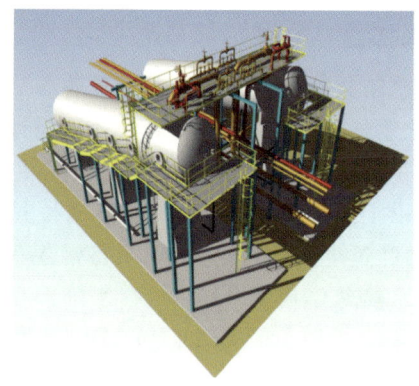

图 3-5-4　高效仰角预脱水器三维图

1) 高效仰角预脱水技术

由于SAGD采出液呈稳定的O/W乳化状态,在该状态下直接加耐温破乳剂不能起到预期的脱水效果,油水分离难度很大。因此,在原油脱水前需增加预脱水流程,即将携汽量大、乳化严重的以水相为主的采出液初步预处理后再进行脱水处理。

采出液经预处理装置进行三相分离,分离出的高含水原油进入后端的热化学脱水装置进行原油沉降破乳,分离出的含油污水进入稠油处理站除油罐,分离出的饱和蒸汽供稠油处理站常规稠油掺热升温或供站内导热油加热使用。

高效仰角预脱水器是针对SAGD采出液温度高、含砂量大、油水乳化严重等特点而设计制造的专用设备,用于将SAGD采出液中的游离水脱除,将W/O/W型乳状液转化为W/O型乳状液。

高效仰角预脱水器筒体与地面呈12°夹角,筒体上部侧向设置进液口,顶部设置补气口、出气口,底部设置出油口;筒体下部设置吹扫水入口、排砂口;下部封头处设置出水口。筒体中部设置界面检测仪,侧向设置取样口;筒体顶部封头处设置双法兰液位计口、压力表口。高效仰角预脱水器结构如图3-5-5所示。

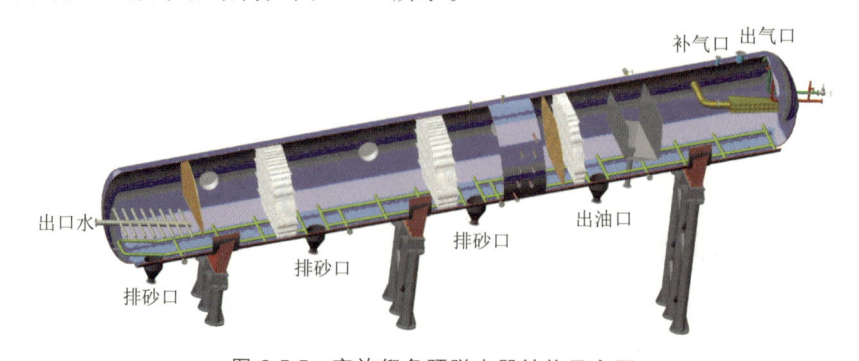

图 3-5-5　高效仰角预脱水器结构示意图

该装置分离出的高含水原油(1 400～1 600 m³/d,含水率30%)进入后端的热化学脱水装置后进行原油热化学沉降破乳,分离出的含油污水(3 300～3 500 m³/d,含油量小于8 000 mg/L)进入稠油处理站10 000 m³除油罐。

在高效仰角预脱水装置中,流体从容器右上端进入,依次穿过收油室左侧挡板下的整流板和填料装置,到达容器底部。分离过程中,流体首先经过收油室左侧挡板下的整流板,流线逐渐平稳;部分流体经过填料装置下端;流体到达容器下部以后,在堰板与出水口之间产生涡流,大部分流体绕过堰板下端向上流动,少部分流体从堰板上侧的缝隙处经过,向上经过填料装置,开始主要的油水分离过程。在分离过程中,由于油水界面处变化剧烈,在填料装置上端产生大的漩涡;之后流体向右运动,进入收油室,聚集后由出油口流出。最终,大部分流体在重力作用下由容器下端出水口流出。油相流体主要聚集在3个部分:容器右端入口区域、收油室左半部及右上部区域和收油室左端至陶瓷填料上部区域。流体经过容器内部整流板、钢格板、陶瓷填料和TP板组等结构,分离效果较好。高仰角大大促进了重力对流体的分离作用。容器下端的堰板上方设计的缝隙可避免该部分出现死油区,保证油相流体向容器上端收油室方向聚集。

高效仰角预脱水器压力场的分布大致为:大部分区域的压力由上下向中部逐渐降低;收油室处压力变化较大,左侧区域压力大于右侧区域;收油室左侧区域压力由上至下逐渐降低,靠近出油口的部分压力较小;收油室右侧区域压力较为均匀。

高效仰角预脱水器温度场的分布大致为:整体温度分布比较均匀,容器上半部分的温度略高于下半部分;在容器最右端出现低温区,其中右上角的温度最低;收油室温度变化较大,收油室左半部分出现高温区。

SAGD采出液中加入预处理剂,经高效仰角预脱水装置处理后,分离出的原油含水率在10%～20%之间,脱出污水含油量小于300 mg/L,实现了油水预分离效果。高效仰角预脱水器结合了立式与卧式分离器的优点,具有动液面高、油滴浮升面积大、砂粒的沉积较为集中等特点,有效地提高了分离效率并保证了出水水质。该装置目前运行进口压力为0.75 MPa,进口温度为145 ℃,出口压力为0.55 MPa,出口温度为125 ℃,出水水量为30～50 m³/h,出油含水率在10%～20%之间。装置收油室液位和装置出油口调节阀开度联锁,液位稳定在0.85～1.2 m之间,若液位超过1.2 m,可适当增加装置出水口调节阀的开度,辅助排液。装置出油口含水率指标应不大于30%,出水口含油指标应不高于8 000 mg/L,若指标持续不正常,需检测加药量、掺柴油量、油层厚度等指标是否正确。

2) 热化学脱水技术

根据室内脱水实验结果,初步确定热化学脱水装置运行温度为140 ℃,停留时间为4 h,运行压力为0.6～0.7 MPa。为保证脱水效果,将热化学脱水装置分为3段,设备前段为一段热化学脱水,设备后段为二段热化学脱水段,中间设置低含水原油缓冲室。

SAGD采出液高效仰角预脱水装置脱出的高含水原油进入热化学脱水装置进行油水二次分离。装置一段热化学脱水段出油含水率指标控制在15%以内,经低含水原油缓冲腔缓冲后进入二段热化学脱水段,二段出油含水率指标控制在5%以内,自压至稠油处理站,与该站一段沉降罐出油混合后,通过该站二段沉降罐进一步沉降脱水至含水率达标后外输交油。

从高效仰角预脱水装置分离出的低含水原油中加入耐温破乳剂,经热化学脱水装置进行破乳脱水。该装置采用多腔室结构,每个腔室均有独立的排水口,可缩短原油沉降脱水时间,有利于原油脱水。设计原油含水率指标不超过5%,实际处理后原油含水率小于3%。

高温热化学脱水器由前部一次分离段、缓冲腔以及后部二次分离段三大部分组成。前部一次分离段包括入口装置、前段布液装置、分离填料装置、前段收油槽、冲砂装置、排泥抑流装置、前油水堰板等组成;后部二次分离段包括后段布液装置、后段分离填料装置、后段收油槽、乳化油出油装置、后油水堰板、冲砂装置、排泥抑流装置等组成。高温热化学脱水器结构如图3-5-6所示。

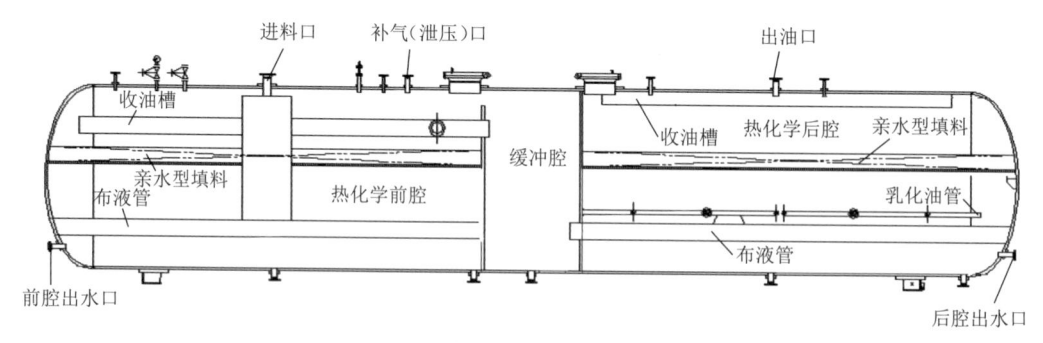

图3-5-6 热化学脱水器结构示意图

高温热化学脱水器出油(1 000 m³/d)含水率指标控制在3%以内,自压至常规稠油处理系统净化油罐进行净化原油交接,出水(500 m³/d)含油指标低于8 000 mg/L,自压至稠油处理站10 000 m³除油罐。

目前,热化学脱水装置运行时进口压力为0.55 MPa,进口温度为125 ℃,出口压力为0.35 MPa,出口温度为115 ℃,出油混油量为10~30 m³/h,出油含水率为0.35%~20%,正相加药量为200 mg/L。装置缓冲腔液位和装置出油口阀门联锁,液位宜控制在1.7~1.8 m之间;装置出油口含水率指标应小于5%,出水口含油指标应小于8 000 mg/L,若指标持续不正常,需检测加药量、掺柴油量、油层厚度等指标是否正确。

3.5.3 高效耐温药剂体系

前期SAGD耐温药剂投加浓度高、性能滞后,在运行过程中,风城油田通过配方优化、室内评价实验、运行效果跟踪多个阶段对现有耐温破乳剂进行了优化,形成以聚醚类表面活性剂为主要成分、多组分复配的SB-NW型高效耐温破乳剂,预处理剂加药浓度由283 mg/L下降至70 mg/L,耐温破乳剂加药浓度由191 mg/L下降至66 mg/L。

3.5.4 在线分相计量技术

针对油、水、汽(气)三相计量的难点,风城油田采用在线两相油井流量计,实现气

(汽)液两相计量;将在线采样含水分析仪应用于油品采样,经过初步分离,达到稳定流态,随后利用界面检测及断面扫描得到含水率随高度变化的曲线,实现了三相初步分离计量。

1) 在线计量装置

在线计量装置由控制箱、配电箱、管道式旋流分离器、自力式液位跟踪调节阀、质量流量计、双锥形孔板流量计、自动计量筒取样器及其他检测部分组成。

在线计量装置如图 3-5-7 所示。单井产液进入管道式旋流分离器,由自力式液位跟踪调节阀控制液位始终保持在分离器中部,避免气体从底部排出,液相排出后由质量流量计计量其流量。汽(气)体经分离器分离后由气体流量计计量气(汽)体流量,达到在计量单井产液量的同时计量产气(汽)量,计量后的汽(气)体与采出液一起进入集油管道。该技术有以下特点:

图 3-5-7 在线计量装置示意图

(1) 气(汽)液分离采用管道式旋流分离器,由一级的液力旋流子、二级的气(汽)流旋风旋流子、捕雾器和吸气筒组成,保证了采出液的充分分离;

(2) 通过自立式液位跟踪调节阀控制分离器液位,保证气(汽)液充分分离,消除多相介质对计量设备的影响;

(3) 整个流程无动力设备,依靠地层压力完成计量过程,大幅降低生产运行成本;

(4) 利用采出液携汽量大的特点,采用自力式液位跟踪调节阀,维持装置运行压力,保证蒸汽通道畅通、分离器内液位稳定,减少装置仪控设备,大幅提高现场适用性;

(5) 汽相流量计选用双锥形孔板流量计,利用流量计差压噪音法测量蒸汽干度,辅助温压补偿计算原理,解决汽液分离后蒸汽含液而使普通蒸汽流量计计量误差大的问题;

(6) 引入含水分析仪,实现单井油、汽、水在线计量,采用仪表计量,计量精度可靠,结果可溯源。

2) SAGD 计量校验装置

(1) 基本原理。

由于 SAGD 采出液具有温度高、含砂量大、携汽量大、油水乳化严重等特点，考虑将采出液分离、换热后分别计量采出液和蒸汽凝结水，达到采出液计量的目的。这种计量方式可有效避免多相流及闪蒸的不利影响。将采出液温度降至低于饱和温度 10 ℃左右，使采出液形成防止闪蒸的 10 ℃过冷度，达到单相计量的要求。将 SAGD 井口采出液分离出蒸汽并冷凝为凝结水，然后对单相液体进行计量，可大大提高蒸汽的计量精度。

该计量装置基于"汽液分离、两相换热、单相计量"的计量原理，可有效保证装置的计量精度。针对 SAGD 采出液三相计量的难点，采用两相分离并分别换热后计量的模式，达到单井计量油、汽、水的目的。

该装置具有全自动选井、汽相冷凝计量、液相降温在线计量等特点。其中，全自动选井是计量装置与管汇多通阀联动，通过微机控制电机启停使多通阀单路导通，实现单井产量计量的自动切换；汽相冷凝计量是选用高效立式分离器进行汽液分离，分离出的汽相进入空冷器冷凝后利用计量罐进行计量，保证了蒸汽的计量精度；液相降温在线计量是采用空冷器对采出液液相进行降温，形成一定的过冷度，液相以单相流动通过质量流量计，保证了液相计量的精度。

(2) 工艺流程。

SAGD 单井来液进汽液分离器，分离出的饱和蒸汽进空冷器进行换热，换热后（低于 100 ℃的凝结水）进入计量罐，计量后的凝结水经离心泵提升后汇入集油管道；伴生气经流量计计量后放空。汽液分离器分离出的采出液进入空冷器进行换热，换热后采出液经流量计计量后汇入集油管线。SAGD 单井计量流程如图 3-5-8 所示。

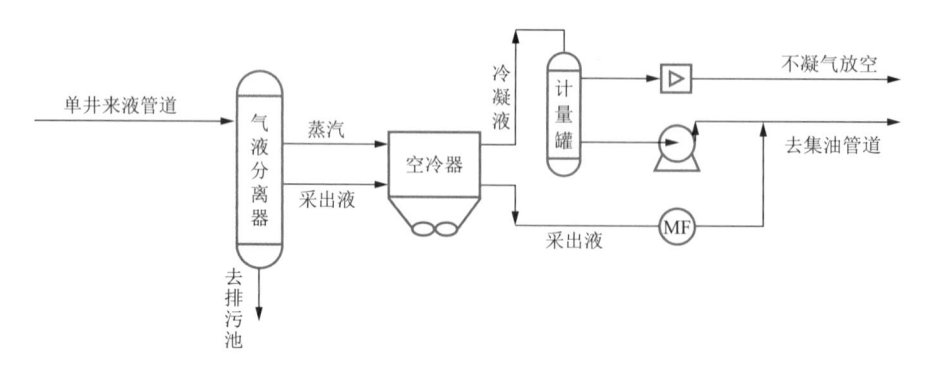

图 3-5-8 SAGD 单井计量流程图

计量装置与管汇多通阀联合使用，各油井采出液通过油井集油管道进入多通阀，通过计算机输入油井号来控制单相电机启、停，单相电机带动阀芯旋转，光电编码器安装在多通阀中控制其进行位置检测，实现多通阀单路导通，从而实现单井产量的自动选井计量。

计量校验装置组橇应方便路途拉运、现场吊装及接头，并应与现场气候适应，按照以上原则，对组橇方案进行了优选，最终组橇如图 3-5-9 所示。

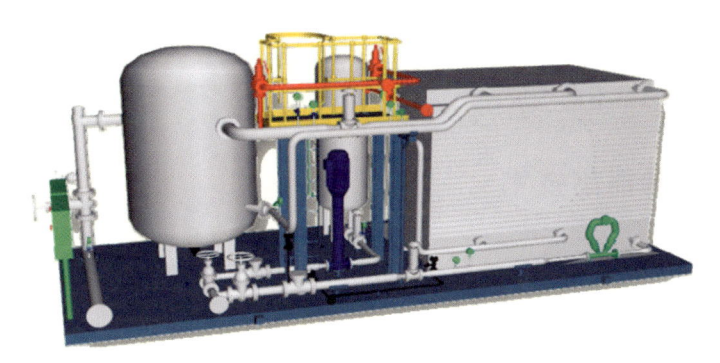

图 3-5-9　计量组橇

该计量组橇液量计量范围为 30～300 t/d,蒸汽计量范围为 2～50 t/d,计量精度可达 ±2%,该设备尺寸为 8.5 m×3.5 m×3.5 m,具有布局紧凑、操作维护方便、利于拉运吊装等优点。

（3）技术参数。

计量装置主要由气（汽）液分离器、空冷器、计量罐、凝结水提升泵、采出液流量计、伴生气流量计、配电箱、自控设备及工艺管道构成。测量介质为 SAGD 高温采出液,计量装置技术参数见表 3-5-2。

表 3-5-2　SAGD 单井计量装置技术参数

技术参数	取值（区间）	计量精度/%
设计压力/MPa	2.2	—
设计温度/℃	180～220	—
液量计量范围/(t·d^{-1})	30～300	±2
蒸汽计量范围/(t·d^{-1})	2～50	±2
伴生气计量范围/(m^3·d^{-1})	50～3 000	±10
压降损失/MPa	≤0.2	

（4）误差分析。

该装置采用质量流量计计量液相;蒸汽计量方式为蒸汽冷却后计量凝结水,采用单罐容积式计量方法,按照《罐内液体石油产品计量技术规范(JJF 1014—1989)》要求进行计量;采用旋进旋涡流量计计量气相。不同计量装置性能指标见表 3-5-3。

表 3-5-3　不同计量装置性能指标

计量装置	测量精度	测量范围
质量流量计	±0.15%＋0.136 2 kg/min(固定偏移量)	30～300 t/d
单罐容积式	±0.5%	2～50 t/d
旋进旋涡流量计	±1.0%	50～3 000 m^3/d

计量误差是指流入计量装置的采出液和流出计量装置的采出液通过计量所造成的误差,由于采出液动态计量时具体误差值很难算出,只能估算测量误差可能出现的范围,属于计量学上所说的测量不确定度。

3.5.5 段塞捕集技术

SAGD采出液携带大量饱和蒸汽,通过集输管道混输至集中处理站的过程中,由于管线沿途地形起伏落差较大,且随着管道运行压力降低,一部分饱和流体会通过闪蒸变为汽(气)态,在集输过程中极易形成段塞流,影响处理站的运行。因此,风城油田研制了段塞流捕集处理一体化装置。

1) SAGD采出液段塞特性分析

虽然在SAGD采出液处理系统前端设有蒸汽处理器,可实现一定程度的汽(气)液分离,但受其容积的限制,段塞流会使汽(气)液分离不充分,导致蒸汽处理器运行不稳定。分离出的蒸汽中夹带较多的液滴,同时有大量液塞进入下游脱水设备,会对后端脱水系统造成严重冲击,使得预脱水装置出水含油量波动较大,对处理站运行产生较大波动。风城油田基于OLGA软件对集输系统中的流体进行了波动特性分析,得出SAGD采出液集输系统可能出现的最大液塞长度为125 m,对应段塞体积为8.85 m³。

2) 段塞流捕集处理一体化装置

段塞流捕集器主要分为容积式和管式。容积式段塞流捕集器造价比较高,管式段塞流捕集器占地面积比较大。风城油田研制的段塞流捕集处理一体化装置集成了段塞流捕集和超稠油蒸汽处理两种功能,如图3-5-10所示。与常规段塞流捕集器相比,段塞流捕集处理一体化装置具有以下优点:

(1) 段塞流捕集器主管路为一下倾管,液塞在重力和压力的双重作用下被强制分层,便于汽、液两相分离;

(2) 分支管管径为主管管径的0.5~0.8倍,通过增大液体进入分支管的阻力,减少汽相中液体的携带量,并利用垂直气(汽)体支管的抽吸作用将液塞中的气(汽)体强制排出,减小液塞的速度和冲击作用;

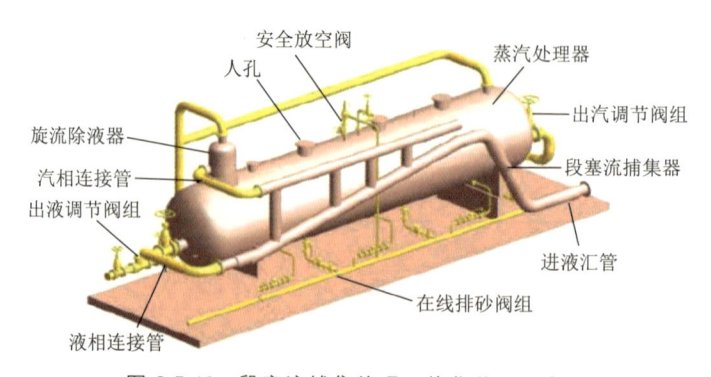

图3-5-10 段塞流捕集处理一体化装置示意图

(3) 汽、液经过分支管的多次分流及沉降分离作用实现汽、液高效分离;

(4) 蒸汽处理器集成了在线冲、排砂模块,保证容器在不停产的条件下实现污泥清除,保证段塞流捕集处理一体化装置平稳运行。

液塞通过汇管进入捕集器下倾段后,容器液量迅速升高,主下倾管内的部分汽体空间会被液体填充,但液位高度不会超过下游最后一根垂直气(汽)体支管中液位高度,这些液体的存在会对汽体形成封闭作用,汽体只能通过竖直的气(汽)体支管向上运动,同时会夹带少量液体进入汇管,但是这部分液体能通过后端的气(汽)体支管回流至主下倾管。经初步处理的汽、液流体分别沿汇集管进入超稠油蒸汽处理器,通过蒸汽处理器汽相出口和液相出口设置的调节阀来维持蒸汽处理器内压力和液位的稳定。

3) 现场应用效果

段塞流捕集处理一体化装置已在风城油田投入使用,图 3-5-11 为一体化装置进站压力、液位的实时变化曲线。

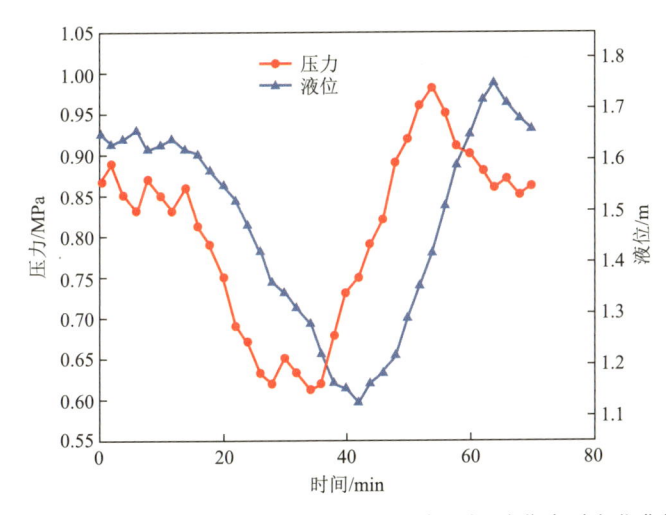

图 3-5-11 段塞流捕集处理一体化装置进站压力、液位实时变化曲线

由进站压力的实时变化曲线可以看出,随着时间的变化,进站压力出现了周期性的增大和减小,表现出典型的段塞流特点。由液位的实时变化曲线可以看出,尽管进站压力具有较大的起伏与波动,但是该一体化装置运行平稳,液位波动范围在 1.1~1.8 m 之间,液位控制比较稳定,对下游处理设备可起到很好的保护作用,从而保障站区平稳运行。

参 考 文 献

[1] 马强. 加拿大 SAGD 开发地面工艺技术[J]. 国外油田工程,2010,26(7):52-54.

[2] 卢洪源. 辽河稠油 SAGD 开发地面工艺关键技术[J]. 油气田地面工程,2019,38(3):32-38.

[3] 卢洪源. 辽河油田地面工程技术进展及发展方向[J]. 油气田地面工程,2020,39(8):1-7.

[4] 周立峰. 辽河油田稠油油藏地面工程关键技术和发展方向[J]. 石油工程建设,2013,39(4):68-72,27.

[5] 刘东明. 风城油田超稠油 SAGD 采出液高温密闭脱水技术[J]. 东北石油大学学报,2014,38(3):87-

93,10-11.
[6] 张方礼,张丽萍,鲍君刚,等.蒸汽辅助重力泄油技术在超稠油开发中的应用[J].特种油气藏,2007(2):70-72,108-109.
[7] 孟巍,贾东,谢锦男,等.超稠油油藏中直井与水平井组合SAGD技术优化地质设计[J].大庆石油学院学报,2006(2):44-47,147.
[8] 霍进,陈贤,桑林翔,等.风城油田SAGD循环预热采出液处理技术[J].油气田地面工程,2016,35(2):44-46,55.
[9] 于海洋,李博,王丽,等.SAGD高温采出液三相计量装置研发[J].中国石油石化,2017(7):90-91.
[10] 李志国,艾合买江·芒力克,祝先贵,等.SAGD超稠油采出液高温热化学沉降脱水[J].油气田地面工程,2015,34(5):12-14.

第 4 章
超稠油污水处理技术

我国稠油资源分布广泛、储量丰富,陆上稠油、沥青资源约占石油总资源的 20%。稠油普遍采用注蒸汽热采技术以降低原油黏度、改善其流变性。由于蒸汽冷凝和注水开采等原因,稠油开采过程中会产生大量的含油污水,目前国内外对稠油污水的处理方法是将其处理后用于热采锅炉给水。由于稠油污水水质成分复杂、硬度高、悬浮物以及硅含量高,将其直接回用会对锅炉造成结垢、积盐、腐蚀的危害,甚至引发爆管事故,影响生产运行。因此,稠油污水的处理是稠油污水回用的关键步骤。

稠油污水的处理过程中会产生大量的含盐废水,此类废水通常含有高浓度的有机污染物,直接排放会对环境造成严重污染及破坏。例如,高含盐废水渗流到土壤系统中会使土壤生物、植物因脱水而死亡,造成土壤生态系统的瓦解,而且污水中高浓度有机物或营养物会加速水体的富营养化进程,给水体环境带来压力。因此,对高盐工业废水处理技术的研发迫在眉睫,探索行之有效的高盐度有机废水处理技术已经成为目前废水处理的热点之一。

4.1 国内外超稠油污水处理技术现状

国内外对稠油污水的处理技术较多,包括去除污水中的颗粒杂质、有机物,脱出盐类等方法。国内外的稠油油田在处理稠油污水时一般是将多种技术结合起来使用,形成配套的处理工艺。

4.1.1 国内外超稠油污水处理技术

稠油污水处理的主要步骤是除去污水中的悬浮杂质、胶体颗粒、有机物、盐类等。去除悬浮杂质、胶体颗粒的主要技术有重力沉降技术、混凝沉降技术、离心分离技术、气浮选技术、过滤技术、电凝聚技术等,去除稠油污水中的有机物的主要技术有吸附技术、生化技术、直接氧化技术、电化学氧化技术、超临界水氧化技术等,去除稠油污水中的盐类的主要技术有离子交换技术、膜分离技术、蒸发技术、冷冻除盐技术等。

1）污水除悬浮杂质、胶体颗粒技术

(1) 重力沉降技术。

重力沉降技术是分离浮油和分散油使用最早、范围最广、最简单有效的方法。重力沉降是利用不同物质的密度差异，使之发生相对运动而分离的方法。重力沉降的效果主要与物质的密度差、颗粒大小、黏度、沉降高度等有关。

在沉降过程中，颗粒一般受到3个力的作用：自身的重力、阿基米德浮力和流体对颗粒的沉降阻力。当颗粒沉降处于层流状态时，颗粒的重力、阿基米德浮力及流体的沉降阻力与沉降速度之间的关系可用经典的Stokes沉降公式描述：

$$u_{stk}=\frac{(\rho_s-\rho_f)gd^2}{18\eta} \tag{4-1-1}$$

式中 u_{stk}——颗粒的沉降速度，m/s；

ρ_s,ρ_f——颗粒和沉降液体的密度，kg/m³；

d——沉降颗粒的直径，m；

η——液体的黏度，Pa·s。

重力沉降过程中用到的设备主要是重力沉降罐，为提高罐内杂质的分离效果，通常将平板、斜板（波纹板）以及粗粒化构件放入沉降罐中以增加流道的长度。重力沉降可以去除大部分浮油、分散油、乳化油、溶解油和悬浮杂质，但是由于其处理时间长、占地面积大、对粒径较小的油滴无法分离等缺点，实际应用中一般需要和其他处理技术相结合。

(2) 混凝沉降技术。

混凝沉降技术是去除稠油污水中胶体颗粒最基本也是极为重要的处理方法。污水中的胶体颗粒是粒径为$10^{-4}\sim10^{-6}$ mm的微粒，许多微粒聚集起来达到一定量后，其表面会产生吸附力，从而吸附水中的许多离子，微粒表面带电，同类胶体带有同性电荷，相互排斥，使其一直保持微粒状态而悬浮于水中，且胶体颗粒表面紧紧包围着一层水分子，这层水化层也阻碍和隔绝了胶体颗粒间的接触，使之稳定存在于污水中。

胶体颗粒在污水中的稳定性通常用ζ电位（电动电位）来表示，ζ电位是吸附层和扩散层间的电位差。ζ电位越大，带电量就越大，胶体颗粒也就越稳定；ζ电位越小或越接近于零，胶粒带电就越少或不带电，就越不稳定，胶体颗粒之间越易于接触黏合而沉降。因此，在工业水处理中，经常通过添加某些化学药剂的方法来降低ζ电位，使胶体颗粒发生混凝而将其去除。

混凝是指污水中的悬浮粒子等杂质在混凝剂的作用下，通过压缩双电层、电性中和、吸附架桥、网捕等机理失去稳定性，并生成絮体而沉淀，继而从污水中去除的污水处理技术。混凝包含凝聚和絮凝2个过程，其中凝聚是指污水中的粒子通过压缩双电层、电性中和作用脱稳、聚集而形成大颗粒的过程，而絮凝是指脱稳颗粒在吸附架桥、网捕或卷扫等机理作用下形成较大絮体的过程。凝聚过程进行得相对较慢，形成的絮体较小，但颗粒密度较大，絮凝过程进行得相对较快且形成的颗粒大，但其密度较低。两者结合能够满足絮体形成快、密度高、易沉降的混凝要求。

混凝剂是混凝处理过程中不可缺少的处理剂。稠油污水处理中常用的混凝剂包括无机、有机和复合混凝剂。无机混凝剂主要包括铝系混凝剂、铁系混凝剂、无机复合混凝剂、无机-有机复合混凝剂,见表 4-1-1。有机混凝剂主要包括天然高分子混凝剂和人工合成的有机高分子混凝剂,其中有机高分子混凝剂根据其所带电荷性质又可分为阳离子型、阴离子型和非离子型,见表 4-1-2。高分子混凝剂溶于水后会发生水解和缩聚反应而形成高聚合物,这种高聚合物是线型结构,线的一端拉着一个胶体颗粒,另一端拉着另一个胶体颗粒,在相距较远的两个微粒之间起着黏结架桥的作用,使微粒逐步变大,变成大颗粒的絮凝体。

表 4-1-1 常用的无机混凝剂

混凝剂名称	分子式及相对分子质量 M_r	主要成分含量	形状	适用 pH 范围
硫酸亚铁（绿矾）	$FeSO_4 \cdot 7H_2O$ $M_r=278$	$FeSO_4$ 53% Fe 20%	结晶粒状	5～11
硫酸铁	$Fe_2(SO_4)_3 \cdot 7H_2O$ $M_r=562$	$Fe_2(SO_4)_3$ 70%	粉末状	5～11
氯化铁	$FeCl_3 \cdot 6H_2O$ $M_r=270$	$FeCl_3$ 60%	结晶	8.5～11
铵矾	$Al_2(SO_4)_3 \cdot (NH_4)_2SO_4 \cdot 24H_2O$ $M_r=906.6$	Al_2O_3 11%	块状粉末状	10
聚合硫酸铁（PFS）	$[Fe_2(OH)_n \cdot (SO_4)_{3-n/2}]_m$ $n=1$ 或 $2, m=f(n)$	$Fe_2(SO_4)_3$	液体固体粉末	7～8
硫酸铝	$Al_2(SO_4)_3 \cdot 18H_2O$ $M_r=666$	Al_2O_3 15%	块、粒、粉状	6～7.8
硫酸铝钾（明矾）	$Al_2(SO_4)_3 \cdot K_2SO_4 \cdot 24H_2O$ $M_r=949$	Al_2O_3 10%	结晶块状	6～8
铝酸钠	$Na_2Al_2O_4$ $M_r=164$	Al_2O_3 55% Na_2O 35%	结晶	
聚合氯化铝（PAC）	$[Al_2(OH)_nCl_{6-n}]_m$ $n=1～5$(整数), $m \leqslant 10$	Al_2O_3 10%	液体	7～8

表 4-1-2 常用的有机混凝剂

类型	名称	结构式	适用 pH 范围	聚合度
阳离子型聚合电解质	聚乙烯吡啶类	$\left[\begin{array}{c}H_2\ H\\-C-C-\\ \ \ \ \ \vert\\ \ \ \ \ \text{(pyridine)}\end{array}\right]_n$	>6	

续表 4-1-2

类 型	名 称	结构式	适用 pH 范围	聚合度
阳离子型聚合电解质	水溶性苯胺树脂	$[-\overset{H_2}{C}-\overset{H}{N}-C_6H_4-]_n$	>6	
	多乙胺	$[-\overset{H_2}{C}-\overset{H_2}{C}-\overset{H}{N}-]_n$		
	聚合硫脲	$[-R-\overset{H}{N}-\overset{H_2}{C}-S-\overset{H}{N}-]_n$		
阴离子型聚合电解质	聚丙烯酸钠	$[-\overset{H}{C}-\overset{H_2}{C}-]_n$; C=O ; ONa	最佳 8.5	高聚合
	顺丁二烯共聚物	$[-\overset{H_2}{C}-\overset{H}{C}=\overset{H}{C}-\overset{H_2}{C}-]_n$	>6	高聚合
	藻朊酸钠	$[-N-\overset{H_2}{C}-]_n$; CONH$_2$	>6	低聚合
	聚丙烯酰胺部分水解的盐	$[-\overset{H_2}{C}-\overset{H}{C}-]_n$ 含 NH$_2$、CH$_2$OONa 基团	最佳 6.5	高聚合
	聚苯乙烯磺酸盐	$[-\overset{H_2}{C}-\overset{H}{C}(C_6H_4SO_3)-]_n$	>6	低聚合
非离子型聚合物	聚丙烯酰胺	$[-\overset{H}{C}-\overset{H_2}{C}-]_n$; CONH$_2$	5~10	
	苛性淀粉	$[C_6H_{10}O_5]_n$		
	水解性脲醛树脂	$[-N-\overset{H_2}{C}-]_n$; CONH$_2$		
	聚氧化乙烯聚合物	$[-\overset{H_2}{C}-\overset{H}{C}(OH)-]_n$	>8	

污水处理中的助凝剂是指能够提高或改善絮凝剂作用效果的化学药剂,主要包括酸碱类、氧化剂类、絮体结构改良剂等。

影响混凝沉淀的主要因素包括污水水质组成、pH、水温、搅拌与混合状况、混凝药剂种类及加量等。

混凝沉降技术应用比较广泛。丁洪雷等利用镁盐除硅剂结合混凝沉淀法处理新疆风城油田稠油采出水,硅垢被有效去除,处理后的活水达到了回用热采锅炉的水质标准。唐丽根据新疆油田百重7井区稠油污水的水质特点,研制开发了以有机聚合物为主剂的新型耐温混凝剂 KL-401 及其配套的助凝剂,有效去除了污水中的油和悬浮物,提高了该区块含油污水的净化效率,使得处理后的含油污水水质全面达标。

(3)离心分离技术。

离心分离是利用高速旋转设备产生强大的离心力,促使不同密度的组分(如水、油、固体渣)在短时间内得以分离。通过选择合适的离心力,可使混合物中不同密度的组分分离。与其他技术相比,离心分离技术具有占地面积小、停留时间短、无须助滤剂、系统密封性好、放大简单、过程连续、分离效率易于调节和处理量大等优势。

离心机和水力旋流器是2种常见的离心分离设备。离心机由于成本、维修、维护等方面原因,目前在油田污水处理中使用不多。水力旋流器是目前比较常见的油水分离设备,它主要由圆柱腔、分离锥、尾管等部分组成,如图 4-1-1 所示。水力旋流器在油田采出污水处理方面得到广泛应用。

离心分离设备能够产生的离心力要远远大于颗粒的重力,故其沉降速率比重力沉降快,并且离心分离能够快速分离污水中尺寸较小的油粒。

(4)气浮选技术。

气浮法是目前采油污水处理悬浮杂质较常使用的技术之一。气浮法是指在污水中通入气体并产生高度分散的微细气泡,气泡黏附、裹挟污水中的悬浮颗粒、浮油等上升至水面,形成浮渣层,继而被去除的稠油污水处理技术,其工作流程如图 4-1-2 所示。

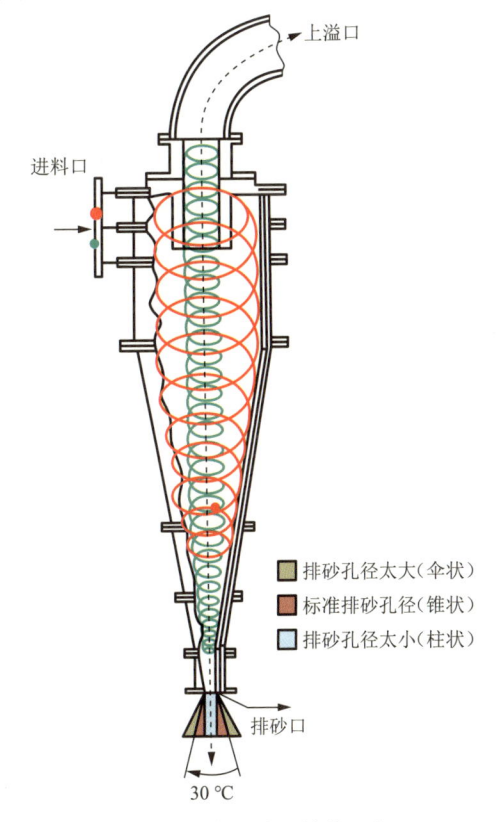

图 4-1-1 水力旋流器结构示意图

气浮选处理污水过程中,根据水中形成气泡方式和气泡大小的差异可分为 4 种类型,即溶气气浮法、诱导气浮法、电解气浮法和化学气浮法。在气浮法处理过程中,为了改善悬浮物颗粒和微细气泡之间的黏结程度,通常需加入浮选剂和絮凝剂。浮选剂主要有松香油、煤油产品、脂肪酸及其盐类、表面活性剂等,而絮凝剂常使用硫酸铝、聚合氯化铝、三氯化铁等。

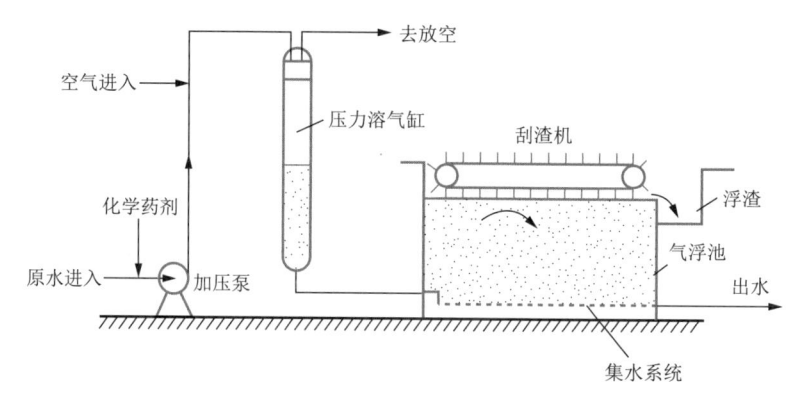

图 4-1-2 气浮选处理污水中悬浮物工作示意图

2001年,辽河油田首次引进2套荷兰NUHUIS公司的高效溶气浮选机,单套设计处理水量350 m³/h,在欢三联污水深度处理工程中用于处理稠油污水。浮选入口水中含油量为200 mg/L、悬浮物含量为300 mg/L,设计出口水中含油量小于10 mg/L、悬浮物含量小于30 mg/L,实际生产检测出水平均含油量为2 mg/L、平均悬浮物含量为15 mg/L。2008年,引进处理量更大的2套高效溶气浮选机,单套设计处理水量为700 m³/h,在曙一区污水深度处理工程中用于处理曙一区超稠油污水。浮选入口水中含油量为200 mg/L、悬浮物含量为400 mg/L,水温为90 ℃;设计出口水中含油量小于10 mg/L、悬浮物含量小于20 mg/L,实际生产检测浮选机出水达到设计出水指标。

(5) 过滤技术。

污水经过沉降、水力旋流或气浮等处理后,大部分悬浮物已被去除,但还有小部分胶体颗粒和悬浮物没有去除,因此需要进一步过滤。过滤是指悬浮液中的液体或气体在外力作用下被过滤介质截留,从而实现分离的方法。过滤一般作为超稠油采出水处理的末段,经过滤的污水一般可以达到外排或者回注的标准。

目前污水处理中常用的过滤器有重力式和压力式2种。重力式过滤器(主要是单阀滤罐和无阀滤罐)由于效果差,目前基本已不再使用。压力式过滤器滤速高,使用范围广泛。压力式过滤器包括石英砂过滤器、核桃壳过滤器、双层滤料过滤器、多层滤料过滤器以及双向过滤器等,其中核桃壳过滤器由于滤料亲油性能好、截污能力大、质轻、反冲洗自耗水量小等优点而得到广泛应用。

随着纤维材料的发展和应用,纤维材料逐渐代替粒状滤料用于油田污水的深度过滤处理。目前已开发出来的纤维滤料过滤器有纤维球过滤器和纤维束过滤器,其滤料纤维细密,过滤时可以形成上大下小的理想滤料空隙分布,纳污能力大,去除悬浮物的效果高过石英砂和核桃壳滤料,可使水中悬浮物含量降至1.5~2.0 mg/L。

(6) 电凝聚技术。

电凝聚法是利用电化学方法生成氢氧化物并作为凝聚剂净水的一种工艺。作为阳极,在电流作用下,金属离子进入水中并与电解产生的氢氧根生成氢氧化物,氢氧化物起絮凝作用,可吸附杂质颗粒,形成絮状物。

以Al电极为例,当直流电源通电后,阳极金属放电成为金属离子并进入水中。

$$Al - 3e^- \longrightarrow Al^{3+}$$

水的电离：

$$H_2O \longrightarrow H^+ + OH^-$$

带正电的 H^+ 在阴极获得电子成为氢气。

$$2H^+ + 2e^- \longrightarrow H_2 \uparrow$$

带负电的 OH^- 向阳极移动并在阳极放电，生成新生态的氧气。

$$4OH^- - 4e^- \longrightarrow 2H_2O + O_2 \uparrow$$

阴极产生氢气气泡，阳极产生氧气气泡，这些气泡上升时能将悬浮物带到水面，于是水面上就形成了浮渣层，带到水面的物质增多后浮渣层就变密变厚。该过程中产生的 Al^{3+} 和 OH^- 反应生成 $Al(OH)_3$，它是一种活性很强的凝聚剂。

$$Al^{3+} + 3OH^- \longrightarrow Al(OH)_3 \downarrow$$

因此，通直流电进入水中时，一方面产生的气体将悬浮物带到水面，形成浮渣，从而进行分离；另一方面反应生成的氢氧化铝作为凝聚剂使悬浮颗粒凝聚起来，依靠相对密度不同上浮分离或沉淀分离。此外，电凝聚法还有沉淀作用，并能够去除水中的一些有害物质，如氰根和 Cr^{6+} 等。

2）污水除有机杂质的方法

(1) 吸附法。

吸附法是利用亲油性材料吸附水中的油类物质。活性炭是常用的吸附剂，煤炭、吸油毡、陶粒、石英砂、木屑、硼泥等也可作为吸附剂。吸附法对难以去除的一些大分子有机污染物的处理效果尤为显著，因此广泛地应用于稠油污水的处理中。

1997 年，Ventures 将胺聚合物加入膨润土中制成改性的有机黏土颗粒吸附剂，对 Teapot Dome 油田的采油废水进行吸附，出水再经过一根粒状活性炭吸附柱（GAC），经过 2 次吸附后，出水中总石油类碳氢化合物、油脂、苯类物质的含量均小于 $0.5~\mu g/L$。1999 年，Darlington 等对海上油田污水进行了研究，他们采用疏水黏土作为吸油剂，主要去除水不溶性石油烃化合物，然后利用大孔网络吸附树脂进行过滤，主要去除水溶性石油烃化合物，如苯酚类化合物、环烷羧酸类化合物和芳香类羧酸，经过两级吸附过滤后出水可直接排海。

吸附法由于吸附剂吸附容量有限、吸附剂再生困难、处理成本高，一般用于采油污水的深度处理。

(2) 生化法。

生化技术是指应用微生物的生物化学作用使污水中的原油等有机污染物质降解而达到处理稠油污水目的的方法，即利用原油降解菌，在其新陈代谢过程中将采油污水中的石油烃类物质转化为二氧化碳和水。生化法分为厌氧生物处理法和好氧生物处理法，包括活性污泥法、生物膜法、接触氧化法、纯氧曝气法等。目前，油田高含盐废水的生化处理工艺主要有活性污泥法、生物接触氧化法、生物流化床法、回转生物氧化床法。

微生物降解污水的过程实质上是在污水处理中，利用各种微生物类群之间的生理生化性能的相互配合而进行的一种物质循环过程。原油的微生物降解是原油降解微生物在适宜的环境条件下利用原油烃类进行生长代谢的结果。因此，要想实现原油的微生物降解,除了具备降解微生物外,还需适宜的环境,包括水分、温度、溶解氧、pH、营养物质(氮、磷、无机盐等)。研究发现,一般原油降解微生物的适宜生长代谢温度为 20~40 ℃,并且原油降解微生物一般都是好氧微生物,它们在生长代谢过程中都要求环境中有一定的溶解氧存在,但是稠油污水温度普遍高于 40 ℃,COD_{Cr}(以重铬酸钾作氧化剂测定的化学需氧量)高,营养成分少,因此微生物降解难度极大。筛选培养出适宜在高温、高盐等恶劣条件下正常生长并有较高微生物活性的菌种,或提高现有菌种的降解能力是微生物降解处理技术发展的关键。

此外,张清军等针对河南油田稠油污水可生化性差、水温高等特点,开发出生物膜水解酸化-生物膜接触氧化工艺,即首先通过生物膜水解酸化过程将有机大分子降解为小分子,改善污水的可生化性,然后通过生物膜接触氧化处理实现达标外排,该工艺解决了稠油污水中生物处理大分子难降解污染物的技术难题。同时,通过投加高效、价廉的营养制剂,可以较好地改善微生物的生长状况,使生物量明显增加,COD(以高锰酸钾作氧化剂测定的化学需氧量)去除率明显提高,确保污水达标排放。

(3) 直接氧化法。

直接氧化法通过向废水中添加氧化剂来分解其中的污染物质,从而降低水中油含量和 COD,达到净化污水的目的。常见的直接氧化法主要有空气氧化法、湿式氧化法和高级氧化法。

空气氧化法是通过向废水中鼓入空气,将空气中的氧气作为氧化剂,利用氧气的氧化性氧化分解污水中的污染物的一种既简单又经济的方法。

湿式氧化法是指在温度高于 180 ℃、压力大于 5 MPa 的条件下,向污水中鼓入空气,利用空气中的氧气氧化分解污水中的有机物和无机物。如果将 Pt,Pd,Cu 和 Mn 等催化剂引入氧化系统中,可使反应在比较温和的环境下进行,加速反应过程。

高级氧化法主要是通过在化学氧化过程中产生足够多的羟基自由基(·OH),诱导发生一系列自由基链反应,从而使污水中的污染物得到降解。常用的强氧化剂有臭氧、含氯类氧化物(液氯、次氯酸钠、二氧化氯等)、高锰酸钠及 Fenton 试剂等。

绥中某油田采油污水气浮后经臭氧氧化或吸附臭氧氧化后,COD 由原来的 628.1 mg/L 降至 280~320 mg/L,平均去除率为 31.9%。Eduardo 等利用二氧化钛(TiO_2)光催化反应降解采油污水中的污染物,结果发现该方法对有机物和敏感毒物有较好的去除率。

(4) 电化学氧化法。

电化学氧化处理技术降解有机物的反应在阳极,根据其作用机理的不同可以分为直接氧化技术和间接氧化技术。

直接氧化技术是通过阳极发生的电化学反应直接氧化降解有机污染物的方法。在电流作用下,废水中的 H_2O 或 OH^- 在阳极放电产生吸附态·OH,电极表面的有机物与·OH 发生氧化反应而被降解。对于活性电极,·OH 生成后与金属氧化物电极材料结合在一起,随后与活性位点结合,形成具有更高氧化态的 MO_{x+1},MO_{x+1} 与有机物发生降解反应,同时伴随着析氧副反应的发生。对于惰性阳极,由于没有可与·OH 结合的活性位点,·OH 会直接与有机物发生反应,但同时存在竞争性的析氧反应。

活性电极氧化和析氧反应式如下:

$$MO_x + H_2O \longrightarrow MO_x(HO\cdot) + H^+ + e^-$$

$$MO_x(HO\cdot) \longrightarrow MO_{x+1} + H^+ + e^-$$

$$MO_{x+1} + R \longrightarrow MO_x + RO$$

$$MO_{x+1} \longrightarrow MO_x + \frac{1}{2}O_2$$

惰性电极竞争性反应式如下：

$$MO_x(HO\cdot) + R \longrightarrow MO_x + RO + H^+ + e^-$$

$$MO_x(HO\cdot) \longrightarrow MO_x + \frac{1}{2}O_2 + H^+ + e^-$$

间接氧化技术是通过电极反应产生具有强氧化性的中间物质，利用中间物质氧化降解有机污染物的方法。间接氧化技术同时利用了阳极的氧化能力和产生的氧化剂的氧化能力，因此其处理效率大幅度增加。间接氧化有3种实现形式：一是利用水中阴离子间接氧化有机物。当溶液中存在硫酸根离子、氯离子、磷酸根离子时，在电极作用下会产生过硫酸根离子、活性氯、过磷酸根离子，这类活性中间物质具有很强的氧化性，可使有机物发生强烈氧化而被降解。二是利用可逆氧化还原电对间接氧化有机物。当溶液中存在低价阳离子或金属氧化物时，这些物质在电化学过程中被氧化为高价态，然后这些高价态金属氧化降解有机物，而自身被还原为原价态，利用金属离子高价态与低价态的可逆循环不断氧化去除有机污染物。三是电芬顿氧化降解有机物。电芬顿是依靠电极反应生成H_2O_2或Fe^{2+}芬顿试剂，利用芬顿反应产生的·OH氧化降解有机物的一种处理技术。

3）污水除盐方法

（1）离子交换法。

离子交换法是利用离子交换剂与溶液中的阳离子或阴离子进行交换，进而除去某些阳离子或阴离子的方法。常用的离子交换剂为离子交换树脂，它主要由高分子骨架和活性基团组成。活性基团由不能自由移动的官能团离子和可以自由移动的可交换离子两部分组成，牢固地结合在高分子骨架上。官能团离子决定离子交换树脂的"酸""碱"，可交换离子与溶液中的阳、阴离子发生交换反应，如图4-1-3所示。

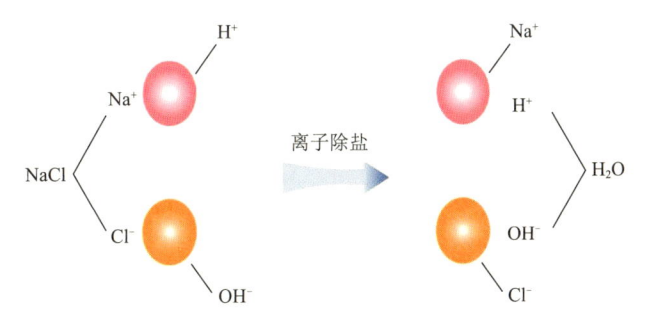

图 4-1-3　离子交换树脂工作原理

水的离子交换软化仅要求除去水中的硬度离子，主要是Ca^{2+}和Mg^{2+}，而化学除盐则必须把水中全部的成盐离子（阳、阴离子）都除掉。因此，在水的除盐过程中必须同时采用强酸性阳离子交换树脂和强碱性阴离子交换树脂，而且不能使用盐型树脂（在水处理中，有时将钠型、氯型树脂称为盐型树脂)。因为盐型树脂虽然可以除去水中原来的成盐离子,但又生成新的成盐离子,所以使水的含盐量基本不变。例如:

$$RH+ROH+NaHSiO_3 \Longrightarrow RNa+RHSiO_3+H_2O$$
$$RNa+KCl \Longrightarrow RK+NaCl$$

此外,除盐用离子交换树脂失效后,其再生剂必须为强酸和强碱,不使用盐类作再生剂。

(2) 膜分离法。

膜分离是利用一张特殊制造的具有选择透过性能的薄膜,在外力推动下对混合物进行分离、提纯、浓缩的方法。这种膜必须具有使有的物质可以通过、有的物质不能通过的特性。物质透过分离膜的能量可以分为两类:一种是借助外界能量,物质发生由低位向高位的流动;另一种是以化学位差为推动力,物质发生由高位向低位的流动。表 4-1-3 中给出了一些膜分离过程的推动力,水处理中常用膜的分离机理见表 4-1-4。

表 4-1-3 主要膜分离过程的推动力

推动力	膜过程
压力差	反渗透、超滤、微滤、气体分离
电位差	电渗析
浓度差	渗析、控制释放
浓度差(分压差)	渗透气化
浓度差+化学反应	液膜、膜接触器

表 4-1-4 主要水处理膜分离过程的分离机理

膜过程	分离体系① 相1 相2	推动力	分离机理	渗透物	截留物	膜结构
微 滤	L L	压力差(0.01~0.2 MPa)	筛 分	水、溶剂溶解物	悬浮物、颗粒、纤维和细菌(0.01~10 μm)	对称和不对称多孔膜
超 滤	L L	压力差(0.1~0.5 MPa)	筛 分	水、溶剂离子和小分子(相对分子质量小于1 000)	生化制品、胶体和大分子(相对分子质量为1 000~300 000)	具有皮层的多孔膜
纳 滤	L L	压力差(0.5~2.5 MPa)	筛分+溶解/扩散	水和溶剂(相对分子质量小于200)	溶质、二价盐、糖和染料(相对分子质量为200~1 000)	致密不对称膜和离子交换膜
反渗透	L L	压力差(1.0~10.0 MPa)	溶解/扩散	水和溶剂	全部悬浮物、溶质和盐	致密不对称膜和离子交换膜
电渗析	L L	电位差	离子交换	电解离子	非解离和大分子物质	离子交换膜

续表 4-1-4

膜过程	分离体系[①] 相1 相2	推动力	分离机理	渗透物	截留物	膜结构
渗 析	L L	浓度差	扩散	离子、低相对分子质量有机质、酸和碱	相对分子质量大于1 000 的溶解物和悬浮物	不对称膜和离子交换膜
渗透气化	L G	分压差	溶解/扩散	溶质或溶剂(易渗透组分的蒸气)	溶质或溶剂(难渗透组分的液体)	复合膜和均质膜
膜蒸馏	L L	温度差	气液平衡	溶质或溶剂(易气化与渗透的组分)	溶质或溶剂(难气化与渗透的组分)	多孔膜
气体分离	G G	压力差、分压差	溶解/扩散	易渗透的气体和蒸气	难渗透的气体和蒸气	复合膜和均质膜
液 膜	L L	化学反应与浓度差	反应促进和扩散传递	电解质离子	非电解质离子	载体膜
膜接触器	L L G L L G	浓度差、分压差、化学反应	分配系数	易扩散与渗透物质	难扩散与渗透的物质	多孔膜和无孔膜

注:① 分离体系中 L 表示液相,G 表示气相或蒸气。

工业污水处理采用的膜分离技术主要有反渗透(RO)、超滤(UF)和电渗析(ED)3 种。其中,反渗透应用最广泛,但近年来纳滤(NF)和微滤(MF)技术也开始应用于水处理的各个领域。

反渗透又称逆渗透,是一种以压力差为推动力,从溶液中分离出溶剂的膜分离操作,由于这一过程与自然渗透的方向相反,故称反渗透。反渗透技术普遍用于油田污水中高浓度盐的去除。反渗透膜主要有纤维素和非纤维素两类,其中纤维素膜有醋酸纤维素膜、三醋酸纤维素膜等,非纤维素膜主要有芳香族聚酰胺膜。反渗透膜在使用时要制成组件式装置,有涡卷式、管式、板框式、中空纤维式和条束式等,膜厚为几微米至 100 μm 左右。

电渗析膜是离子交换膜,为电力推动式滤膜,在膜的两边施加一直流电场。电解质离子在电场的作用下迅速地通过膜并进行迁移,这就是电渗析。

膜分离技术具有高效、低耗、适用于常温或更低温、环保等特点。在油田污水处理中,微滤、超滤和反渗透是常见的膜分离方法,但是由于其成本较高,故一般适用于污水的深度处理。Chen 等以陶滤膜作为微滤法的原料,处理后的采出污水中含油量在 5 mg/L 以下,固体悬浮物含量不超过 1 mg/L。Frankiewic 等用孔径 0.01 μm 的亲水性超滤膜来处理油田污水,超滤浓缩后油和固体的含量分别小于 50 mg/L 和 15 mg/L。

(3) 蒸发法。

蒸发法通常用于稠油污水的脱盐处理,即将污水加热蒸发为水蒸气,水蒸气经过换热之后又冷凝为淡水,从而达到脱盐降硬的目的。依据所用能源、设备和流程,蒸发法主要可分为5种,包括自然蒸发(NET)、多级闪蒸(MSF)、单效蒸发、多效蒸发(MED)、机械蒸汽压缩(MVC)、膜蒸馏和热力压汽蒸馏(TVC)。

① 单效蒸发只有一个蒸发器,不能回收蒸发蒸汽的热量,所以是不经济的。多效蒸发可以回收蒸发蒸汽的热量。多级蒸发器内存在温度差和压力差,且都有一定的真空度。温度差能够保证蒸汽和海水之间有足够大的换热效率,一定的真空度可以确保原料水处于沸腾状态,压力差可维持淡水不断流出。为解决多效蒸发存在的结垢和腐蚀问题,发展了低温多效蒸发技术,其在低温下可大大减少设备的结垢和腐蚀;由于蒸发温度低,换热器可以选用低价材料,同样的投资规模可以得到更大的换热面积,从而提高造水比,降低产水的成本。单效蒸发和多效蒸发的原理如图4-1-4所示。

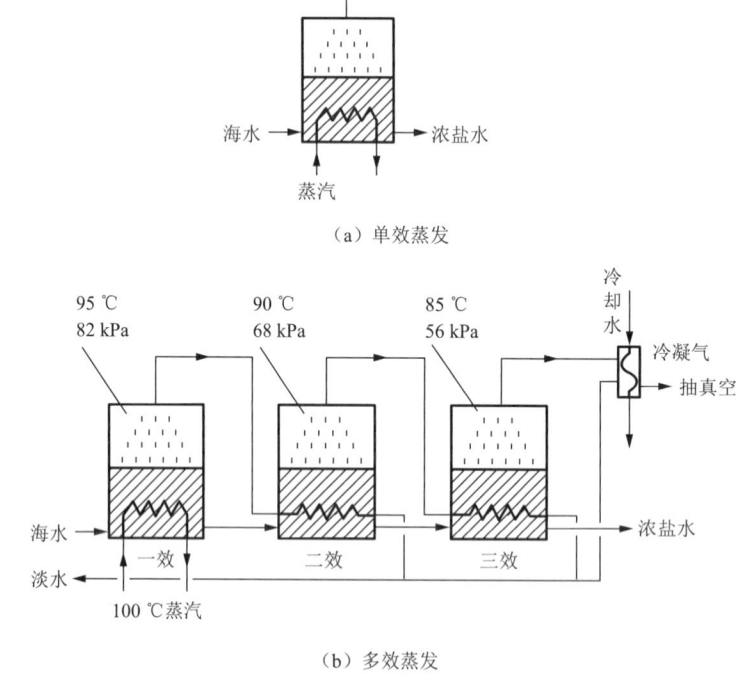

(a) 单效蒸发

(b) 多效蒸发

图 4-1-4 单效蒸发和多效蒸发原理

② 多级闪蒸法是将经加热的原料水通过节流引入压力较低的蒸发室,由于热原料水的饱和蒸汽压力大于蒸发室的压力,并迅速扩容,因此热原料水急速汽化,蒸发沸腾。由于汽化吸热,蒸发室内温度下降,直至原料水温度和蒸汽温度基本平衡,该过程叫闪蒸,蒸发室也叫闪蒸室。将多个闪蒸室串联起来,热原料水依次进入压力逐级降低的闪蒸室中,逐级进行闪蒸和冷凝,这就是多级闪蒸的原料淡化。多级闪蒸法的特点是加热与蒸发过程分离,结垢和腐蚀状态有所缓解,设备构造简单,适于大规模生产,但是原料水循环量大,操作费用较高。

③ 机械蒸气压缩法(MVC)是利用压缩机的动能,把含盐水在蒸发器中产生的蒸汽抽出进行压缩,使其升压升温(温度可升高10 ℃左右),将此温度的蒸汽作为热源送回蒸发

器中来加热含盐水,使含盐水蒸发,而经过压缩机压缩的蒸汽进入蒸发器后冷凝得到除盐水。蒸汽压缩蒸馏法原理如图 4-1-5 所示。蒸汽压缩蒸馏法在运行时,不需要外部提供加热蒸汽(有的机械蒸发系统在启动时需辅助加热预热含盐水),靠机械能转化为热能,其特点是热效率高,比能耗低,结构紧凑。但压缩机的造价也高,腐蚀和结构状况仍然严重,因此,又开发了低温负压的蒸汽蒸馏技术。该技术在真空状态下进行含盐水蒸发,降低了系统操作温度,也降低了造水成本,延长了设备使用寿命。

④ 膜蒸馏是一种新型膜分离技术,它主要是利用高分子膜某些结构上的功能来达到蒸馏的目的。膜蒸馏的分离原理为:在疏水性多孔膜的一侧与高温原料水溶液

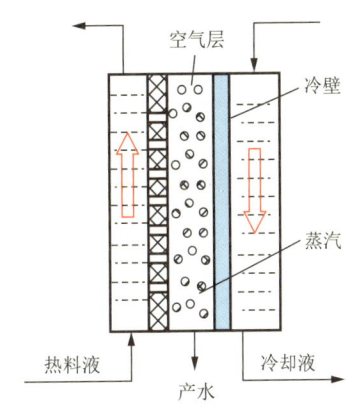

图 4-1-5 机械蒸汽压缩法原理

相接(即暖侧),而在膜的另一侧则与低温冷壁相邻(即冷侧),借助这种相当于暖侧和冷侧之间温度差的蒸汽压差,促使暖侧产生的蒸汽通过膜的细孔,再扩散到冷侧的冷壁表面并被凝缩下来,而液相水溶液由于多孔膜的疏水作用无法透过膜而被留在暖侧,从而达到汽水分离的目的。在非挥发性溶质水溶液的膜蒸馏过程中,只有蒸汽能透过膜孔,因此蒸馏液十分纯净。

于永辉等在胜利油田滨南采油厂开展了多效蒸发深度处理稠油污水回用热采锅炉的中试试验研究,结果表明在淡水产率 70% 的条件下,低温多效蒸发器出水总硬度为 0.1 mg/L,悬浮物含量为 1.1 mg/L,含油量为 0.2 mg/L,二氧化硅含量为 0.2 mg/L,可溶性固体含量为 20 mg/L,水质达到热采锅炉用水水质标准。

4.1.2 国内外超稠油污水处理工艺

国内外的典型稠油油田有加拿大的冷湖油田,美国的吉利油田,中国的辽河油田、胜利油田、新疆油田和河南油田等,不同稠油油田开发时期不同,选用的污水处理技术组合不同。

1) 加拿大冷湖油田气浮选-热石灰软化-离子交换处理工艺

加拿大冷湖油田于 1964 年开始采用蒸汽驱开采稠油,1978 年将稠油污水回用于热采锅炉,生产干度为 80%、压力为 14 MPa 的蒸汽。冷湖油田热采锅炉所需水量大约为 5.2×10^3 m³/d,该站设计采用气浮和砂滤法除油,采用热石灰和离子交换法降低采出水中的硬度。

冷湖油田稠油污水处理工艺流程如图 4-1-6 所示,主要包括气浮选、热石灰软化及两级弱酸离子交换。含油污水首先进入撇油罐,进口投加反相破乳剂;出水进入 IGF 气浮选机,此过程也投加反相破乳剂,主要去除非溶解性油和悬浮物(SS);IGF 气浮出水进入砂滤,主要去除悬浮油和悬浮物,确保后段设备正常运转;砂滤出水进入热石灰软化系统,主要降低硬度和 SiO_2 含量,其中热石灰软化的温度控制在 100~110 ℃ 之间,同时采用镁剂进行除硅,并将污泥循环使用;热石灰软化出水进入无烟煤过滤器,进一步去除 SS;两级弱

酸离子交换器串联将剩余硬度降至 1 mg/L。处理后的典型水质见表 4-1-5（总硬度以 $CaCO_3$ 计），满足热采锅炉的给水水质要求。

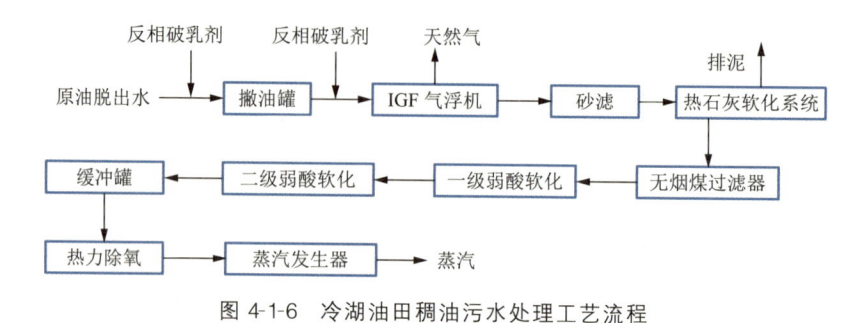

图 4-1-6 冷湖油田稠油污水处理工艺流程

表 4-1-5 冷湖油田稠油污水处理后的典型水质

TDS 含量 /(mg·L^{-1})	SS 含量 /(mg·L^{-1})	SiO$_2$ 含量 /(mg·L^{-1})	总硬度 /(mg·L^{-1})	非溶解性油含量 /(mg·L^{-1})	pH
7 000	33	50	1	0	10

注：TDS 为溶解性总固体；SS 为悬浮性固体物质。

2）美国吉利油田气浮选-混凝沉降-硅藻土过滤处理工艺

美国吉利油田采用蒸汽吞吐方式开采稠油，稠油污水处理规模为 16 000 m³/d，工艺流程如图 4-1-7 所示。含油污水首先利用 Wemco LAF 气浮机进行处理，出水自流至混凝沉降罐，向混凝沉降罐中投加反相破乳剂和高分子助凝剂进行破乳和絮凝，初步除油和悬浮物，同时具备缓冲功能。沉降罐出水进入 DAF 气浮机进一步除油，浮选气源为 N_2；为避免污染树脂和使锅炉结垢，溶气气浮选出水通过缓冲罐后进入硅藻土过滤器，出水中非溶解性油和悬浮物含量可降至 0 mg/L。硅藻土用量为 6.5 t/d，过滤周期为 25 h，最大压差为 350 kPa。过滤出水通过缓冲罐直接进入两级钠离子交换器，树脂再生主要根据出水硬度确定，当第一级离子交换出水硬度为 10 mg/L 时需要再生，再生采用 NaCl，每立方米树脂再生的盐耗量为 160 kg，一级离子交换树脂再生需盐量为 50 t/d，再生废液注入地层，最终出水用泵通过管线输送到各个注汽站。吉利油田各级处理设施出水水质见表 4-1-6。

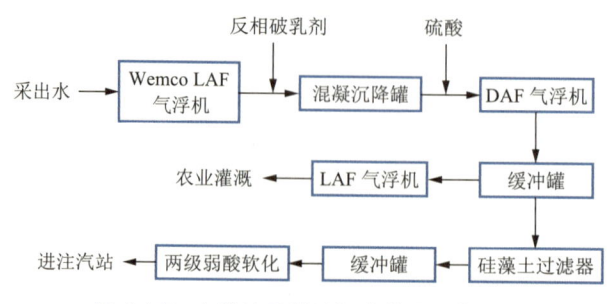

图 4-1-7 吉利油田稠油污水处理工艺流程

表 4-1-6 吉利油田稠油废水处理后的典型水质

检测项目	来 水	各段出水				
		LAF	沉降罐	DAF	过 滤	软 化
非溶解性油含量/(mg·L^{-1})	200	20	10	5	0	0
悬浮物含量/(mg·L^{-1})	200	100	80	0	0	0
硬度(CaCO$_3$)/(mg·L^{-1})	110	110	110	110	110	0

3) 我国辽河油田混凝沉降-气浮选-多级过滤-弱酸软化处理工艺

我国辽河油田针对稠油污水的深度处理技术进行了大量研究,逐步形成了适合其生产特点的稠油污水深度处理工艺。辽河油田欢三联稠油污水处理站设计规模为 2.0×10^3 m^3/d,工程总投资为 1.25 亿元,2002 年 11 月投产,其污水处理主要包括混凝沉降、气浮选、多级过滤及弱酸软化技术,工艺流程如图 4-1-8 所示。

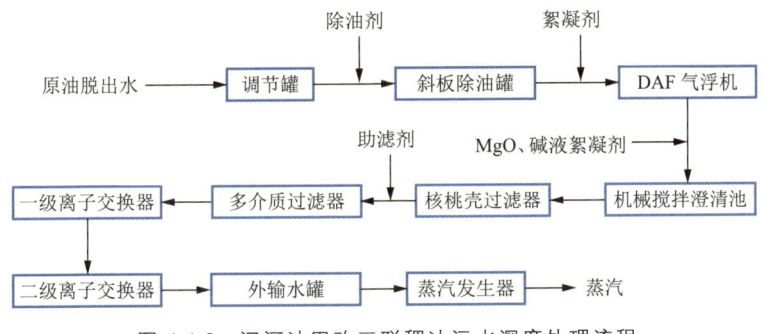

图 4-1-8 辽河油田欢三联稠油污水深度处理流程

设计采用 2 座 5 000 m^3 调节罐(并联)来保证水量和水质的缓冲调节,采用斜板除油罐除油,再经高效 DAF 气浮机去除油和悬浮物,这种先除油后除悬浮物的方式强化了除油,充分发挥了溶气浮选承前启后的关键作用。气浮机出水靠重力流入机械搅拌澄清池,并投加镁盐、碱液和絮凝剂,主要去除 SiO$_2$。接着污水进入核桃壳过滤器,其滤料表面多微孔,吸附能力较强,具有较好的除油和截污特性。初滤采用核桃壳过滤器,体外搓洗,精细过滤采用加拿大产多介质过滤器,投加助滤剂进行微絮凝精细过滤,利用鼓风机对滤料进行表面和深层辅助清洗。污水最后经离子交换树脂进行降硬处理,大孔弱酸树脂交换容量大、抗污染能力强,适合稠油污水中硬度的降低,软化采用一级大孔弱酸树脂固定床软化工艺。目前该处理站工艺自控设置完善,具备所有池、罐的液位检测和报警,各段进出水流量计量及所有转动设备在线监测功能,处理水质达到热采锅炉用水水质要求,设计水质见表 4-1-7。

表 4-1-7 欢三联稠油污水处理站的设计水质

项 目	原 水	出 水
TSS 含量/(mg·L^{-1})	100~300	≤2
TDS 含量/(mg·L^{-1})	2 500~4 000	≤7 000

续表 4-1-7

项 目	原 水	出 水
总油含量/(mg·L^{-1})	500～1 000	≤2
硬度(CaCO$_3$)/(mg·L^{-1})	60～150	≤0.01
SiO$_2$含量/(mg·L^{-1})	50～100	≤50

4) 我国胜利油田气浮选-多介质过滤-离子交换处理工艺

胜利油田油藏类型较多,如稀油、稠油、超稠油、低渗透油等,同时产生的采出污水水性复杂,具有"六高"(矿化度高、含油乳化程度高、小粒径悬浮物含量高、细菌含量高、聚合物含量高、腐蚀速率高)、"两低"(pH低、油水密度差低)的特点。对于热采稠油油田开发产出含油污水的处理,其核心是采用氮气气浮选处理技术,典型流程为油站来水进一次除油罐除油,进入氮气气浮机,然后连缓冲罐,通过提升泵进入过滤器过滤。该工艺用于处理热采稠油油田开发产生的含油污水(油水密度差小于0.05 g/cm³,来水含油量小于或等于1 000 mg/L,SS含量小于或等于100 mg/L),处理后出水可以控制含油量小于或等于15 mg/L,SS含量小于或等于5 mg/L,粒径中值小于或等于3.0 μm。

胜利油田借鉴美国、加拿大污水回用的成功经验和先进技术,于1999年12月建成投产了国内第一座也是最大的一座油井采出水回用湿蒸汽发生器的大型污水深度处理站——乐安污水深度处理站,它解决了污水排放不达标的问题并节约了大量资源。

乐安污水深度处理站主要工艺为气浮选-机械搅拌澄清-多介质过滤-弱酸离子交换。处理站设有4台气浮选装置,是该站来水所经过的第一道流程。气浮选装置上部与氮气回收储罐连接,防止空气中的氧气进入系统而增加含氧量,在顶部建立气顶,保证其稳压操作且采用氮气循环操作。经气浮处理后,含油指标由50 mg/L降至5 mg/L以下,出水进入澄清池。机械搅拌澄清池是污水深度处理站的中心环节,处理量为1.5×10^4 m³。经机械搅拌澄清可将污水的硬度从767 mg/L降至50 mg/L,含油量从5 mg/L降至2 mg/L,SiO$_2$含量从150 mg/L降至50 mg/L。污水随后进入多介质过滤罐,罐内设有不同粒径的多介质滤床,滤料采用不同直径的石英砂和无烟煤,每一层滤料的密度和粒径均不同,其中顶层为无烟煤,中间为石英砂,底层为粗砾石。通过多介质滤料可除去来水中的悬浮固体和分散油,最后经弱酸离子交换树脂软化。离子交换树脂为较小的多孔球粒,是聚合的有机羟酸。树脂为钠离子形式树脂,当含有钙、镁离子的水通过树脂时,进行离子交换,水被软化,当全部钙、镁离子被饱和后,必须再生恢复到钠离子形式。乐安稠油污水深度处理站稠油污水处理后设计水质见表4-1-8。

表 4-1-8 胜利油田乐安稠油污水深度处理站的设计水质

项 目	浊度/(mg·L^{-1})	硬度/(mg·L^{-1})	含氧量/(mg·L^{-1})	含铁量/(mg·L^{-1})	pH	SiO$_2$含量/(mg·L^{-1})	碱度/(mg·L^{-1})	外排含油量/(mg·L^{-1})
实际指标	0	0	0	0	11.7	62	750	5
设计标准	0.1	0.1	不超进口	0.05	9.5～11	0～100	<2 000	10

4.2 超稠油污水性质

风城油田超稠油污水主要有蒸汽吞吐井区(重32、重18、重43、重3以及重32和重37的部分井)和SAGD井区(重1、重18、重32、重37的部分井和重45)采出液脱出乳化水、回收的排泥污水、过滤设备反洗后的污水、软化树脂再生产生的含盐水、高温反渗透膜浓水、燃煤锅炉产生的浓盐水以及机械蒸汽压缩除盐处理后的浓盐水。这些污水具有温度高(85 ℃)、矿化度高(4 800 mg/L)、硅含量高(350 mg/L)的特点。

为开源节流及降本增效,风城油田将超稠油污水回用注汽锅炉。超稠油污水的上述特质给实际生产带来了供水管线、注汽锅炉、注汽管网及井筒结盐垢等问题。随着超稠油开发大量引入过热注汽锅炉,这类结垢现象日趋严重。

4.2.1 超稠油污水物性分析及处理难点

风城油田超稠油污水属 $NaHCO_3$ 型,污水乳化程度高,且乳化成分复杂,泥质含量、含油量及悬浮物含量高,温度高(85 ℃左右),油水密度差小,其物性参数检测结果见表4-2-1。

表 4-2-1 风城油田超稠油污水物性参数

序号	参数名称	数值	平均值
1	含油量/(mg·L^{-1})	10 000~20 000	15 000
2	悬浮物含量/(mg·L^{-1})	300~500	400
3	温度/℃	78~85	82
4	地层水矿化度/(mg·L^{-1})	4 692	
6	油水密度差/(g·cm^{-3})(80 ℃)	0.04	
7	水中泥砂含量/%	0.10	
8	pH	7.5~11	

风城油田超稠油污水乳化严重,胶质、沥青质含量高,原油黏度高,具有较强的黏滞性,油水密度差较小,油水界面张力大,且乳状液结构复杂,水包油、油包水和多重乳状液并存,传统的污水处理水质净化药剂体系难以使乳状液破乳、油水固迅速分离、水质得到净化,如图 4-2-1 所示。

风城油田超稠油污水中油珠、悬浮物含量高,且其中的细粉颗粒砂在水中呈悬浮状,悬浮固体颗粒难以聚并,去除难度大。污水中油珠粒径分布见表 4-2-2,污水中悬浮物粒径分布见表 4-2-3。

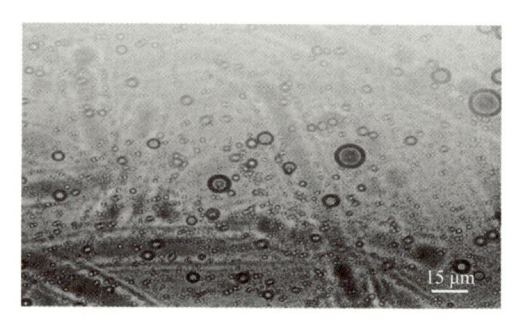

图 4-2-1 风城油田超稠油污水实物和显微图

表 4-2-2 沉降罐出水油珠粒径分布表

序号	粒径范围/μm	含油量/(mg·L^{-1})	粒径分布比例/%
1	≤60	11 014.0	86.2
2	≤40	10 258.0	80.3
3	≤20	9 732.0	76.2
4	≤10	8 415.0	65.9
总含油量/(mg·L^{-1})		12 774.0	—

表 4-2-3 悬浮物粒径分布测定结果表

粒径范围 /μm	来水 百分比/%	来水 含量/(mg·L^{-1})	调储罐出水 百分比/%	调储罐出水 含量/(mg·L^{-1})	沉降速度 /(mm·s^{-1})
>300	9.09	25	50.86	89	>0.741
200~300	16.00	44	10.29	18	0.498
100~200	4.00	11	4.00	7	0.249
80~100	2.55	7	9.14	16	0.196
40~80	6.55	18	2.86	5	0.098
10~40	8.00	22	0.57	1	0.025
5~10	5.82	16	9.71	17	0.012
<5	48.00	132	12.57	22	<0.012
原水	—	275	—	175	

由表 4-2-2 中数据可以看出,稠油处理站污水来水含油量较高,油珠粒径分布的特点是:乳化程度高的小油珠占大部分,依靠简单沉降处理就能去除的含油量(>60 μm)仅占总含油量的 13.8% 左右,而粒径小于或等于 10 μm,依靠重量沉降处理很难去除的含油量约占总含油量的 65.9%。

由表 4-2-3 中数据可以看出,来水中约 54% 的悬浮物粒径在 10 μm 以下,粒径大于 300 μm 的悬浮物不到 10%。调储罐前加反相破乳剂后,其出水中粒径大于 300 μm 的悬浮物含量上升到 50% 以上,而粒径小于或等于 10 μm 的悬浮物占 22%。在沉降罐中,大颗粒悬浮物的含量较少,主要以泥的形态沉降下来;粒径较小的悬浮物很难在沉降罐中得到处理。

为防止污水水质指标恶化时后续指标超高,影响水处理效果,风城油田超稠油污水处理工艺采用 2 个调储罐串联运行的工艺,其中第二个调储罐兼具中间缓冲单元的作用,提高了污水处理系统抗来液冲击的能力。

4.2.2 垢样成分及成垢机理分析

1) 垢样成分分析

取风城油田 37-31# 接转注汽站 2# 锅炉和 39-33# 接转注汽站 2# 锅炉掺混器垢样(图 4-2-2)进行分析,分析结果见表 4-2-4。

37-31# 接转注汽站 2# 锅炉　　　　　39-33# 接转注汽站 2# 锅炉

图 4-2-2　锅炉掺混器的垢样图

表 4-2-4　垢样分析结果

序 号	检测项目	37-31# 站 2# 锅炉掺混器垢样	39-33# 站 2# 锅炉掺混器垢样
1	灼烧减量(450 ℃)/%	1.13	0.99
2	灼烧减量(450～950 ℃)/%	1.31	1.29
3	三价铁离子含量/%	4.55	0.91
4	二价铁离子含量/%	未检出	未检出
5	钙离子含量/%	0.16	0.0
6	镁离子含量/%	0.41	0.44
7	铝离子含量/%	7.27	2.92
8	二氧化硅含量/%	60.56	30.1
	备　注	含水 3.58%, 酸不溶物含量 90.22%	含水 0.14%, 酸不溶物含量 95.83%

由表 4-2-4 垢样分析结果可以看出,垢样的主要成分是以二氧化硅为代表的硅酸盐,说明二氧化硅是造成掺混器严重结垢的主要原因。

取风城油田 20-17# 接转注汽站出口注汽管线管内垢样(管壁垢样和法兰垢样)进行分析,分析结果见表 4-2-5。

表 4-2-5　管壁、法兰垢样分析结果(X 射线能谱分析)

样　品	元　素	各元素质量分数/%	各元素摩尔分数/%	化合物质量分数/%	化学式
管壁垢样	Na	13.57	16.24	18.30	Na$_2$O
	Si	9.97	9.77	21.34	SiO$_2$
	Cl	11.26	8.73	0.00	
	Fe	38.18	18.80	49.11	FeO
	O	27.02	46.46		
	总　量	100.00			
法兰垢样	O	19.22	30.59	0.00	
	Na	28.63	31.71	72.78	NaCl
	Si	1.32	1.20	8.00	SiCl$_4$
	Cl	50.83	36.50		
	总　量	100.00			

由表 4-2-5 垢样分析结果可以看出,垢样的主要成分为钠盐、铁氧化物、SiO$_2$ 及 SiCl$_4$。在垢样中的比例为 NaCl63.25%～76.40%,FeO49.11%～62.18%,SiO$_2$ 21.34%～27.93%,SiCl$_4$ 8.0%～23.60%,这说明析盐是造成管壁严重结垢的主要原因。

取发生垢卡的生产井井筒内壁黑色块状垢样(图 4-2-3)进行分析,分析结果见表 4-2-6。

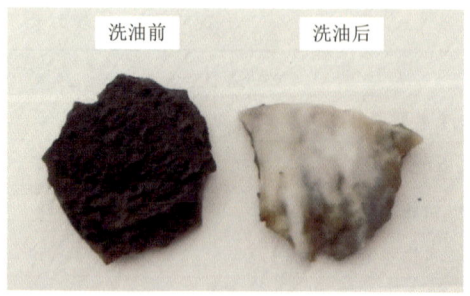

图 4-2-3　井筒内壁垢样

图 4-2-3 显示,垢样洗油前后颜色差别明显,洗后呈白色,并且质地很硬,与地面管线所取的垢样相似。

根据垢样的定量分析和元素分析结果,垢样的主要成分是硅酸钠。该物质是一种水溶性硅酸盐,其水溶液为水玻璃,易溶于水,水解后溶液为碱性,其化学式为 R$_2$O·mSiO$_2$,其中 R$_2$O 为碱金属氧化物,m 为水玻璃的模数,模数越大,固体硅酸钠越难溶于水。

表 4-2-6 垢样检测分析报告

定量分析	有机质含量/%	酸不溶物含量/%	水中可溶物含量/%
	5.68	98.69	14.64
元素含量分析	硅含量/%	钠含量/%	氧含量/%
	17.75	23.90	45.51
定量拟合分析	水分含量/%	有机质含量/%	$Na_2O \cdot 2SiO_2$含量/%
	0.60	5.68	93.72

2）过热锅炉结垢机理分析

分别对风城油田一号和二号稠油处理站污水处理系统、软化水系统、注汽锅炉给水取样进行水质调查分析，结果见表 4-2-7～表 4-2-10。

表 4-2-7 一号稠油处理站污水、清水水质分析结果

项 目	污 水						清 水	
	调 进	调 出	反应器出水	过滤器出口	生 水	软化后	生 水	软化后
pH	8.07	8.14	7.80	7.74	7.96	7.95	7.94	8.12
CO_3^{2-} 浓度/(mg·L^{-1})	0	0	0	0	0	0	0	0
HCO_3^- 浓度/(mg·L^{-1})	430.4	411.1	389.3	379.0	362.3	372.6	173.5	194.0
OH^- 浓度/(mg·L^{-1})	0	0	0	0	0	0	0	0
Ca^{2+} 浓度/(mg·L^{-1})	12.4	10.6	21.6	19.2	20.6	0	86.1	0
Mg^{2+} 浓度/(mg·L^{-1})	2.5	1.9	2.9	2.1	7.9	0	7.9	0
Cl^- 浓度/(mg·L^{-1})	1 711.8	1 726.0	1 777.1	1 782.8	1 728.9	1 738.8	61.0	59.6
SO_4^{2-} 浓度/(mg·L^{-1})	93.8	117.0	115.5	112.0	132.5	132.4	146.1	152.7
$K^+ + Na^+$ 浓度/(mg·L^{-1})	1 298.9	1 315.1	1 324.7	1 327.2	1 283.0	1 332.0	61.1	184.9
矿化度/(mg·L^{-1})	3 334.6	3 376.2	3 436.5	3 432.8	3 353.5	3 389.5	449.5	494.5
水 型	NaHCO$_3$	NaHCO$_3$	NaHCO$_3$	NaHCO$_3$	NaHCO$_3$	NaHCO$_3$	Na$_2$SO$_4$	NaHCO$_3$
硬度/(mg·L^{-1})	41.12	34.27	66.0	56.55	84.0	0	247.6	0
碱度/(mg·L^{-1})	352.1	337.0	319.1	310.7	297.0	305.4	142.2	159.0
SiO_2 含量/(mg·L^{-1})	289.7	277.6	240.4	236.2	235.3	231.7	8.2	8.0

表 4-2-8 二号稠油处理站污水、清水水质分析结果

项 目	污 水						清 水	
	调 进	调 出	反应器出水	过滤器出口	生 水	软化后	生 水	软化后
pH	8.01	7.95	7.52	7.56	7.67	7.45	7.92	8.27
CO_3^{2-} 浓度/(mg·L^{-1})	0	0	0	0	0	0	0	0

续表 4-2-8

项　目	污水						清水	
	调　进	调　出	反应器出水	过滤器出口	生　水	软化后	生　水	软化后
HCO_3^- 浓度/(mg·L^{-1})	512.7	506.2	430.4	418.9	412.4	403.4	251.8	122.1
OH^- 浓度/(mg·L^{-1})	0	0	0	0	0	0	0	0
Ca^{2+} 浓度/(mg·L^{-1})	8.2	12.4	8.9	9.3	31.6	0	65.5	0
Mg^{2+} 浓度/(mg·L^{-1})	0.6	1.0	9.4	2.7	0.6	0	8.3	0
Cl^- 浓度/(mg·L^{-1})	2107.8	2126.3	2171.7	2178.8	2193.0	2262.6	28.4	44.0
SO_4^{2-} 浓度/(mg·L^{-1})	112.8	128.4	143.4	159.2	112.1	124.6	150.7	160.6
K^++Na^+ 浓度/(mg·L^{-1})	1604.2	1615.7	1612.0	1632.0	1594.6	1679.7	94.5	151.5
矿化度/(mg·L^{-1})	4090.0	4136.9	4160.6	4191.4	4138.1	4268.6	473.4	417.1
水　型	NaHCO$_3$	NaHCO$_3$	NaHCO$_3$	NaHCO$_3$	NaHCO$_3$	NaHCO$_3$	NaHCO$_3$	NaHCO$_3$
硬度/(mg·L^{-1})	23.1	35.1	60.8	34.3	81.4	0	197.9	0
碱度/(mg·L^{-1})	420.2	414.9	352.8	343.3	338.1	330.7	206.4	100.1
SiO_2 含量/(mg·L^{-1})	358.4	340.9	299.1	289.8	291.0	282.2	7.92	7.18

表 4-2-9　一号稠油处理站软化水各锅炉给水水质分析结果

锅炉给水来源	一号稠油处理站软化水						
结垢情况	严　重	不严重	不严重	严　重	不严重		
锅炉站号	32-27$^\#$站1$^\#$	32-27$^\#$站2$^\#$	34-28$^\#$站1$^\#$	34-28$^\#$站2$^\#$	46-40$^\#$站1$^\#$	25-20$^\#$站1$^\#$	循环流化床锅炉	
pH	8.17	6.90	8.04	8.10	6.70	8.33	8.26	6.40
CO_3^{2-} 浓度/(mg·L^{-1})	0	0	0	0	0	0	10.1	0
HCO_3^- 浓度/(mg·L^{-1})	332.8	291.5	334.1	344.3	292.8	365.2	265.9	295.5
OH^- 浓度/(mg·L^{-1})	0	0	0	0	0	0	0	0
Ca^{2+} 浓度/(mg·L^{-1})	4.9	0	1.4	8.1	0	8.5	0.3	0
Mg^{2+} 浓度/(mg·L^{-1})	1.6	0.2	0	2.9	0	2.6	4	0
Cl^- 浓度/(mg·L^{-1})	1260.4	1235.2	1288.8	1314.4	1230.5	1300.2	1025.9	971.0
SO_4^{2-} 浓度/(mg·L^{-1})	139.4	145.0	157.8	147.2	142.0	151.4	148.3	128.3
K^++Na^+ 浓度/(mg·L^{-1})	1001.3	980.3	1032.7	1038.3	976.7	1039.1	836.6	802.8
矿化度/(mg·L^{-1})	2574.0	2506.5	2649.5	2683.0	2495.7	2684.3	2158.2	2049.9
水　型	NaHCO$_3$	NaHCO$_3$	NaHCO$_3$	NaHCO$_3$	NaHCO$_3$	NaHCO$_3$	NaHCO$_3$	NaHCO$_3$
硬度/(mg·L^{-1})	18.9	0.9	10.9	32.1	0	31.9	17.3	0
碱度/(mg·L^{-1})	272.8	239.1	273.8	282.2	240.2	299.4	226.5	242.4
SiO_2 含量/(mg·L^{-1})	218.9	119.0	228.8	221.8	119.0	221.2	70.3	117.3

表 4-2-10　二号稠油处理站软化水各锅炉给水水质分析结果

锅炉给水来源	二号稠油处理站软化水						
结垢情况	严重	严重	严重	严重	严重	不严重	严重
锅炉站号	35-29#站 1#	35-29#站 2#	42-36#站 1#	42-36#站 2#	39-33#站 2#	44-38#站 1#	36-30#站 1#
pH	7.63	7.93	7.73	8.16	6.90	6.80	7.83
CO_3^{2-} 浓度/(mg·L^{-1})	0	0	0	0	0	0	0
HCO_3^- 浓度/(mg·L^{-1})	398.3	385.5	393.2	394.4	274.9	303.1	400.9
OH^- 浓度/(mg·L^{-1})	0	0	0	0	0	0	0
Ca^{2+} 浓度/(mg·L^{-1})	3.9	3.8	2.9	4.8	0	0	2.3
Mg^{2+} 浓度/(mg·L^{-1})	1.7	3.2	2.0	2.8		1.2	1.5
Cl^- 浓度/(mg·L^{-1})	1 899.2	1 899.2	1 899.2	1 913.4	1 541.8	1 546.6	1 941.8
SO_4^{2-} 浓度/(mg·L^{-1})	153.8	157.7	167.8	166.1	194.9	149.4	164.5
$K^+ + Na^+$ 浓度/(mg·L^{-1})	1 448.4	1 442.5	1 453.6	1 458.9	1 197.2	1 186.4	1 484.1
矿化度/(mg·L^{-1})	3 706.0	3 699.2	3 722.1	3 743.1	3 071.3	3 035.6	3 794.7
水型	NaHCO$_3$	NaHCO$_3$	NaHCO$_3$	NaHCO$_3$	NaHCO$_3$	NaHCO$_3$	NaHCO$_3$
硬度/(mg·L^{-1})	16.5	22.8	15.6	23.3	0	2.5	12.1
碱度/(mg·L^{-1})	326.5	315.9	322.3	323.3	225.4	248.6	328.6
SiO$_2$含量/(mg·L^{-1})	254.3	252.0	261.9	253.8	189.8	119.2	257.2

由表 4-2-7～表 4-2-10 水质调查结果可以看出，清水软化水中 SiO$_2$ 含量和矿化度均低于污水净化软化水，水质净化和软化系统对矿化度和 SiO$_2$ 含量基本无降低效果，当锅炉给水的 SiO$_2$ 含量小于 120 mg/L 时，锅炉结垢不严重，其他结垢严重的锅炉的给水 SiO$_2$ 含量均较高。

普通注汽锅炉的干度是指饱和蒸汽中所含干饱和蒸汽的质量百分数，理论与实际应用表明，注汽锅炉干度 80% 最为理想，干度值升高将使水中的矿物离子沉积在炉管管壁上，导致炉管局部过热和损坏；干度值过低，携带热量不足，将使稠油热采效果变差。过热注汽锅炉是将干度 65%～75% 的湿饱和蒸汽进行升温，使之变成过热度为 3～10 ℃ 的过热蒸汽。

过热蒸汽是温度更高的干蒸汽（干蒸汽干度为 100%），干蒸汽不能溶解任何矿物离子和杂质，因此汽水分离器分离的高含盐饱和水与高温过热蒸汽掺混，在迅速转化为低温过热蒸汽时势必导致高含盐饱和水中全部的矿物离子和杂质析出并沉积在管壁上，造成管线结垢或堵塞，结垢部位主要是掺混部位——掺混器（图 4-2-4 中喷水减温器）和锅炉出口的注汽管网。污水与清水相比矿化度更高，成分更复杂，实际应用表明，过热锅炉使用污水比使用清水结垢更严重。图 4-2-5 所示为过热锅炉掺混器和注汽管线结垢情况。

结合水质调查和垢样分析结果可知，垢样的主要成分是盐垢，硅酸化合物占盐垢的 50% 以上。锅炉汽水分离器分离出来的高饱和浓盐水经喷水减温器与过热蒸汽掺混并进

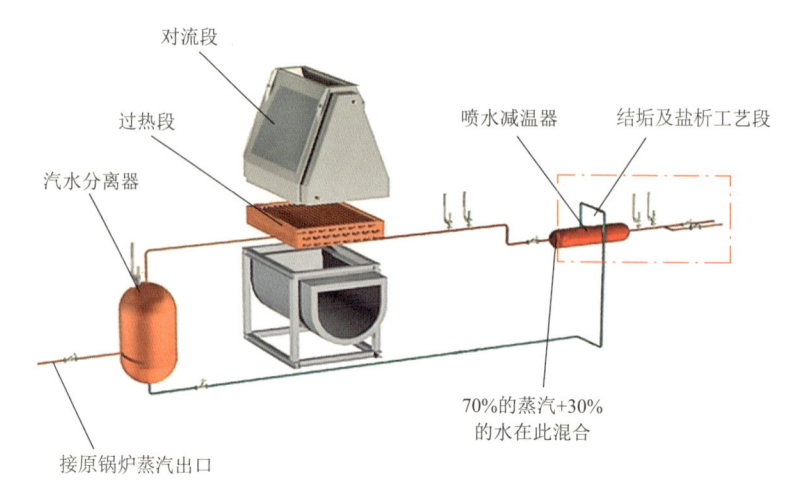

图 4-2-4 锅炉工艺流程及结垢部位

图 4-2-5 现场掺混器和注汽线结垢照片

行剧烈换热,形成过热蒸汽,大量的矿物质瞬间析出,在掺混器、管网、油井等管径变化和节流的部位附着并产生结垢现象。硅酸盐虽然占盐垢的 50% 以上,但是除硅只能部分改善结垢问题,要想进一步解决结垢问题,必须对污水进行深度脱盐处理,降低污水矿化度,减少蒸汽析盐量,减缓注采系统的结垢。

SiO_2 不能直接溶于水,水中 SiO_2 的主要来源是溶解的硅酸盐。硅垢就是以 SiO_2 或难溶性硅酸盐为主要成分的垢,硅垢的产生有 3 种机理:

(1) 硅酸缩合形成无定形 SiO_2 胶体并产生沉积。硅酸的通式为 $xSiO_2 \cdot yH_2O$,是无定形 SiO_2 水合物,硅酸能稳定存在于 pH 为 2~3 的水溶液中,而在中性水溶液中以沉淀水合二氧化硅凝胶形式存在。

(2) SiO_2 胶体被破坏后发生凝聚并形成垢。受到水中电解质的影响,锅炉汽水分离后产生 30% 的浓缩盐水,水中电解质浓度较高,SiO_2 过饱和时会凝聚成不溶解的胶体硅或硅胶,引起结垢。

(3) 硅酸或硅胶与 Al^{3+}、Fe^{3+}、Mg^{2+}、Fe^{2+} 和 Ca^{2+} 反应生成沉淀。污水来水中铁离子含量较低,水质净化后铁离子被去除,污水软化后钙、镁离子基本被去除,但水中含有一定量的铝离子。铝离子会与水中的 SiO_2 反应生成硅酸铝,由于硅酸铝溶解度极小,因此会以沉淀的方式析出,生成硅酸盐垢。表4-2-11为污水系统水中铝离子检测结果。

表4-2-11 污水系统水中铝离子含量

序　号	取样点	铝离子含量/%	
		一号稠油处理站	二号稠油处理站
1	调储罐进水	0.002 2	0.002 2
2	调储罐出水	0.002 2	0.001 9
3	过滤器出水	0.002 1	0.001 9
4	软化器出水	0.002 9	0.001 6

风城油田超稠油污水 pH 偏碱性,硅垢中 SiO_2 的主要来源是水中溶解的硅酸盐,还有少部分的胶体硅,当水的 pH 和温度较高时,胶体硅可以转化为溶解硅,导致硅含量逐渐增加。锅炉用水在高压下硅含量超标,即使微量的铁、铝、钙和镁等金属离子存在,也会导致锅炉掺混器内形成不宜溶解且极其坚硬的复合硅酸盐垢,并为 SiO_2 的沉积提供了晶核,更易结垢。

4.2.3 高含盐水来源及水质特征

1) 高含盐水来源及基本水质

风城油田超稠油污水处理中 $210×10^4$ m³ 处理池高含盐水的来源主要有两个:一是离子交换产生的浓盐水,二是 MVC 产生的浓盐水。高含盐水水质见表4-2-12。

表4-2-12　$210×10^4$ m³ 处理池高含盐水水质

取样序号	pH	CO_3^{2-}/(mg·L^{-1})	HCO_3^-/(mg·L^{-1})	Cl^-/(mg·L^{-1})	SO_4^{2-}/(mg·L^{-1})	Ca^{2+}/(mg·L^{-1})	Mg^{2+}/(mg·L^{-1})	K^++Na^+/(mg·L^{-1})	矿化度/(mg·L^{-1})	挥发酚/(mg·L^{-1})	氨氮/(mg·L^{-1})	石油类/(mg·L^{-1})	SS/(mg·L^{-1})	COD/(mg·L^{-1})
1	7.63	0	319	11 082	472	450	67.64	6 889	19 122	0.092	1.015	Oil5	64	1 287.42
2	7.49	0	309	11 992	499	576	45.90	7 011	18 146	0.105	—	—	—	664.00
3	7.88	0	345	11 488	523	459	9.77	7 287	19 940	0.046	0.295	14.90		196.15
4	7.77	0	381	12 008	422	637	49.40	6 981	20 479	0.105	—	—		261.00
5	7.49	0	260	11 581	571	446	116.00	7 154	20 125	0.111				238.00
6	7.77	0	245	13 444	601	537	109.20	8 442	23 387	0.051				208.00

2) 含盐水 COD 测定

水体中的还原性物质主要是有机物和少量的无机物。COD 测定主要利用化学氧化还原法对水体中的有机物和还原性无机物进行定量分析。COD 是用化学方法测量水样中被氧化的还原性物质的量,即在一定条件下,氧化 1 L 水样中的还原性物质所消耗的氧化剂的量,以 mg/L 表示,反映了水体受还原性物质污染的程度。

污水 COD 的检测方法主要有 4 种,其相关标准分别为《水质　化学需氧量的测定　重铬酸盐法》(HJ 828—2017)、《水质　化学需氧量的测定　快速消解分光光度法》(HJ/T 399—2007)、《高氯废水　化学需氧量的测定　氯气校正法》(HJ/T 70—2001)、《高氯废水　化学需氧量的测定　碘化钾碱性高锰酸钾法》(HJ/T 132—2003)。目前风城油田采用的是氯气校正法。不同来源的水样在进行 COD 测定前一般要进行预处理,如果水样中含有大量的颗粒悬浮物,可对水样进行初步过滤和稀释。对于强酸性和强碱性水样,可加入适量试剂调节其 pH 到合适范围。另外,水样中若含有高浓度油脂化合物,则会对 COD 的测定结果产生较大的偏差,此时一般要加入适量有机或无机絮凝剂,搅拌沉降后取上层清液进行水样 COD 的测定。

在水样 COD 的测定中,氯离子是一个重要的干扰因素。研究发现,氯离子在酸性条件下极易被氧化成氯气,氯离子的存在对水样 COD 的测定结果会产生不可忽视的影响,当水样氯离子浓度在 0~1 500 mg/L 之间时,经掩蔽后的 COD 误差在 0~50 mg/L 之间。目前,消除氯离子干扰的常用方法有硫酸汞或硫酸锰络合掩蔽法、硝酸银沉淀法和直接稀释法。

水样中通常还含有一些无机还原性离子,如 NO_2^-,NH_4^+,Fe^{2+},S^{2-} 等。这些离子在消解过程中均会与重铬酸钾发生氧化还原反应,导致 COD 测定结果偏高。此时可在水样 COD 测定之前加入适量氧化剂或生成沉淀物将其除去,但与此同时,氧化剂可能会氧化水样中部分待测小分子还原性物质,从而导致 COD 测定结果偏低。因此,氧化剂的选择需慎重考虑。

对于水样中难以被氧化的杂环化合物或芳香族化合物,重铬酸钾和高锰酸钾一般难以将其氧化,这会直接导致测定结果偏低。另外,还有一些沸点较低的易挥发性化合物在消解或加热条件下逸出,从而导致测定结果偏低。这时采用 COD 的测定值作为污水有机污染物评价指标是不合适的,有效的解决方法是确定该类化合物的总有机碳(TOC)值以及总氮(TNb)值,通过理论计算推测其 COD。

风城油田采用 GM-MS 定性分析了污水中所含有机物的种类,并采用 Vario TOC 分析仪测定了风城超稠油污水及含盐水中的 TOC 和 TNb。根据 GM-MS 的定性分析结果,风城油田超稠油污水中有机物为带一个双键的烃类衍生物,假设有机碳以通式 C_nH_{2n} 表示,总氮以—NH_2 存在,氧化产物为 CO_2,H_2O 和 NO_2,则可以用 TOC 和 TNb 的数据来模拟计算 COD。COD 模拟计算结果表明,其总体变化趋势基本符合各工艺节点的变化规律。对于实际测定比较困难的样品,用 TOC 来估算 COD 具有一定的指导意义和参考价值。

4.3　污水处理关键技术

风城油田超稠油污水处理工艺主要有化学混凝除硅、污水离子调整旋流反应、超稠油污水气浮选技术、高温反渗透除盐技术、MVC 除盐技术、含盐废水处理回用及达标外排技术。

4.3.1 超稠油污水化学混凝除硅技术

1）技术原理及工艺流程

风城油田二号稠油处理站污水处理量约为 30 000 m³/d，水温为 85 ℃，矿化度约为 4 000 mg/L，为碳酸氢钠水型。反应器出水硬度约为 70 mg/L。油区来水进入污水处理系统，通过两级串联调储罐重力除油后，出水含油量、悬浮物含量均可低于 500 mg/L，所以对调储罐出水进行除硅。调储罐出水 SiO_2 含量约为 350 mg/L，硬度约为 25 mg/L。现场处理过程中需投加 4 种药剂，分别为 1#除硅剂、2#除硅剂、净水剂、助凝剂。1#除硅剂和 2#除硅剂的作用是对污水进行除硅。除硅剂本身对水质净化有促进作用，在除硅反应过程中会产生较多的沉淀物质，需再投加净水剂和助凝剂进行水质净化。

污水除硅流程（图 4-3-1）为调储罐出水经反应提升泵先进入一级反应器进行除硅，在一级反应器进口投加 1#除硅剂，中部投加 2#除硅剂；一级除硅反应器出水分别进入二级反应器进行水质净化，在二级反应器进口投加净水剂，中部投加助凝剂；二级反应器出水进入混凝反应罐进行混凝沉降；混凝反应罐出水进入混凝沉降罐；混凝沉降罐出水去过滤装置。在反应器处理最大水量条件下，除硅后的污水水质处理效果见表 4-3-1。

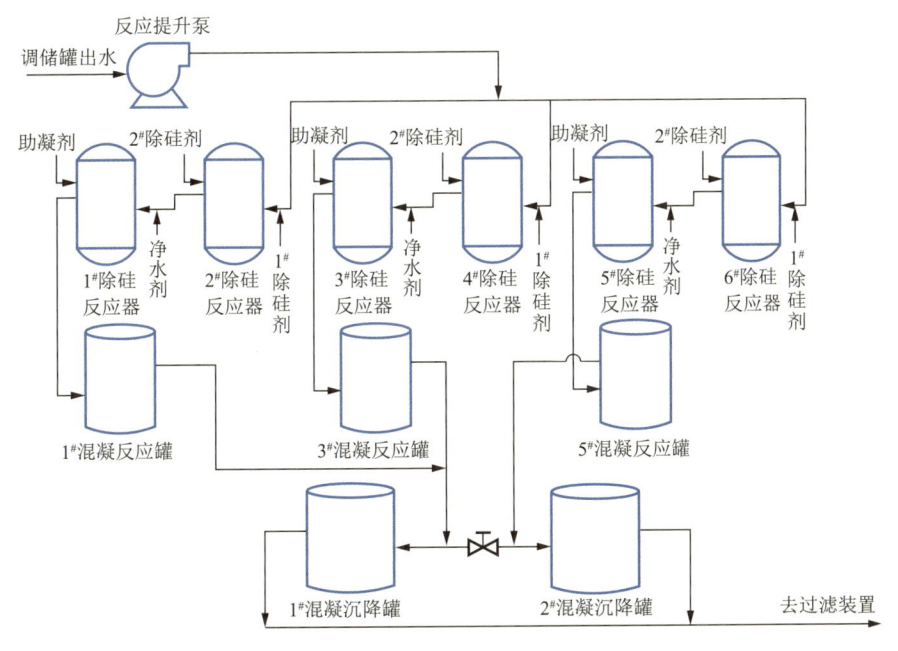

图 4-3-1 化学混凝除硅工艺流程

表 4-3-1　除硅后污水水质处理效果

序　号	项　目	处理效果
1	pH	9.0
2	SiO_2 含量/(mg·L^{-1})	≤100
3	硬度	不大于未除硅反应器出水硬度
4	含油量/(mg·L^{-1})	≤15
5	悬浮物含量/(mg·L^{-1})	≤15

除硅后的污水水质:pH约为9.0,SiO_2含量小于或等于100 mg/L,硬度不大于未除硅反应器出水硬度,含油量和悬浮物含量均小于或等于15 mg/L。

2) 化学混凝除硅药剂选择

污水中SiO_2含量依据标准《锅炉用水和循环冷却水中硅的测定　钼蓝比色法》(GB/T 12149—2007)测定。污水含油量、悬浮物含量依据标准《碎屑岩油藏注水水质推荐指标及分析方法》(SY/T 5329—2012)测定。室内选用了5种除硅药剂,分别为氧化钙、氢氧化钠、氯化镁、氧化镁、氢氧化镁,其中氧化钙、氢氧化钠、氧化钙+氢氧化钠可以调节水的pH。针对这5种除硅药剂进行了单独和复配研究。取一号稠油处理站调储罐出水,硅含量为277.6 mg/L,除硅剂加药量均为900 mg/L,温度为现场水温(80 ℃),反应1 h后进行水质净化,测定净化后水中的SiO_2含量,结果见表4-3-2和表4-3-3。

表 4-3-2　5种除硅剂除硅效果

序　号	药剂名称	加药量/(mg·L^{-1})	SiO_2含量/(mg·L^{-1})
1	氧化钙	900	203.6
2	氢氧化钠	900	213.0
3	氧化钙+氢氧化钠	900	210.7
4	氯化镁	900	215.9
5	氧化镁	900	211.3
6	氢氧化镁	900	208.2

注:净水剂加药量为100 mg/L,助凝剂加药量为2 mg/L。

表 4-3-3　除硅剂复配除硅效果

序　号	药剂名称	加药量/(mg·L^{-1})	SiO_2含量/(mg·L^{-1})
1	氧化钙/氯化镁	400/500	99.5
2	氧化钙/氧化镁	400/500	154.2
3	氧化钙/氢氧化镁	400/500	195.8
4	氢氧化钠/氯化镁	400/500	112.6
5	氢氧化钠/氧化镁	400/500	177.8

续表 4-3-3

序　号	药剂名称	加药量/(mg·L^{-1})	SiO$_2$含量/(mg·L^{-1})
6	氢氧化钠/氢氧化镁	400/500	202.6
7	氧化钙＋氢氧化钠/氯化镁	400/500	99.2
8	氧化钙＋氢氧化钠/氧化钙	400/500	162.2
9	氧化钙＋氢氧化钠/氢氧化镁	400/500	195.3

注：净水剂加药量为 100 mg/L，助凝剂加药量为 2 mg/L。

从处理结果来看，5 种除硅药剂单独使用时除硅效果均较差，除硅后水中 SiO$_2$ 含量均在 200 mg/L 以上；复配后，氧化钙/氯化镁、氢氧化钠/氯化镁、氧化钙＋氢氧化钠/氯化镁除硅效果较好，但这 3 种配方除硅后水中 SiO$_2$ 含量仍在 100 mg/L 左右，SiO$_2$ 含量依然较高。

为提高污水除硅效率，进一步进行大量的室内除硅药剂配方筛选，在原配方基础上研制出新的除硅药剂配方——1$^\#$ 除硅剂和 2$^\#$ 除硅剂，其除硅效果优于氧化钙/氯化镁、氢氧化钠/氯化镁、氧化钙＋氢氧化钠/氯化镁复配的效果，除硅后污水中硅含量小于 90 mg/L。新药剂现场应用结果见表 4-3-4。

表 4-3-4　新除硅剂加药量优化应用结果

序　号	加药量(1$^\#$除硅剂和2$^\#$除硅剂)/(mg·L^{-1})	SiO$_2$含量/(mg·L^{-1})	含油量/(mg·L^{-1})	悬浮物含量/(mg·L^{-1})	硬度/(mg·L^{-1})
1	—	338.9	28.9	35.6	25.4
2	500/600	68.2	3.0	5.9	34.1
3	500/500	68.7	2.8	8.9	17.2
4	500/400	79.1	5.8	14.1	21.1
5	400/400	87.7	3.8	7.9	17.5
6	400/300	113.4	4.2	9.2	27.1
7	300/400	96.6	3.6	6.3	25.6

注：① 净水剂加药量为 150 mg/L，助凝剂加药量为 15 mg/L；② 每 5 d 为 1 个试验周期，以上结果是 5 d 的平均值。

由表 4-3-4 可以看出，1$^\#$ 除硅剂、2$^\#$ 除硅剂的最适宜加药量为 400 mg/L、400 mg/L，前面 400 mg/L 是调整 pH 的 1$^\#$ 除硅剂，后面的 400 mg/L 是除硅的 2$^\#$ 除硅剂。净水剂不需要调整，因满足水质净化的药剂足够达到理想的除硅效果。

3）化学混凝除硅工艺参数确定

在超稠油污水化学混凝除硅工艺实施过程中，pH、污水中 SiO$_2$ 含量、除硅剂与污水中硅反应时间、温度、水质净化药剂加药量、含油量都对除硅效果有一定的影响。

(1) pH 对除硅效果的影响。

pH 直接影响胶体硅转化成硅酸根离子的量，对化学除硅具有重要意义。图 4-3-2 为不同 pH 下 3 种新配除硅药剂的除硅效果，加药量为 500 mg/L。

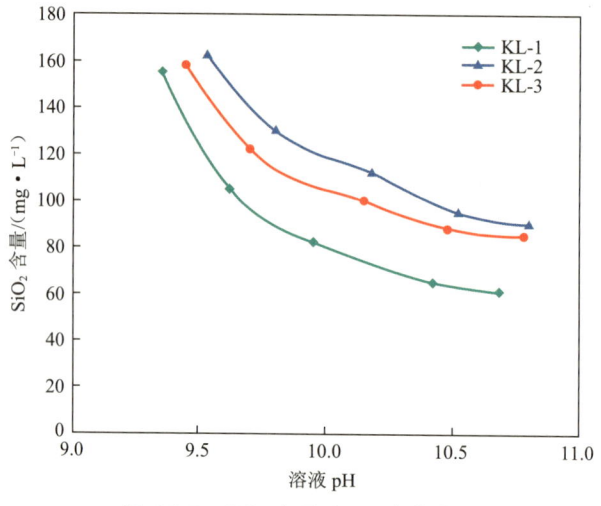

图 4-3-2 SiO$_2$ 含量随 pH 变化曲线

由图 4-3-2 可以看出，随着 pH 的升高，水中的 SiO$_2$ 去除效果变好，当 pH 达到 10.5 左右后，水中的 SiO$_2$ 含量不再有较大的变化，所以除硅的最佳 pH 约为 10.5。

(2) SiO$_2$ 含量的影响。

风城油田二号稠油处理站来水 SiO$_2$ 含量较一号站高。利用除硅剂 KL-3 分别对风城一号和二号稠油处理站调储罐出水除硅，考察不同 SiO$_2$ 含量对除硅效果的影响。处理温度为 80 ℃，反应 1 h 后进行水质净化，测定净化后水中 SiO$_2$ 含量，结果见表 4-3-5。

表 4-3-5 SiO$_2$ 含量对除硅效果的影响

序号	加药量/(mg·L^{-1})	SiO$_2$ 含量/(mg·L^{-1})	
		一号稠油处理站	二号稠油处理站
1	原　水	245.3	364.7
2	1 100	95.1	119.8
3	1 200	64.3	98.6
4	1 300	56.2	84.1
5	1 400	46.3	62.6
6	1 500	39.6	53.9

注：净水剂加药量为 100 mg/L，助凝剂加药量为 2 mg/L。

由表 4-3-5 可以看出，原水中 SiO$_2$ 含量越高，要达到相同的处理效果，除硅剂的加药量就越大。

(3) 反应时间对除硅效果的影响。

以风城油田一号和二号稠油处理站调储罐出水作为处理用水，除硅剂为 KL-3，一号站调储罐出水水温为 80 ℃，二号站调储罐出水水温为 85 ℃，反应温度依据现场温度确定，反应时间从 20 min 到 60 min，反应后，立即进行水质净化，经过滤后测定 SiO$_2$ 含量，结果见表 4-3-6。

表 4-3-6　反应时间对除硅效果的影响

序号	反应时间/min	一号稠油处理站调储罐出水 SiO₂ 含量 /(mg·L⁻¹) 除硅剂加药量为 1 200 mg/L 80 ℃	二号稠油处理站调储罐出水 SiO₂ 含量 /(mg·L⁻¹) 除硅剂加药量为 1 300 mg/L 85 ℃
1	20	88.6	94.5
2	30	75.1	84.1
3	40	62.3	74.2
4	50	57.2	71.9
5	60	54.0	68.4

注：① 一号站调储罐出水 SiO₂ 含量为 247.4 mg/L，二号站调储罐出水 SiO₂ 含量为 357.8 mg/L；② 净水剂加药量为 100 mg/L，助凝剂加药量为 2 mg/L。

由表 4-3-6 可以看出，反应时间 40 min 以后，SiO₂ 去除量变化不大，所以确定除硅最佳反应时间为 40 min。

（4）温度对除硅效果的影响。

以风城油田一号和二号稠油处理站调储罐出水作为处理用水，除硅剂为 KL-3，反应温度为 70 ℃，75 ℃，80 ℃，85 ℃ 和 90 ℃，反应时间为 40 min，进行水质净化，测定净化后水中 SiO₂ 含量，结果见表 4-3-7。

表 4-3-7　反应温度对除硅效果的影响

序号	反应温度/℃	一号稠油处理站调储罐出水 SiO₂ 含量 /(mg·L⁻¹) 除硅剂加药量为 1 200 mg/L	二号稠油处理站调储罐出水 SiO₂ 含量 /(mg·L⁻¹) 除硅剂加药量为 1 300 mg/L
1	70	75.7	93.4
2	75	69.2	88.2
3	80	65.0	78.9
4	85	62.3	74.2
5	90	58.7	64.9

注：① 一号站调储罐出水 SiO₂ 含量为 247.4 mg/L，二号站调储罐出水 SiO₂ 含量为 357.8 mg/L；② 净水剂加药量为 100 mg/L，助凝剂加药量为 2 mg/L。

由表 4-3-7 可以看出，化学混凝除硅反应温度越高，除硅效果越好。

（5）水质净化药剂加药量对除硅效果的影响。

主要考察水质净化药剂加药量对水质除硅效果的影响，但在考虑除硅效果的同时也要考虑水质净化效果。使用二号稠油处理站调储罐出水作为试验用水，处理温度为 85 ℃，反应 40 min 后进行水质净化，净化后的水静置 10 min，取水样测定其悬浮物和 SiO₂ 含量，结果见表 4-3-8。

表 4-3-8　水质净化药剂加药量对除硅效果的影响

实验编号	净水剂加药量/(mg·L⁻¹)	助凝剂加药量/(mg·L⁻¹)	SiO₂含量/(mg·L⁻¹)	悬浮物含量/(mg·L⁻¹)	絮体状况
1	80	2	74.60	15.3	絮小、散、沉速慢
2	150	2	72.90	10.3	絮较大、实、沉速快
3	300	2	67.13	16.5	絮较大、较实、沉速较快
4	500	2	58.14	20.0	絮较小、较实、沉速较慢
5	150	3	70.71	15.4	絮较大、较实、沉速较快
6	150	5	67.47	18.9	絮较小、较散、沉速较慢
7	150	8	73.86	18.7	絮较小、较散、沉速较慢
8	150	10	79.04	24.4	絮较小、散、沉速较慢

注：① 调储罐出水 SiO₂ 含量为 247.4 mg/L；② 悬浮物含量为 543.8 mg/L。

由表 4-3-8、图 4-3-3、图 4-3-4 的实验结果可以看出，增加净水剂加药量有利于除硅，但不利于水质净化；助凝剂加药量对除硅效果影响不大。综合考虑污水除硅和水质净化效果，建议净水剂加药量为 150 mg/L，助凝剂加药量为 2 mg/L。

图 4-3-3　净水剂加药量对水质净化效果的影响

图 4-3-4　助凝剂加药量对水质净化效果的影响

（6）含油量对除硅效果的影响。

取风城油田二号稠油处理站沉降罐出水和调储罐出水水样，将其以不同的比例混合，得到不同含油量的水样，考察水中含油量对除硅效果的影响。除硅剂 KL-3 加药量为

1 300 mg/L,实验温度为 85 ℃,反应 40 min 后进行水质净化,测定净化后水中 SiO_2 含量,结果见表 4-3-9。

表 4-3-9 水中含油对除硅效果影响试验结果

实验编号	含油量/(mg·L^{-1})	SiO_2 含量/(mg·L^{-1}) 除硅前	SiO_2 含量/(mg·L^{-1}) 除硅后	除硅率/%
1	167.5	353.7	65.5	83.3
2	227.6	357.6	67.8	82.6
3	384.3	358.4	68.2	82.3
4	513.3	360.6	71.9	81.3
5	644.7	368.8	82.6	78.0
6	836.7	369.2	95.8	74.1
7	1 234.7	375.1	138.4	62.5
8	1 681.8	384.5	172.4	52.2
9	2 433.3	385.2	226.6	36.8
10	2 861.2	389.4	248.9	30.4
11	3 728.57	393.2	291.4	17.6

注:① 沉降罐出水含油量为 3 728.57 mg/L,SiO_2 含量为 393.2 mg/L;② 调储罐出水含油量为 167.5 mg/L,SiO_2 含量为 353.7 mg/L;③ 净水剂加药量为 150 mg/L,助凝剂加药量为 2 mg/L。

由表 4-3-9 的处理结果可以看出,当水中含油量小于 500 mg/L 时,含油量对除硅效果影响较小。因此,要保证较好的除硅效果,除硅系统来水中含油量需小于 500 mg/L。

(7)除硅反应器的处理量确定。

在除硅剂 400 mg/L(1#除硅剂)+400 mg/L(2#除硅剂)的条件下,调整除硅反应器的处理量,最终确定反应器的最适宜处理量范围,结果见表 4-3-10。

表 4-3-10 除硅反应器处理量现场处理结果

实验编号	处理量/(m³·h^{-1})	SiO_2 含量/(mg·L^{-1})	含油量/(mg·L^{-1})	悬浮物含量/(mg·L^{-1})	硬度/(mg·L^{-1})
1	—	335.8	22.9	30.1	26.8
2	200	86.3	3.7	7.2	20.0
3	260	85.1	3.5	7.9	32.8
4	300	83.7	4.3	8.7	29.6
5	350	89.5	5.2	15.9	31.5
6	400	103.2	6.3	19.6	37.7

注:① 净水剂加药量为 150 mg/L,助凝剂加药量为 15 mg/L;② 含油量、悬浮物含量、硬度、SiO_2 含量为实验的平均值。

由表4-3-10可以看出,除硅反应器的污水处理量控制在350 m³/h以内最合适,否则会直接导致悬浮物含量超标,影响水质净化效果;当处理量为400 m³/h时,悬浮物含量平均值为19.6 mg/L,最大高达74 mg/L。

4)化学混凝除硅处理效果

化学混凝除硅技术的处理效果可从水质稳定性、污水除硅后污泥的产生量、除硅前后锅炉给水水质对比三方面呈现。

(1)水质稳定性。

水质稳定性包括水的细菌含量、腐蚀率、失钙率。由于来水水温均超过80 ℃,细菌难以生存,又由于除硅后的钙离子浓度较除硅前的钙离子浓度低,除硅后水的失钙率不会增加,所以只需做调储罐出水除硅前后水的腐蚀性对比实验研究。对风城油田二号稠油处理站调储罐出水除硅前后的水质进行分析,结果见表4-3-11。

表4-3-11　2#稠油处理站调储罐出水除硅前后水质分析结果

检测项目	除硅前	除硅净化后
pH	8.1	9.353
CO_3^{2-} 浓度/(mg·L^{-1})	58.8	159.7
HCO_3^- 浓度/(mg·L^{-1})	354.0	237.5
OH^- 浓度/(mg·L^{-1})	0	0
Ca^{2+} 浓度/(mg·L^{-1})	15.8	10.0
Mg^{2+} 浓度/(mg·L^{-1})	3.2	3.6
Cl^- 浓度/(mg·L^{-1})	2 104.0	2 373.7
SO_4^{2-} 浓度/(mg·L^{-1})	130.2	128.4
$K^+ + Na^+$ 浓度/(mg·L^{-1})	1 594.9	1 795.1
矿化度	4 083.7	4 589.4
腐蚀率/(mm·a^{-1})	0.015 6	0.018 9
水型	NaHCO₃	NaHCO₃

由表4-3-11可以看出,除硅净化后水的钙离子浓度较除硅前有所减低;除硅净化后水的pH、矿化度较除硅前有所增加;水的腐蚀率由除硅前的0.015 6 mm/a变为除硅后的0.018 9 mm/a,腐蚀率略有上升,但仍小于腐蚀率控制指标0.076 0 mm/a。

(2)污水除硅对污泥产生量的影响。

对水质净化与除硅+水质净化反应器产生的污泥量进行对比。其中,除硅药剂中pH调整剂和除硅剂加药量各为400 mg/L,净水剂加药量为150 mg/L,助凝剂加药量为15 mg/L。反应器除硅后污泥产生量比除硅前增加约1倍。现场除硅试验生产过程中,反应器排泥间隔由除硅前累积处理600 m³水量排一次泥缩短到除硅后累积处理300 m³水量排一次泥,其现场排泥量比之前增加1倍。现场模拟试验图片与除硅反应器排泥运行情况所反映的结果一致,可以确定除硅后污泥增加1倍。对现场试验除硅前后反应器排出污泥进行物性分析,结果见表 4-3-12。

表 4-3-12 反应器排出污泥物性分析

名　称	含水率/%	含油量/%	含泥量/%
除硅污泥	94.72	0.37	4.92
未除硅污泥	85.31	11.03	3.66

由表 4-3-12 可以看出,除硅后污泥中的含油量明显减小,是除硅前污泥含油量的 4%。

(3) 除硅前后锅炉给水水质对比。

要降低二号稠油处理站净化污水的含硅量,处理前锅炉给水含硅量平均为 220 mg/L,除硅处理量 7 000 m³/d,锅炉给水含硅量平均降至 190 mg/L,到一定时间后扩大除硅处理量(增加至 16 000 m³/d),锅炉给水含硅量平均降至 130 mg/L。除硅处理中对锅炉给水含硅量进行连续检测,35-29-1# 和 39-33-2# 锅炉是二号稠油处理站两条供水主线上有代表的锅炉,给水含硅量变化趋势如图 4-3-5 所示。

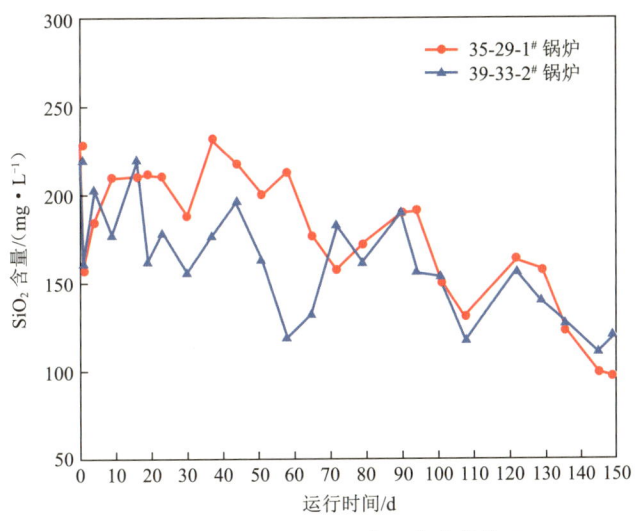

图 4-3-5 锅炉给水 SiO₂ 含量变化趋势图

由图 4-3-5 可以看出,两条水线由于输水量不同,锅炉给水含硅量也不同,输水量较小的水线(35-29-1#)给水的含硅量略高。根据锅炉给水含硅量变化趋势可以看出,在除硅处理过程中,由于除硅处理水量和药剂的调整,虽然锅炉给水含硅量有波动,但是随着除硅试验处理量的增加,两台锅炉给水含硅量总体呈下降趋势。

除硅前后锅炉运行状况对比结果:除硅试验前,二号稠油处理站供水区域过热锅炉都出现掺混器结垢现象,致使半数以上的锅炉不能过热运行,必须进行饱和运行或冲洗,甚至更换掺混器,虽然冲洗后可以再次过热运行,但是平均 5 d 后掺混器又会结垢,导致压降快速升高,需要再次冲洗。开始除硅处理后,虽然反应器出口硅含量明显降低,但是由于除硅处理量较小,污水总体含硅量降低不大,对锅炉影响也不明显;58 d 后污水处理量增加,污水总体含硅量降低幅度较大,锅炉运行状况有明显的好转。选取除硅实验前 3 台结垢较严重的锅炉,分析除硅试验中锅炉运行效果,如图4-3-6~图4-3-8所示。

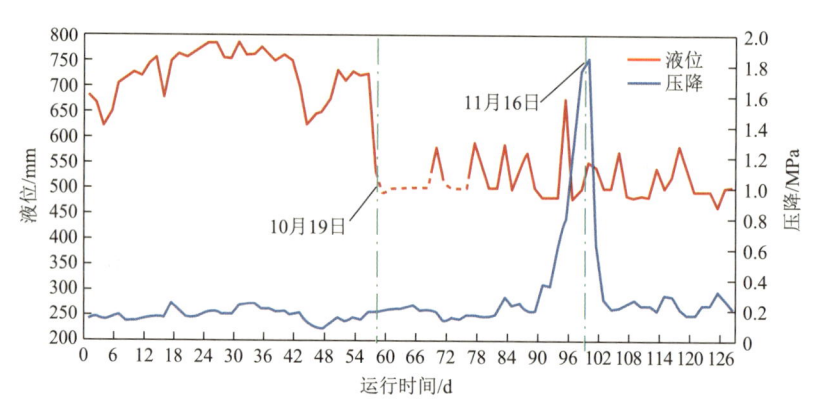

图4-3-6　35-29-1# 锅炉运行状况与掺混器压降变化趋势

35-29-1# 锅炉运行中汽水分离器液位在400～600 mm间表示锅炉正常过热运行。从图4-3-6中可以看出,58 d前锅炉都处于高液位非正常过热运行,之后锅炉开始处于正常液位过热运行;掺混器压降保持在0.2 MPa左右(压降要求小于1 MPa),直到95 d掺混器压降持续升高,冲洗后再次正常过热运行,掺混器压降保持0.2 MPa左右,掺混器结垢间隙从5 d延长至21 d,除硅效果明显。

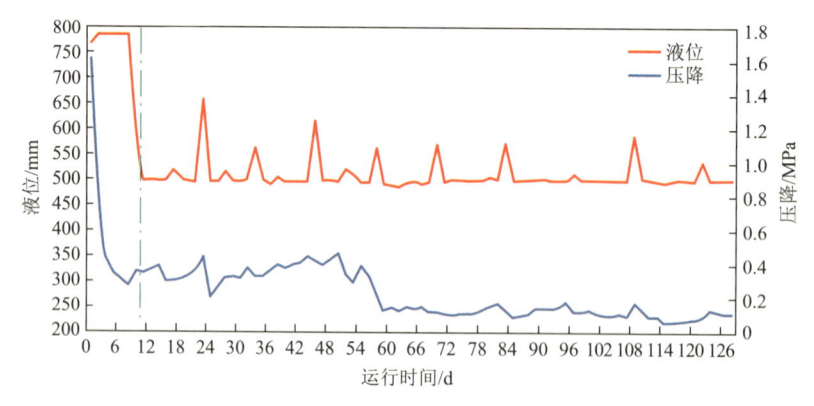

图4-3-7　42-36-1# 锅炉运行状况与掺混器压降变化趋势

42-36-1# 锅炉运行中汽水分离器液位在400～600 mm(八建锅炉)间表示锅炉正常过热运行。从图4-3-7中可以看出,7 d后锅炉开始处于正常液位过热运行,掺混器压降保持在0.3 MPa左右(压降要求小于1 MPa),随着除硅量的明显增加,40 d时锅炉正常运行情况下掺混器压降从0.3 MPa左右降低到0.2 MPa左右,除硅效果显著。

37-31-1# 锅炉运行中汽水分离器液位在300～800 mm(机械城锅炉)间表示锅炉正常过热运行。从图4-3-8中可以看出,26 d之前锅炉都处于高液位非正常过热运行,之后锅炉在正常液位过热运行;掺混器压降升高的周期明显延长(大于30 d),虽然液位出现几次大波动,但掺混器压降比较平稳(0.2 MPa左右),除硅效果比较明显。

二号稠油处理站供水区域共有43台过热锅炉,除硅运行之前,因为锅炉普遍存在不

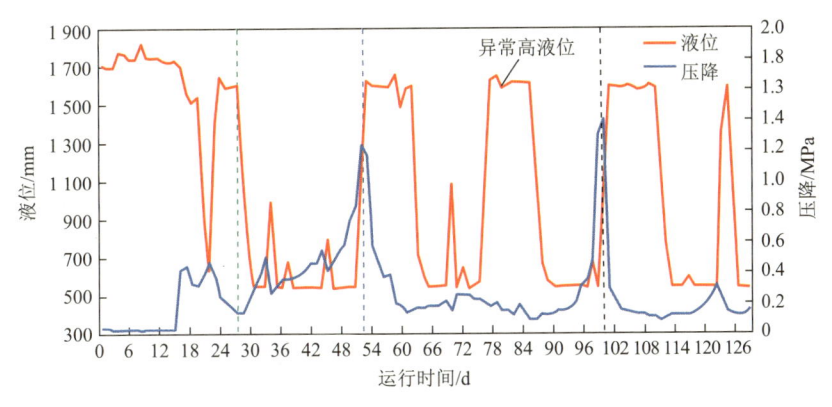

图 4-3-8　37-31-1# 锅炉运行状况与掺混器压降变化趋势

同程度的结垢,导致锅炉压降升高,所以需要频繁冲洗或维修,饱和运行的锅炉达到50%;除硅处理开始后,锅炉冲洗和维修频次逐渐降低,运行工况明显改善。近年的统计数据显示,43台过热锅炉中,有10台停运,8台饱和运行,其余25台正常过热运行,饱和运行锅炉降至24%,且单台锅炉的冲洗频次从6次/月降至1.5次/月,证明污水除硅对过热锅炉运行工况有明显改善。

4.3.2　超稠油污水离子调整旋流反应技术

1)技术原理及工艺流程

风城油田超稠油污水处理采用离子调整旋流反应技术,并配套采用"旋流除油+重力除油、旋流反应、混凝沉降、压力过滤"工艺,达到水质净化与稳定的目的。净化水含油量小于或等于2 mg/L,悬浮物含量小于或等于2 mg/L。其污水处理工艺如图4-3-9所示。

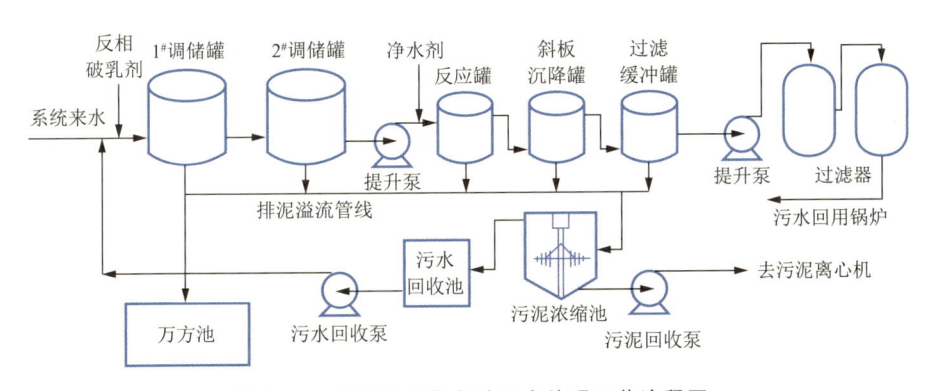

图 4-3-9　风城油田超稠油污水处理工艺流程图

原油处理系统来水(含油量13 000 mg/L、悬浮物含量400 mg/L)自流进入9 000 m³调储罐,调储罐出水(含油量200 mg/L、悬浮物含量200 mg/L)经泵提升进入多功能污水反应罐和2 000 m³斜板沉降罐,去除大部分乳化油及悬浮物,出水经泵提升进入两级过滤器(双滤料过滤器出水含油量 3 mg/L、悬浮物含量 3 mg/L,多介质过滤器出水含油量 1 mg/L、悬浮物含量 1 mg/L),过滤器出水直接进软化水处理系统并供锅炉回用。

2) 离子调整旋流反应破乳剂优选

污水中的乳化油一般为油包水(W/O)型,反相破乳剂分子侧链基团带正电荷,快速中和水包油(O/W)型乳状液表面的负电荷,使油珠表面的ζ电位迅速下降,微粒间的静电斥力降低,从而降低 W/O 或 O/W 型乳状液的界面膜强度,使污水内的胶体颗粒失稳,最终形成絮体而分离。

风城油田超稠油采出污水乳化程度高(粒径小于或等于 20 μm 油珠的质量分数为 69.3%),水中含 H_2S(≥2 mg/L),悬浮物含量高,水温高(75~85 ℃),水中原油黏度高。同时该污水中含泥质砂,易与水形成亚稳定状态;污水中含油黏度大,密度与水接近,乳化油水化膜厚,且以 W/O 和 O/W 形式存在于水中。风城油田超稠油污水水质分析见表 4-3-13。

表 4-3-13 风城油田超稠油污水水质分析

序 号	分析检测项目	沉降罐出水检测结果/(mg·L⁻¹) 1#样	2#样	3#样	指标/(mg·L⁻¹) 依据 Q/SY 1275—2010
1	CO_3^{2-}	46.6	69.4	55.5	
2	HCO_3^-	501.1	420.4	677.2	
3	Ca^{2+}	6.8	6.8	13.6	
4	Mg^{2+}	3.3	3.3	0.4	
5	Cl^-	1 101.4	1 123.1	1 152.1	
6	SO_4^{2-}	584.4	272.5	293.9	
7	$K^+ + Na^+$	1 205.0	1 056.7	1 169.6	
8	pH	8.33	8.58	8.15	7.5~11
9	二氧化硅	218.8	236.1	226.9	<100
10	溶解固形物	3 760	3 680	3 330	<2 000
11	总硬度	30.6	30.7	35.6	<0.1
12	矿化度	2 766.0	2 742.0	3 023.7	<7 000
13	含 油	15 825	14 645	14 810	<2
14	悬浮物	461	474	544	<5
15	溶解氧	0.03	0	0.03	<0.05
16	水 型	$NaHCO_3$	$NaHCO_3$	$NaHCO_3$	

(1) 污水反相破乳剂室内评价。

通过对沉降罐出水进行室内评价,实验恒温 90 ℃ 加热,实验药剂代号为 1010,307 和

CN-08,3 种反相破乳剂分别按 40 mg/L,60 mg/L,80 mg/L 和 100 mg/L 加入烧杯中,搅拌后观察破乳情况,4 h 后取出水样,测含油量和悬浮物含量,结果见表 4-3-14。

表 4-3-14 不同反相破乳剂浓度下污水含油量、悬浮物含量

加药浓度 /(mg·L⁻¹)	1010 含油量	1010 悬浮物含量	307 含油量	307 悬浮物含量	CN-08 含油量	CN-08 悬浮物含量	空白 含油量	空白 悬浮物含量
40	86.1	76	133.0	392	546.0	1 720	1 780	850
60	67.9	56	69.3	88	986.0	1 520	1 780	850
80	72.8	52	32.2	16	287.0	180	1 780	850
100	39.9	52	21.7	12	377.3	228	1 780	850

由表 4-3-14 可以看出,1010 和 307 的破乳效果均优于 CN-08,而且前两者呈碱性,对管线和设备腐蚀性小;1010 与 307 的实验结果数据差别不大,但是由于 307 有均匀挂壁现象,所以 1010 优于 307。

表 4-3-15 反相破乳 12 h 后取浮油样品化验含水率

破乳后油样	上层浮油质量/g	上层浮油含水量/mL	含水率/%
307 反相破乳后上层浮油	10.02	2.25	22.46
1010 反相破乳后上层浮油	15.98	2.25	14.08
CN-08 反相破乳后上层浮油	10.74	3.85	35.85
管汇间上层浮油	10.30	4.10	39.81

用 3 种反相破乳剂对沉降罐污水进行破乳,取出破乳后污油进行分析,其含水率见表 4-3-15。将水处理浮油与管汇来液按不同比例掺混并进行脱水实验,实验条件为正相破乳剂加药浓度 200 mg/L、恒温水浴 90 ℃,破乳 12 h 后效果见表 4-3-16。

表 4-3-16 不同比例条件下回掺污油脱水实验

破乳剂型号	掺入污油比例/%	0 h 含水率/%	12 h 含水率/%
1010	0	14.08	12.42
307	0	22.46	21.78
CN-08	0	35.85	31.48
1010	50	26.95	23.22
307	50	31.14	26.37
CN-08	50	37.85	24.62
1010	20	34.10	29.00
307	20	35.44	28.16
CN-08	20	37.58	25.33

由表 4-3-16 可以看出,经 1010 反相破乳后的污油含水率仅为 14.08%,1010 型破乳剂脱出污油回掺管汇破乳效果较其他破乳剂好,且掺入比例为 50% 时效果较好。

(2) 污水反相破乳剂现场试验。

基于污水反相破乳剂室内实验和现场试验开展工业化应用。特稠油联合站处理污水含油量为 15 000~20 000 mg/L,加入 1010 型反相破乳剂后,破乳效果显著,如图 4-3-10 所示。

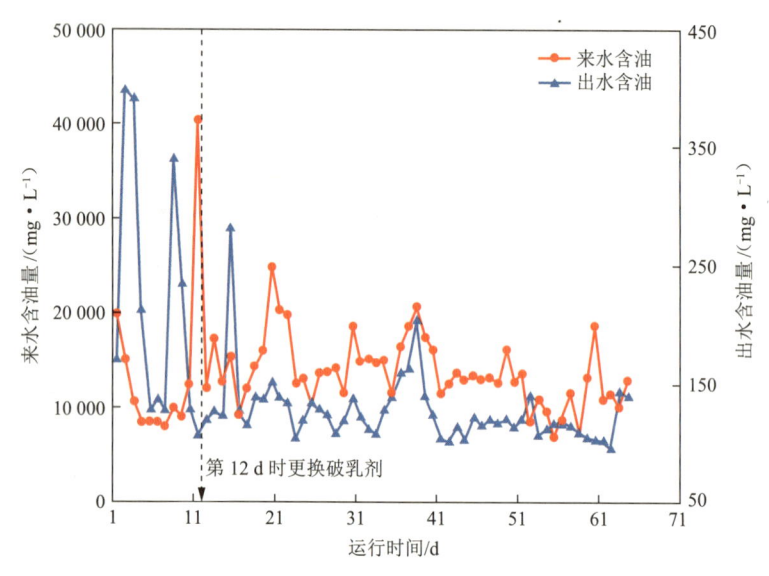

图 4-3-10 反相破乳剂现场应用效果曲线

通过现场监测结果(图 4-3-10)可知,使用新净水型反相破乳剂后,调储罐出口污水含油量由试验前最高达 400 mg/L 降为 200 mg/L。

(3) 离子调整旋流反应净水药剂的优选。

风城油田对 15 种超稠油污水处理净水药剂体系进行了初选,筛选出 4 组超稠油污水处理净水药剂并进行精细评价。评价的主要内容有:

① 在最佳加药浓度的一定范围内,采用不同时间段取得的污水样品进行药剂的适应性评价。评价项目为常规水质分析、硬度、二氧化硅含量、悬浮物含量、含油量、絮体形态、絮体沉降速度、水质稳定性等。

② 污水不同含油水平对絮体沉降速度的影响评价,评价污水不同含油水平下絮体的沉降速度,考察净水药剂抗来水水质(含油)波动的能力。

为模拟超稠油污水处理工艺流程,污水进入多功能反应器前水质要求为含油量小于或等于 200 mg/L,悬浮物含量小于或等于 100 mg/L。若不满足要求,则按现场工艺进行预处理。预处理方法是:加破乳剂 400 mg/L,升温到 90 ℃ 并恒温 1 h,然后加入 50 mg/L 反相破乳剂,继续保温 4~8 h,同时监控含油量的变化,抽取下部水用于评价。

为了筛选出性能稳定并能充分适应旋流反应工艺的净水药剂体系,在 90 ℃ 下,对参评的药剂体系在最佳加药浓度的一定范围内,对不同时间、地点取得的污水样品进行 2 次药剂的适应性评价评价,结果见表 4-3-17、表 4-3-18。

表 4-3-17　第 1 次净水药剂适应性评价结果

参　数	第 1 组	第 2 组	第 3 组	第 4 组	净化试验用水
矾花形成时间/s	<5	<5	<5	<5	—
沉降速度/(mm·s^{-1})	5.5	6	4.8	4.4	—
絮体量/mL	35	23	60	25	—
净化水感官	微黄透亮	无色透亮	无色透亮	微黄透亮	混　浊
pH	9.069	8.844	8.348	8.831	9.137
OH$^-$ 浓度/(mg·L^{-1})	0	0	0	0	0
CO$_3^{2-}$ 浓度/(mg·L^{-1})	132.30	76.20	0	116.14	173.46
HCO$_3^-$ 浓度/(mg·L^{-1})	617.62	648.73	679.97	768.67	772.74
Cl$^-$ 浓度/(mg·L^{-1})	2 785.6	2 449.37	2 561.00	2 393.00	2 325.74
SO$_4^{2-}$ 浓度/(mg·L^{-1})	41.52	496.89	287.86	280.14	274.57
Ca^{2+} 浓度/(mg·L^{-1})	8.32	17.69	24.97	28.09	27.05
Mg^{2+} 浓度/(mg·L^{-1})	5.68	3.79	7.57	8.20	7.57
K$^+$+Na$^+$ 浓度/(mg·L^{-1})	2 141.32	1 997.41	1 965.35	1 974.59	1 976.29
矿化度/(mg·L^{-1})	5 423.56	5 365.71	5 186.74	5 184.50	5 171.05
水　型	NaHCO$_3$	NaHCO$_3$	NaHCO$_3$	NaHCO$_3$	NaHCO$_3$
悬浮物含量/(mg·L^{-1})	12	14.1	12	22	60
含油量/(mg·L^{-1})	5.393	5.277	5.856	5.914	147.41
总铁含量/(mg·L^{-1})	1.0	1.0	0.6	1.0	0.4
侵蚀性 CO$_2$/(mg·L^{-1})	0	0	0	0	—
硫化物含量/(mg·L^{-1})	0	0	0	0	0
二氧化硅含量/(mg·L^{-1})	—	—	—	—	126.9
腐蚀率/(mm·a^{-1})	0.174	0.187	0.096	0.093	0.068
颗粒粒径分布/μm	2.348	4.117	0.808	2.272	10.122

注：原水含油量 147.41 mg/L，不做预处理。

表 4-3-18　第 2 次净水药剂适应性评价结果

参　数	第 1 组	第 2 组	第 3 组	第 4 组	净化试验用水
矾花形成时间/s	<5	<5	<5	<5	—
沉降速度/(mm·s^{-1})	5.3	5.8	3.3	4.2	—
絮体量/mL	96	24	110	140	—
净化水感官	混　浊	无色透亮	微　混	微　混	混　浊
pH	8.212	8.231	7.694	7.788	8.889

续表 4-3-18

参　数	第1组	第2组	第3组	第4组	净化试验用水
OH^-浓度/(mg·L^{-1})	0	0	0	0	0
CO_3^{2-}浓度/(mg·L^{-1})	0	0	0	0	101.33
HCO_3^-浓度/(mg·L^{-1})	722.48	784.693	747.34	772.74	850.30
Cl^-浓度/(mg·L^{-1})	1 831.08	1 742.24	1 881	1 870.63	1 590.48
SO_4^{2-}浓度/(mg·L^{-1})	191.29	408.58	195.93	197.08	180.91
Ca^{2+}浓度/(mg·L^{-1})	22.89	11.45	33.42	30.17	6.24
Mg^{2+}浓度/(mg·L^{-1})	3.79	3.11	4.42	1.26	2.52
K^++Na^+浓度/(mg·L^{-1})	1 495.21	1 520.80	1 509.91	1 486.83	1 510.39
矿化度/(mg·L^{-1})	3 905.50	4 078.53	4 001.36	3 972.35	3 817.03
水　型	NaHCO$_3$	NaHCO$_3$	NaHCO$_3$	NaHCO$_3$	NaHCO$_3$
悬浮物含量/(mg·L^{-1})	20	4	8	14	100
含油量/(mg·L^{-1})	3.85	2.92	4.31	4.47	419.69
总铁含量/(mg·L^{-1})	2	2	1	2	0.4
侵蚀性CO_2含量/(mg·L^{-1})	0	0	0	0	—
硫化物含量/(mg·L^{-1})	0	0	0	0	0
二氧化硅含量/(mg·L^{-1})	52.70	57.89	58.19	63.52	127.30
腐蚀率/(mm·a^{-1})	0.233	0.235	0.266	0.276	0.243
颗粒粒径分布/μm	1.227	3.938	2.501	3.496	10.198

注：原水含油量 8 230.84 mg/L，加破乳剂 400 mg/L、反相破乳剂 50 mg/L 进行预处理，预处理 4 h 后含油量为 419.69 mg/L。

由评价结果可知，在来水含油量较低的情况下，4 种药剂均能获得较理想的净水效果。但是在来水含油量较高的情况下，除第 2 组药剂体系在净水药剂投加 300 mg/L 时仍能获得良好的净水效果外，其他 3 组药剂体系必须将净水剂加量提高至 500 mg/L 以上，才能获得较好的净化效果，但水质仍比第 2 组的要差。另外，高含油污水在投加正、反相破乳剂（除油剂）预处理后，对第 1、第 3、第 4 组药剂性能存在不同程度的负面影响，药剂的净水能力下降，提高加药浓度后净化水仍呈现不同程度的混浊，原因是净水药剂与其他药剂间的配伍性差。从沉降速度和絮体量来看，以第 2 组药剂最好，完全适应含油污水"旋流反应"沉降处理工艺。从悬浮物粒径来看，第 2 组药剂体系处理后水中的颗粒直径与其他药剂体系相比要大，更有利于进行后续的过滤去除。从基本水质来看，不同时间、不同地点取到的稠油污水样品水质变化较大，特别是含油变化幅度最大，常规离子含量变化也较大（虽然 Ca^{2+} 和 Mg^{2+} 含量较低，但变化也比较大），总体上符合稠油污水矿化度低、硬度低、油水密度差小、水温高、含油量高、SiO_2 含量高的一般规律，并且其硬度低和 SiO_2 含量高应该与温度高有关。不同药剂体系处理后的水质虽略有不同，但与原水相比，处理后水均呈

现 SiO_2 含量、CO_3^{2-} 含量、HCO_3^- 含量、Cl^- 含量下降，pH 降低，总硬度和矿化度略有升高的规律。可以肯定的是：用这 4 种药剂体系进行净化处理后均没有对常规水质产生大的改变。

根据筛选结果，选择第 2 组药剂投入工业应用。第 2 组药剂适用于污水来水含油、含悬浮物波动较大的情况，可确保水质稳定达标，具体应用效果见表 4-3-19。

表 4-3-19 污水处理药剂应用效果

油区来水		调储罐出口		反应罐出口		加药浓度/(mg·L^{-1})			
含油量/(mg·L^{-1})	悬浮物含量/(mg·L^{-1})	含油量/(mg·L^{-1})	悬浮物含量/(mg·L^{-1})	含油量/(mg·L^{-1})	悬浮物含量/(mg·L^{-1})	1#药剂	2#药剂	3#药剂	反相破乳剂
3 000～40 000	360～2 000	300～90	260～107	15～4.5	17～5.39	160～250	60～120	5～15	30～160

4）离子调整旋流反应法处理装置

离子调整旋流反应处理技术主要采用"旋流除油＋重力除油，旋流反应、混凝沉降、压力过滤"工艺来达到水质净化与稳定的目的。该工艺的主要设备是调储罐、污水多功能反应罐、双滤料过滤器、多介质过滤器、污水自动连锁加药控制系统等，具体见表 4-3-20。

表 4-3-20 污水处理工艺设备

序 号	设备名称	型号(结构)	单位	数量	备 注
1	调储罐	9 000 m³	座	2	
2	污水多功能反应罐	350 m³	座	4	
3	反应提升泵	LHG200-400	台	3	两用一备
4	过滤提升泵	0S150-60511A	台	3	两用一备
5	加药泵	RB330	台	14	
6	一级反洗泵	IS2500-150-315	台	2	一用一备
7	二级反洗泵	SLWR250-315	台	2	一用一备

(1) 调储罐。

特一联污水处理系统没有缓冲罐，只有两座 9 000 m³ 调储罐，兼作缓冲罐和除油罐。罐内设有中心柱，采用梅花点式集水及配水，利用油水密度差实现油水自然分离，油水分离效率可达 95％以上。单罐有效容积为 9 000 m³，单罐处理水量为 1 000 m³/h，污水停留时间为 6.5 h。特一联污水处理系统中调储罐（图 4-3-11）进水含油量小于或等于 1 000 mg/L，出水含油量小于或等于 150 mg/L；进水悬浮物含量小于或等于 300 mg/L，出水悬浮物含量小于或等于 150 mg/L。

调储罐进口污水含油量平均为 11 000 mg/L，如图 4-3-12 所示。调储罐出口污水含油量平均为 120 mg/L，如图 4-3-13 所示。

图 4-3-11 污水调储罐

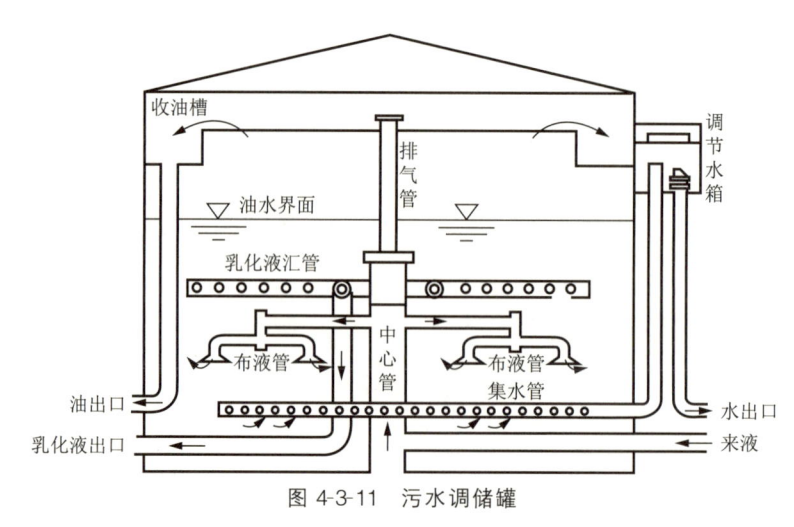

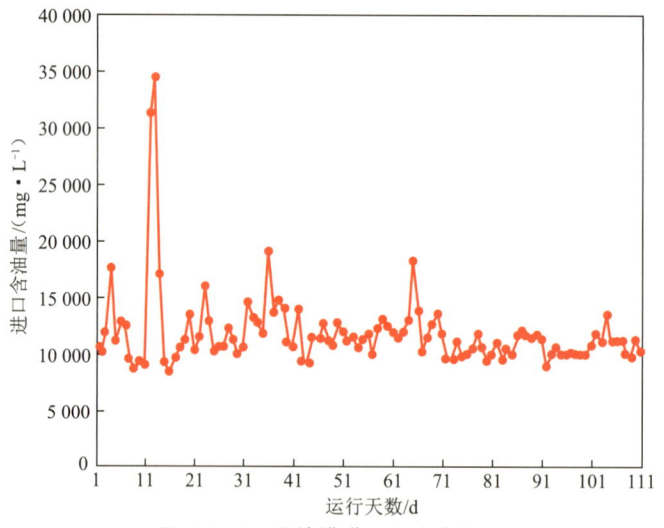

图 4-3-12 调储罐进口污水含油量

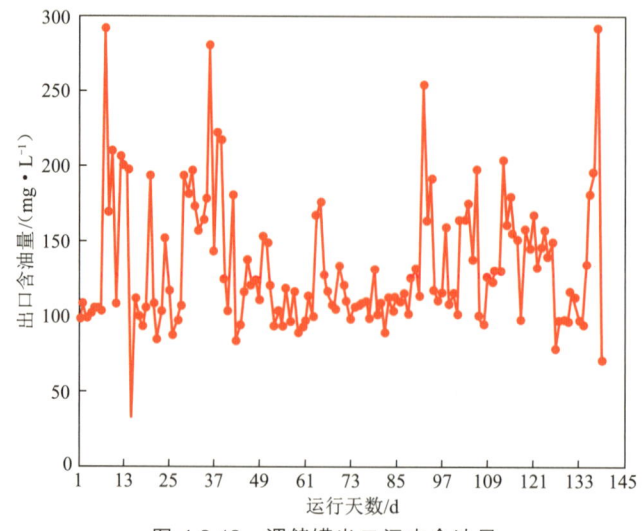

图 4-3-13 调储罐出口污水含油量

由图 4-3-12、图 4-3-13 可知,调储罐平均除油效率为 99%,除油效果明显。为保证除油罐运行效果,需制定调储罐污油化验、检测管理制度,控制油层厚度小于或等于 4 m,及时回收污油,以增大除油罐有效容积。

(2) 污水多功能反应罐。

污水多功能反应罐共 4 座,来水加药后在内筒混合反应,除去大部分悬浮固体颗粒和油。多功能反应罐主要是利用旋流作用将药剂与污水进行充分混合,使污水含油等有机物、胶团微粒发生电中和、脱稳、凝聚、聚沉等作用,利用絮凝-沉降原理降低水中含油量、悬浮物含量等,再进入反应罐内进行分离,最后通过负压排泥工艺将底部污泥排出至污泥浓缩系统,达到净化水质的目的。多功能反应罐的结构如图 4-3-14 所示。

多功能反应罐进口污水含油量平均为 230 mg/L,出口污水含油量平均为 9 mg/L;进口污水悬浮物含量平均为 210 mg/L,出口污水悬浮物含量平均为 8.6 mg/L。从现场运行数据可以看出,多功能反应罐运行效果良好。

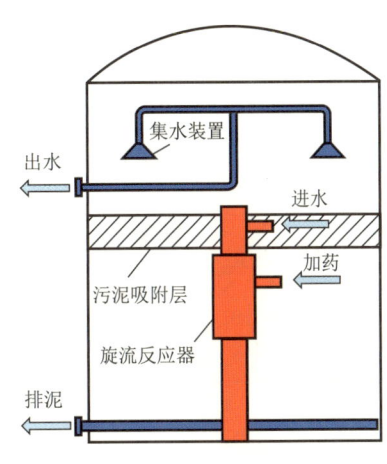

图 4-3-14 多功能反应罐结构示意图

(3) 双滤料过滤器。

双滤料过滤器作为污水处理系统的一级过滤(粗滤),滤料为石英砂和无烟煤。其原理主要是在压差作用下,污水经配水管进入上筛管后流过一定厚度的无烟煤和由不同粒径级配的石英砂组成的滤料层,水中油滴颗粒、悬浮物固体颗粒截留于滤料表面或滤料孔隙内,得到净化的水再经集水管进入下筛管,去污水二级过滤器进行深度处理。

双滤料过滤器出口水质含量、悬浮物含量指标均值分别为 2.2 mg/L 和 2.4 mg/L,满足设计时双滤料过滤器出口含油量、悬浮物含量指标为 5 mg/L 的要求。

(4) 多介质过滤器。

多介质过滤器是利用滤料的吸附、拦截作用将污水中的悬浮固体、油和其他杂质吸附于滤料的表面或不让其通过滤料层。多介质过滤器采用了极细(粒径 0.10~0.15 mm)、极重(相对密度 4.2~4.8)的锆英砂特种滤料,对细颗粒的悬浮物、油珠的过滤效率非常好,对粒径为 2 μm 以上的颗粒有非常高的过滤效果。多介质过滤器的结构如图 4-3-15 所示。

多介质过滤器出口水质含油量指标均值为 1.5 mg/L,能满足净化水回用锅炉含油量指标 2.0 mg/L。

(5) 污水自动连锁加药控制系统。

污水自动连锁加药控制系统根据反应罐来水量,输出 4~20 mA 信号给加药泵变频调速器,由变频调速器控制加药泵转速,使药剂实际加入浓度接近设定浓度,进而达到控制加药量的目的。污水自动连锁加药系统控制回路如图 4-3-16 所示。

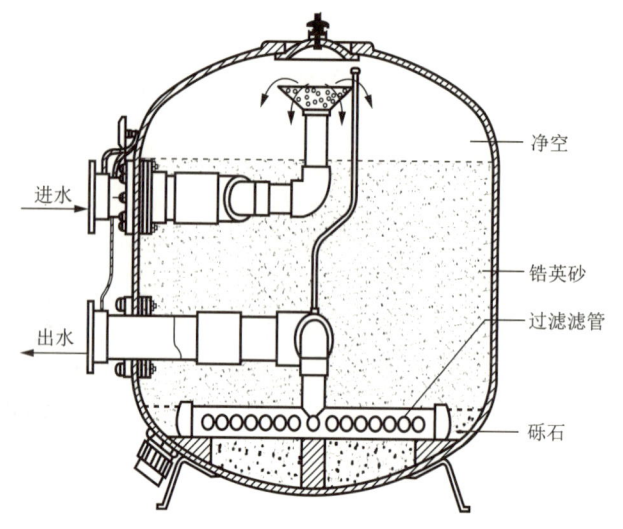

图 4-3-15　多介质过滤器结构示意图

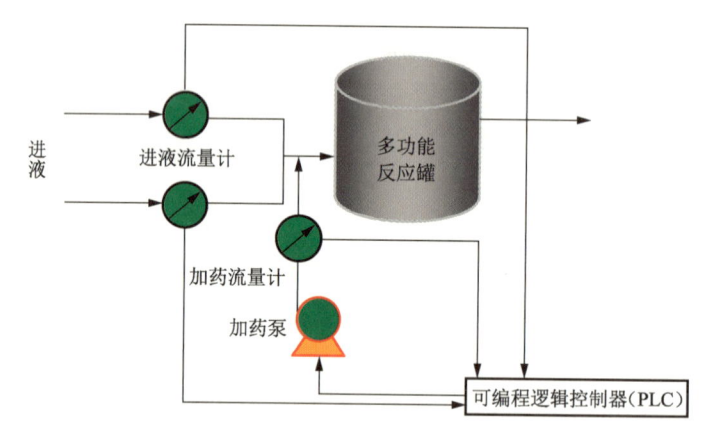

图 4-3-16　污水自动连锁加药系统控制回路图

5)离子调整旋流反应法处理效果

针对超稠油污水含油量高、污油产生量大等技术难题,通过研究发现超稠油污水乳化程度高,呈水包油、油包水多重乳状液形态,采用反相破乳+旋流相结合的旋流除油分离技术可实现油水分离,降低污水处理调储罐来水含油量,减缓污水处理后续流程的处理难度。

(1)不同加药浓度、不同入口流量条件下旋流除油效果。

由图 4-3-17 可知,当反相破乳剂加量在 45 mg/L 以上时,底流出水含油量可降低到 500 mg/L,旋流除油率可达 90% 以上,但随着反相破乳剂加量的不断增加,除油率增长趋缓。

由表 4-3-21 可以看出,在旋流入口流量为 108 m³/h,两级串联溢流比为 19%,反相破乳剂加药量为 60 mg/L 条件下,除油率可达 96%;在旋流入口流量为 138 m³/h,两级串联溢流比为 19%,反相破乳剂加药量为 40 mg/L 条件下,除油率可达 96%;两种情况下底流出水含油量均在 500 mg/L 以下。

(a) 平均除油效率

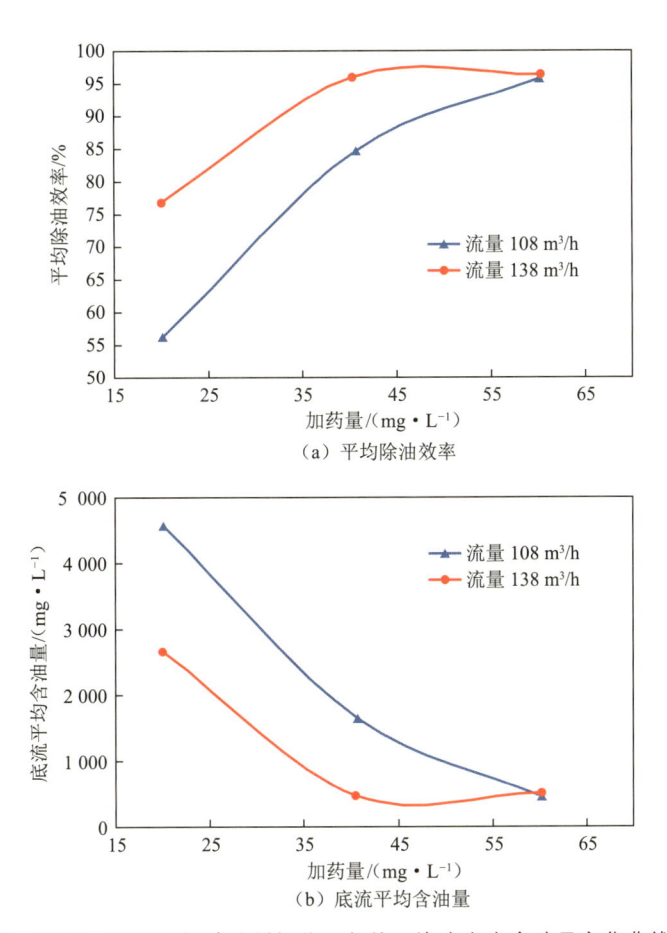

(b) 底流平均含油量

图 4-3-17　不同反相破乳剂加药量条件下旋流出水含油量变化曲线

表 4-3-21　相同溢流比(19%),不同入口流量、反相破乳剂加量条件下旋流除油效率

旋流入口流量 /(m³·h⁻¹)	反相破乳剂加药量 /(mg·L⁻¹)	旋流出水含油量 /(mg·L⁻¹)	两级压降 /MPa	除油效率 /%
108	20	4 775	0.30	56
	40	1 645	0.30	85
	60	455	0.27	96
138	20	510	0.47	89
	40	475	0.46	96
	60	1 070	0.45	96.3

(2) 旋流出污油脱水效果。

旋流脱出污油破乳效果如图 4-3-18 所示。由图可知,旋流出油含 19.93 mg/L 反相破乳剂条件下,加入正相破乳药剂后,24 h 后脱水率可达 90% 以上。

(a）正相破乳剂加量 200 mg/L

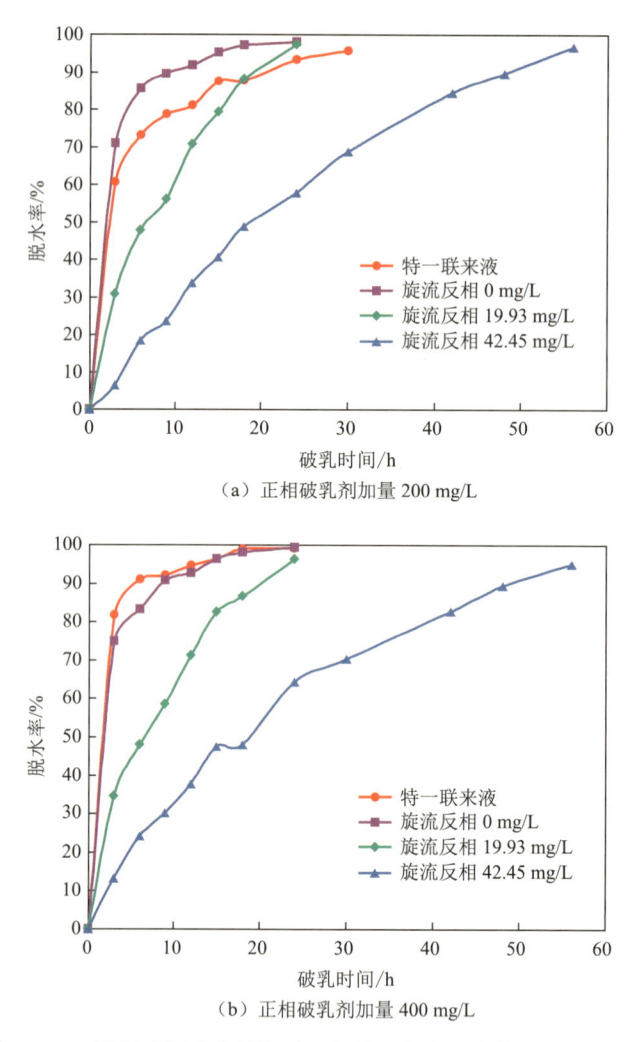

(b）正相破乳剂加量 400 mg/L

图 4-3-18　不同反相破乳剂加药量条件下旋流出水含油量变化曲线

(3) 污油回掺系统后运行效果。

将旋流污油回掺系统处理后，污水处理系统、原油处理系统运行情况如图 4-3-19、图 4-3-20 所示。

由图 4-3-19 可知，旋流污油进原油管汇后，污水平均含油量为 11 000 mg/L，平均悬浮物含量为 450 mg/L，水质指标稳定。

由图 4-3-20 可知，旋流污油进原油管汇后，沉降罐含水率指标均未出现大的波动，含水率指标稳定。

4.3.3　超稠油污水气浮选技术

为克服油田污水处理的局限性，对旋流、自溶气气浮、二级气浮、斜板聚结等技术进行集成研究，形成气浮选除油技术及装置。该装置取代了常规预分水除油工艺中的预分水

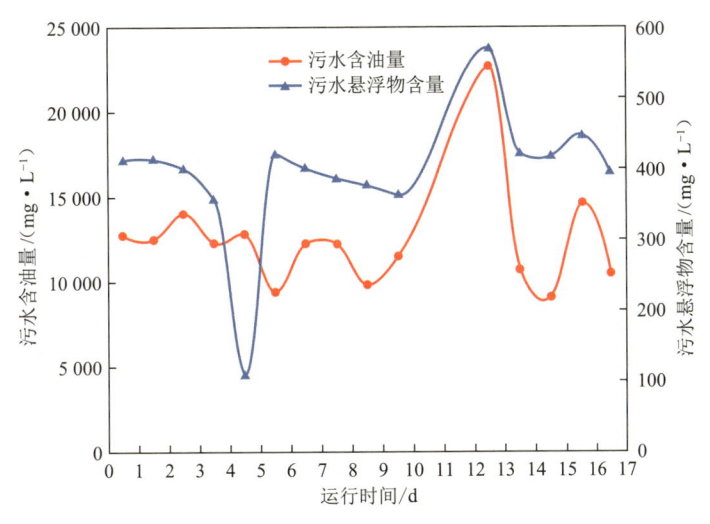

图 4-3-19　旋流污油进系统后污水含油量、悬浮物含量变化曲线

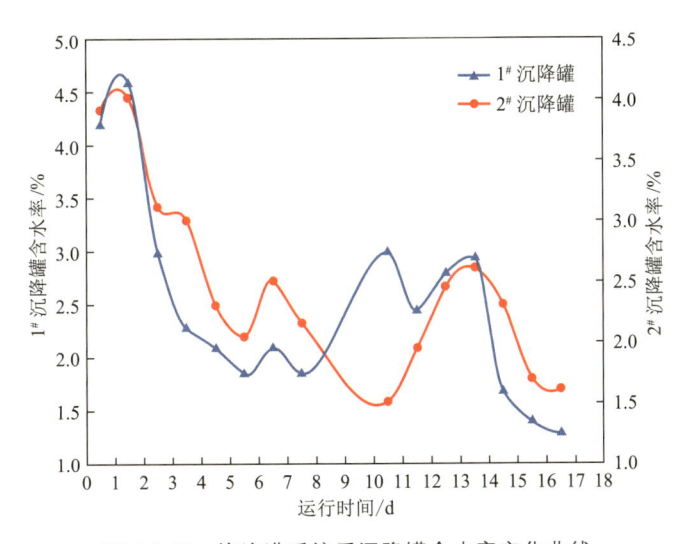

图 4-3-20　旋流进系统后沉降罐含水率变化曲线

器、除油罐、沉降罐等大型设备，具有预分水除油效率高、工艺流程短、占地面积小、投资低等优点，可用于集输系统的接转站和边缘油田就地预分水和污水处理。

1）超稠油污水气浮选技术原理

超稠油污水处理中，在井场、分压泵站或接转站将污水分离出来，但分出的污水含油指标（一般大于 500 mg/L）偏高，需要进行一次高效处理。高效旋流气浮除油技术旨在克服一般除油技术的缺陷，将预分水与污水除油功能有机集成于同一撬装装置内，在高效预分水的同时，强化除油功能，改善出水水质，从而简化预分水和污水处理工艺，实现就地预分水、就地处理，减少占地和改造投资，大幅降低能耗和运行费用，从而提高经济效益。

在现有研究中，水力旋流器具有占地面积小、质量小、效率高、投资低、易于安装和维修等优点,欧美国家的海上油田广泛将其用作预分水器。除油技术大体分为自然沉降、混凝沉降、气浮、旋流、过滤等,其中溶气气浮具有处理效率高、净化效果好、工况稳定、能将污水含油量降到 50 mg/L 以下等优点,是应用最广泛的除油技术之一。因此,可选用水力旋流器进行预分水,选用溶气气浮进行污水除油,结合斜板聚结等技术进行科学集成,形成一体化预分水除油技术及装置。对于水力旋流器,需优化参数,克服其出水水质波动大的缺点。

对于溶气气浮,在集输系统压力 0.3 MPa 条件下,污水中溶解的伴生气含量达到 5%～7%,超过正常溶气气浮溶气含量 1%～5% 的标准值,具有良好的气浮条件。室内实验装置充分利用这些伴生气对含油污水进行气浮净化,即实现自溶气气浮净化。在自溶气气量不足的情况下,可辅以二级气浮,以保证除油效果。

具体的气浮选除油工艺流程为:高含水采出液→污水泵→水力旋流器→自溶气气浮→二级气浮→斜板聚结沉降→出水。

2) 超稠油污水气浮选处理装备

超稠油污水气浮选技术最核心的处理设备是高效旋流气浮一体化装置,包括气浮罐、静态混合器、循环水泵和射流器等设备,如图 4-3-21 所示。气浮罐是整套装置的核心设备,本质上是一个油、气、水、固四相分离器,内置折流板、污水切向进口、循环水切向进口、导流筒、集油筒和缓流板等部件。气浮罐的中上部外侧污水进水管上设有静态混合器,静态混合器与净化天然气进气管相连接;气浮罐的底部外侧有循环水泵和射流器,通过循环水管依次连接,射流器还与天然气回流管相连接。旋流气浮一体化装置具有处理效率高、适应性强、自动化程度高、结构紧凑且占地面积小等优点,通过对污水实施一次旋流分离和两次气浮选分离,高效去除污水中的污油和悬浮物。

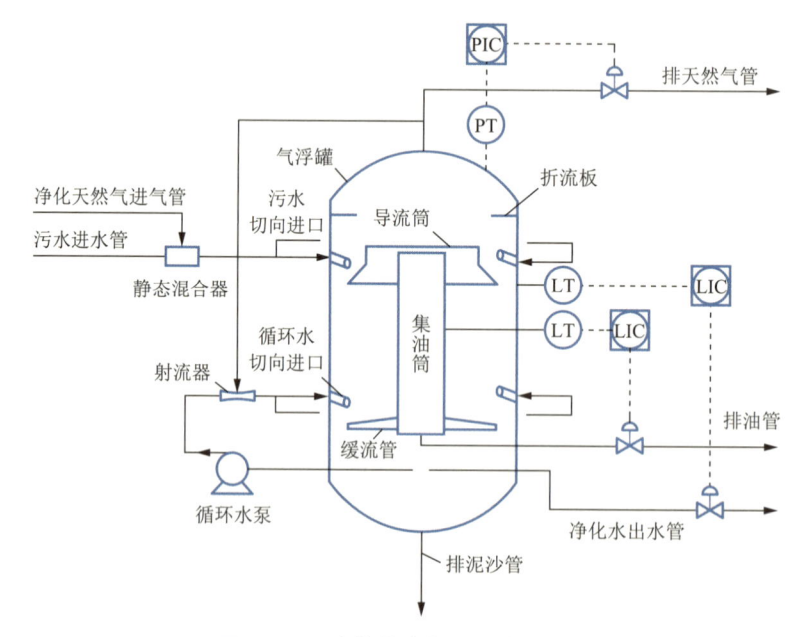

图 4-3-21 高效旋流气浮一体化装置

3）超稠油污水气浮选处理效果

（1）水力旋流器预分水。

水力旋流器的工作原理是在油水存在密度差的情况下，含油污水在水泵的作用下从切线方向进入旋流器后高速旋转，在离心力的作用下，水向器壁运动，形成向下的外旋流，由旋流器底部出口流出（底流）；油向旋流器轴心处运动，形成螺旋上升的内旋流油核，由上端溢流而出（溢流），最终实现油水分离。其分离效果受进口流量、分流比（溢流流量/进口流量）等因素的影响。

旋流器预分水实验在室温条件下进行，来液平均含水率为80%，固定分流比为70%，逐渐增大旋流器进口流量，至5 m³/h以上时可观察到油水混合液在旋流腔内高速旋转，底流出水含油量可降到2 400 mg/L以下，见表4-3-22。

表4-3-22　进口流量对旋流器底流含油量的影响

进口流量/(m³·h⁻¹)	来液含水率/%	旋流器底流含油量/(mg·L⁻¹)
3	79	>10 000
4	80	9 300
5	80	2 400
6	81	1 700
7	81	980
8	80	530
9	79	990
10	80	1 400

由表4-3-22可以看出，在进口流量从3 m³/h增大到10 m³/h的过程中，旋流器底流含油量从高于10 000 mg/L降低到8 m³/h时的530 mg/L，之后随流量的增大而升高。这是因为进口流量越大，入口速度就越大，导致旋流器内的离心力越大，从而影响油水分离效果。若进口流量过小，混合液在旋流器内无法充分旋转，油水难以分离；若进口流量过大，混合液在旋流器内的停留时间变短，且分散相油滴在强剪切力的作用下容易破碎，也不利于油水分离。上述变化趋势和相关文献报道相一致，但底流出水含油量低于文献中的对应指标（最低1 000 mg/L左右），验证了该旋流器的高效预分水性能。

分流比是影响旋流器分离效率的主要因素之一。固定旋流器进口流量为8 m³/h，通过改变分流比，研究其对底流含水的影响。结果显示，在原油含水率80%条件下，当分流比从30%增大到70%时，底流含油从2 800 mg/L降到530 mg/L左右，之后基本保持不变，表明高溢流（高分流比）旋流可有效降低预分出水中的含油量指标。这一结果和相关文献中的底流含油量随分流比的增大先降低后升高的变化趋势不同，这归因于分流比的不同取值范围。在本实验中，为克服旋流器底流出水水质随进液含水率变化而波动大的缺点，分流比取值（30%～90%）大于文献值（0～30%）。

(2) 自溶气气浮净化。

自溶气气浮利用天然气在不同压力下于水中的溶解度不同的特性,实现对污水的净化,从而有效克服普通气浮需外加气源,建造、运行、维护成本高的缺点。在集输条件 0.3 MPa下,污水中溶解的伴生天然气含量达到 5%～7%,来液经旋流器预分水后压力降为零,分出污水中溶解的天然气并使之形成小气泡,黏附在油滴和杂质絮粒上,致使油滴和絮粒整体密度小于水而上浮,从而达到除油和除悬浮物的目的。

自溶气气浮现场运行结果显示,在进水含油量小于 1 000 mg/L 的条件下,当自溶气含气量达到 3% 时,自溶气气浮出水含油量可降到 25 mg/L 以下,继续增大自溶气含气量,出水含油基本保持稳定,表明自溶气含气量只要达到 3% 以上,就可较好地实现对污水的净化。值得一提的是,自溶气气浮出水含油量低于常规溶气气浮 50 mg/L 的出水含油量指标,原因可能是自溶气气浮形成的微小气泡数量更多、半径更小,增大了气泡和小油滴相互碰撞、黏附的概率,从而更有利于油水的分离。

(3) 装置整体处理效果。

一体化预分水除油装置在不同进口流量条件下对不同含水率来液的除油、除悬浮物效果见表 4-3-23。在来液平均含水率 80%、平均含悬浮物 300 mg/L 的条件下,一体化预分水除油装置可预分出 38% 的污水,并可同时将分出污水中的含油量、悬浮物含量指标分别降到 15 mg/L 和 5 mg/L 以下,可直接经过滤系统进行后续精细化处理,处理效果达到预期目标。

表 4-3-23 装置处理效果

来液含水率/%	进口流量/(m³·h⁻¹)	来液悬浮物含量/(mg·L⁻¹)	出口含油量/(mg·L⁻¹)	出口悬浮物含量/(mg·L⁻¹)
81	7	310	14.4	4.1
79	8	300	13.9	4.6
82	9	320	14.9	5.0
89	7	290	12.1	4.2
92	8	300	11.6	4.5
90	9	310	12.5	3.8

4.3.4 超稠油污水高温反渗透除盐技术

1) 超稠油污水高温反渗透除盐技术原理及工艺流程

综合多种除盐技术的优缺点,结合除硅后的现场水质条件,确定采用物理反渗透除盐以解决过热锅炉结垢问题。只透过溶剂而不透过溶质的膜称为理想半透膜(图 4-3-22 半透膜的 3 种状态)。反渗透(简称 RO)就是利用半透膜,以压力差为推动力,从溶液中分离出溶剂的膜分离操作。根据各种物料的渗透压不同,可以使用大于渗透压的反渗透压力,即使用反渗透的方法达到污水除盐的目的。

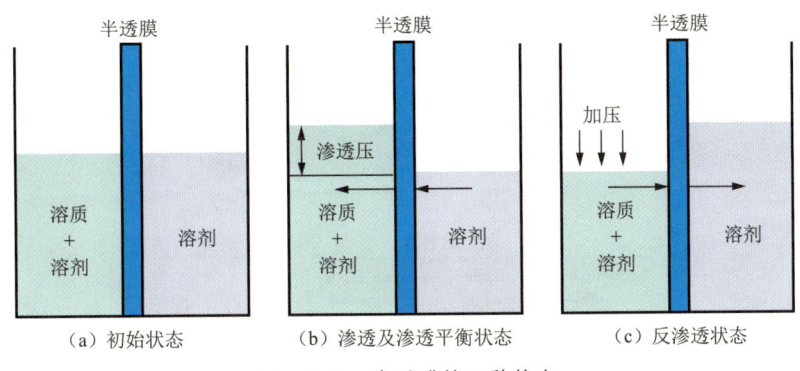

图 4-3-22　半透膜的 3 种状态

一般来说,渗透压的大小取决于溶液的种类、浓度和温度,而与半透膜本身无关,通常可用下式来计算渗透压:

$$\pi = CRT$$

式中　π——渗透压,atm(1 atm＝0.101 MPa);

　　　C——浓度差,mol/L;

　　　R——气体常数,R 取 0.082 06 L·atm/(mol·K);

　　　T——绝对温度,K。

由上式可以得出,盐水中的水流入纯水侧的必要条件是在盐水侧施加一个大于渗透压 π 的压力。

根据前期室内研究结果和现场试验效果,设计了超稠油污水"高温反渗透"的除盐处理工艺,即"软化器出水→前置过滤器→高温反渗透装置"。规模按已建的二号稠油处理站的污水处理系统的处理量来考虑,确定为 8 000 m³/d。生产过程中根据软化污水的水质情况决定是否采用前置过滤器,在保证反渗透水质情况下减少水处理的相关工艺。

超稠油污水除盐的主要原理是物理反渗透除盐,采取"高温反渗透"的处理工艺,除盐工业化装置根据室内研究、现场试验取得的设计参数进行设计制造。为提高处理速度和除盐效率,除盐装置仍采用三段式反渗透除盐工艺。

超稠油污水除盐工艺流程如图 4-3-23 所示,简述为:软化器出水经过增压泵加压至 0.45 MPa,通过前置过滤器进一步除悬浮物和杂质,再通过一、二级保安过滤器进入一段反渗透处理,浓缩的盐水又进入二段、三段反渗透处理,最后浓缩的盐水作为废水进行相应的处理,一、二、三段的产出合格水混合后作为锅炉给水。

2) 超稠油污水反渗透膜和除盐装置

复合膜(thin film composite,TFC)是若干层薄皮的复合体,此膜的最大特点是抗压实性较高、透水率较大和透盐率较小。通常所说的膜性能是指膜的化学稳定性和膜的分离透过特性。膜的物化稳定性的主要指标有膜材料、膜允许使用的最高压力、温度范围、适用的 pH 范围以及对有机溶剂等化学药品的抵抗性。膜的分离透过性的主要指标是脱盐率、产水率和流量衰减系数。

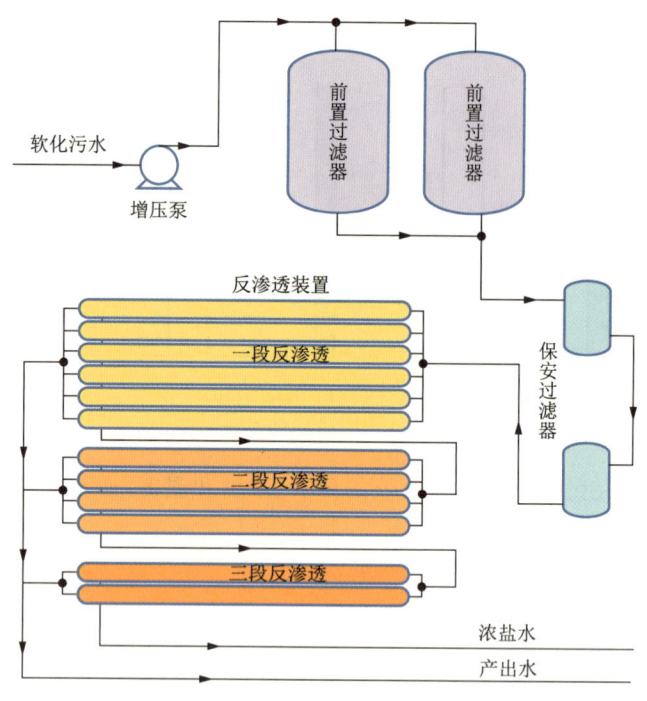

图 4-3-23　超稠油污水工业化除盐工艺流程

反渗透膜的种类多,分类方法也很多,但大体上可按膜材料的化学组成、物理结构及外形结构来区分。按膜材料的化学组成大致可分为醋酸纤维膜、芳香聚酰胺膜等,按膜材料的物理结构大致可分为非对称膜、复合膜等;按外形结构大致可分为管式、平板式、中空纤维式及螺旋卷式。超稠油污水反渗透除盐系统采用的是螺旋卷式反渗透膜,如图 4-3-24 所示。

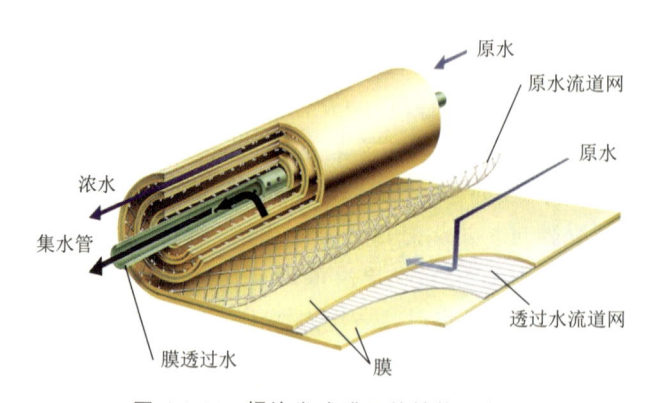

图 4-3-24　螺旋卷式膜元件结构示意图

普通复合膜指标见表 4-3-24,二号稠油处理站污水的水质分析结果见表 4-3-25。

表 4-3-24 普通复合膜指标

项 目	普通复合膜进水指标	项 目	普通复合膜进水指标
含油量/(mg·L^{-1})	≤0.1	温度/℃	≤45
悬浮物含量/(mg·L^{-1})	≤7.5	硬度/(mg·L^{-1})	≤50
二氧化硅含量/(mg·L^{-1})	≤100	pH	3～10

表 4-3-25 2$^\#$稠油处理站污水的水质分析结果

项 目	调 进	调 出	反应器出水	过滤器出口	软化后
pH	8.07	8.14	7.80	7.74	7.95
CO_3^{2-} 浓度/(mg·L^{-1})	0	0	0	0	0
HCO_3^- 浓度/(mg·L^{-1})	430.4	411.1	389.3	379.0	372.6
OH^- 浓度/(mg·L^{-1})	0.0	0.0	0.0	0.0	0.0
Ca^{2+} 浓度/(mg·L^{-1})	12.4	10.6	21.6	19.2	0.0
Mg^{2+} 浓度/(mg·L^{-1})	2.5	1.9	2.9	2.1	0.0
Cl^- 浓度/(mg·L^{-1})	1 711.8	1 726.0	1 777.1	1 782.1	1 738.8
SO_4^{2-} 浓度/(mg·L^{-1})	93.8	117.0	115.5	112.0	132.4
$K^+ + Na^+$ 浓度/(mg·L^{-1})	1 298.9	1 315.1	1 324.7	1 327.2	1 332.0
矿化度/(mg·L^{-1})	3 334.6	3 376.2	3 436.5	3 432.8	3 389.5
水 型	NaHCO$_3$	NaHCO$_3$	NaHCO$_3$	NaHCO$_3$	NaHCO$_3$
硬度/(mg·L^{-1})	41.12	34.27	66.00	56.55	0
碱度/(mg·L^{-1})	352.8	337.0	319.1	310.7	305.4
二氧化硅含量/(mg·L^{-1})	289.7	277.6	240.4	236.2	231.7

普通复合膜的指标(表 4-3-24)和污水水质分析结果(表 4-3-25)表明：① 现场的污水温度平均为 85 ℃，不满足小于 45 ℃ 的要求；② 污水的 SiO$_2$ 含量平均为 270 mg/L，不满足小于 100 mg/L 的要求；③ 污水的 pH、硬度基本可以满足要求。因此，要使用反渗透进行除盐，必须对污水先除硅，再研制耐温的复合膜，才能适应高温污水的反渗透除盐工艺。根据现场污水温度，研制出耐高温的复合膜。由高温复合膜指标(表 4-3-26)可以看出，复合膜的温度适应范围为 15～90 ℃，能够满足高温污水的反渗透除盐工艺要求。

表 4-3-26 高温复合膜指标

项 目	高温复合膜进水指标	项 目	高温复合膜进水指标
含油量/(mg·L^{-1})	≤0.1	温度/℃	15～90
悬浮物含量/(mg·L^{-1})	≤7.5	硬度/(mg·L^{-1})	≤50
二氧化硅含量/(mg·L^{-1})	≤100	pH	2～13

工业化试验装置使用多段式反渗透除盐装置(图 4-3-25)，主要用于软化污水的除盐。

多段式设计可在不提高进水压力条件下提高处理速度。该装置采用的多段式工艺设计可根据各段反渗透水的矿化度的增加逐级递减水的处理量,这样能有效地延长各段膜的使用周期,使膜的失效时间基本保持一致,方便对膜进行统一清洗和还原,提高各段装置的协同能力。

图 4-3-25 超稠油污水工业化除盐装置

3) 超稠油污水反渗透除盐处理效果

风城油田二号稠油处理站 8 000 m³/d 污水除盐工业化装置运行状况和水质监测情况见表 4-3-27 和表 4-3-28。由监测结果可以看出,反渗透除盐装置产水率均在 70% 以上,且除盐效果明显。

表 4-3-27 污水除盐工业化装置运行状况

运行天数 /d	日进水 /(m³·d⁻¹)	来液电导率 /(μS·cm⁻¹)	日产水 /(m³·d⁻¹)	产水电导率 /(μS·cm⁻¹)	外排水量 /m³	回收率 /%
1	2 428.2	17 093	1 964.4	1 328	463.8	80.90
2	2 240.4	17 249	1 731.6	1 403	508.8	77.29
3	2 207.2	18 021	1 549.0	1 514	658.2	70.18
4	2 131.8	17 818	1 508.2	1 247	623.6	70.75
5	2 072.6	17 499	1 472.4	1 334	600.2	71.04
6	2 038.2	18 547	1 546.4	1 504	491.8	75.87
7	2 470.4	18 005	1 788.6	1 377	681.8	72.40
8	2 466.6	17 843	1 749.0	1 552	717.6	70.91
9	2 287.4	18 317	1 599.0	1 549	688.4	69.90
10	1 567.8	17 607	1 102.0	1 462	465.8	70.29
12	2 243.2	18 314	1 572.4	1 523	670.8	70.10
13	2 178.2	18 723	1 522.4	1 873	655.8	69.89

表 4-3-28　反渗透除盐水质监测数据

运行天数/d	Cl⁻浓度/(mg·L⁻¹) 来水	Cl⁻浓度/(mg·L⁻¹) 产水	矿化度/(mg·L⁻¹) 来水	矿化度/(mg·L⁻¹) 产水
1	2 587.0	196.4	4 848.5	568.5
2	2 616.6	211.3	4 934.9	578.3
3	2 579.6	201.3	4 818.0	554.2
4	2 466.9	77.1	4 390.0	304.6
5	2 587.0	70.4	4 861.9	301.1
6	2 380.9	204.6	4 490.5	586.8
7	2 428.4	158.0	4 505.4	482.1
8	2 434.3	119.1	4 583.3	403.8
9	2 466.9	225.0	4 620.6	567.3
10	2 392.0	182.8	4 510.6	450.0
11	2 410.3	192.5	4 529.9	554.8
12	2 453.6	201.5	4 584.1	544.4

为进一步验证反渗透装置的运行效果,对风城油田二号稠油处理站近一年的运行数据进行分析,高温膜产水量变化趋势如图 4-3-26 所示。二号稠油处理站污水高温反渗透运行状况平稳,平均产水量为 3 000 m³/d,产出水主要用于流化床锅炉。流化床锅炉注汽区域的采出液重新回到二号稠油处理站,油水分离后的污水进行深度处理,重复用作流化床注汽锅炉水源,形成污水的循环利用。

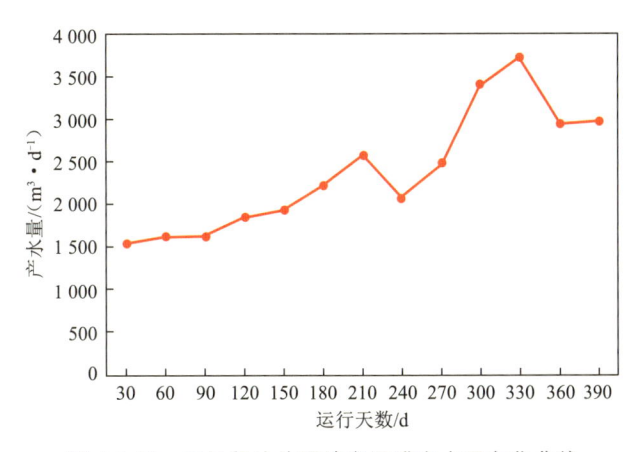

图 4-3-26　二号稠油处理站高温膜产水量变化曲线

4.3.5　高含盐水蒸发除盐(MVC)技术

风城油田的注汽锅炉主要分为 3 种:常规注汽锅炉、过热注汽锅炉、燃煤流化床锅炉,锅炉的给水水质要求见表 4-3-29。

表 4-3-29 锅炉的给水水质要求表

序 号	项 目	常规注汽锅炉	过热规注汽锅炉	流化床锅炉
1	总碱度/(mg·L^{-1})	≤2 000	≤125	<2 000
2	SiO$_2$含量/(mg·L^{-1})	<150	<50	<100
3	矿化度/(mg·L^{-1})	<7 000	<2 500	<2 000

按目前风城油田水质现状,为保障稠油正常生产,需要给锅炉补充大量清水,而水系统的污水得不到有效利用,不但增加了开发成本,而且造成清水资源的浪费。为改善锅炉用水水质,缓解水平衡压力,减少清水用量,达到降本增效的目的,风城油田通过分析作业区含盐水水质指标,结合已建水质提升工艺,开展了蒸发除盐技术研究,形成了适用于风城油田稠油开发的高含盐水蒸发处理工艺技术。

在同一蒸发器中,依靠蒸汽压缩机将二次蒸汽进行压缩升温。升温后的蒸汽与蒸发器膜管内的循环母液换热,使循环母液蒸发产生二次蒸汽。不断重复保持连续蒸发的过程,同时排出系统的蒸馏水和浓液经换热器将其能量传递给进液,使能量得到充分回收。工作原理图如图 4-3-27 所示。

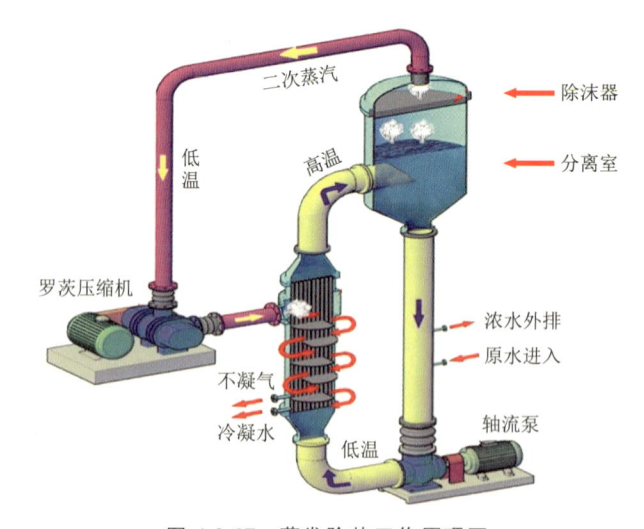

图 4-3-27 蒸发除盐工作原理图

蒸发器作为蒸发的核心设备,主要功能是完成蒸汽与物料的换热蒸发。对于不同的物料,蒸发器的合理选用至关重要。目前常应用于 MVR 技术的蒸发器主要有强制循环蒸发器、升膜蒸发器、降膜蒸发器、板式蒸发器。这 4 种蒸发器的优缺点对比见表 4-3-30。板式蒸发器主要有升膜式、升降膜式和降膜式。

表 4-3-30 不同类型蒸发器优缺点分析

蒸发器类型	优 点	缺 点
强制循环蒸发器	① 蒸发速度稳定； ② 相比自然循环蒸发器，传热系数大； ③ 在蒸发末期，循环效果不会因为物料浓度变化而变差； ④ 能够处理浓度高、黏度大、易结晶、易结垢的物料	① 需要借助外力提供动力且动力消耗大，不适用于传热面积大的场合； ② 蒸发末期温度较高，需要考虑泵的气蚀、耐温和密封等问题
升膜式蒸发器	① 一次通过加热器即达到浓缩要求，不需要循环； ② 停留时间短，蒸发速度快； ③ 传热效率高； ④ 占地面积小，空间高度低，结构紧凑，造价低，投资少	① 要保证二次蒸汽具有较高的速度，使得蒸汽能将料液拉成膜状； ② 若蒸发量过大，管子过长，则在管子顶部容易造成液体量不足以覆盖罐壁而产生干壁现象； ③ 不适用于高黏度、有晶体析出和易结垢的溶液； ④ 加热温差较大，操作不易控制，易造成跑料等现象； ⑤ 成膜困难，膜形成后不易保持，稳定性不好； ⑥ 对进料温度要求较高
降膜式蒸发器	① 一次通过加热器即达到浓缩要求，不循环； ② 停留时间短，蒸发速度快； ③ 蒸发、预热都在小温差下进行，不易结焦，易于清洗； ④ 蒸发参数稳定，易于控制	① 设备较高； ② 工作蒸汽压力较高且稳定； ③ 对进料温度要求较高
板式蒸发器	① 传热效率高； ② 持液量低； ③ 可在负压下低温蒸发； ④ 体积小，占用空间小	① 蒸发速率不如管式降膜蒸发器快； ② 结焦、结垢比较严重，程度难以判断； ③ 成膜厚度不如管式蒸发器好把握； ④ 处理量与管式降膜蒸发器相比较小

综合考虑各种蒸发器的优缺点，最终选定板式降膜蒸发器，其结构如图 4-3-28 所示。板式降膜蒸发器主要由板式加热器、雾沫分离器、下部储藏器、顶部分布器组成。板式加热器由很多加热元件组成。加热元件由冲压成波纹型的两块板片焊接而成，上部与蒸汽入口相连，下部与冷凝水出口和泛气出口相连。加热元件的内部空间即加热器的汽室，外表面即物料加热面，其直径为 6.4 m，高度为 20 m，蒸发面积为 5 500 m^2。换热板、除沫器、分布器等内部钢构壳体的材质为不锈钢，壳体设计压力为 -0.1 MPa（承受外压），换热板设计压力为 0.2 MPa，设计温度为 150 ℃。工作时，料液由加热室顶部进入分布器，使料液均匀分布于竖直排布的加热元件两侧，并呈膜状降落，同时进行蒸发。加热蒸

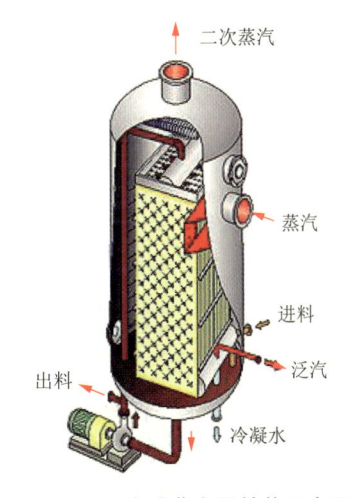

图 4-3-28 降膜蒸发器结构示意图

汽通过进汽连接口进入中空加热元件空腔中冷凝放热,放出的热量使沿加热元件外壁流下的料液受热蒸发而得以浓缩,加热蒸汽换热冷凝后流出。产生的二次蒸汽经分离器排出。

风城油田待处理高含盐水的主要特点是高温、低硬、高硅、高氯,在蒸发浓度上升后,析出的硅酸、硅酸钠等物质会堵塞设备,因此对其开展了不除硅防硅垢技术的研究。

由于除硅工艺复杂、投资较大,且产生大量的硅泥,所以作业区开展了通过调节 pH 来增加硅溶解度的研究。加碱将浓水 pH 调整到 11 左右,可以增大硅溶解度,有效缓解蒸发器结垢现象。

由于原液中氯离子含量较高,会对不锈钢产生局部腐蚀并会导致结垢,且蒸发面壁较薄(通常为 2 mm 左右),因此根据工艺、设备可靠性原则,蒸发面板材质优选为耐腐蚀性更高的钛合金。

最终,通过将机械蒸发压缩技术、板式降膜蒸发器、不除硅防硅垢技术相结合,形成了风城油田较为先进的高含盐水蒸发除盐工艺技术,其装置如图 4-3-29 所示。

图 4-3-29 高含盐水蒸发除盐工艺装置

目前,风城油田两套高含盐水处理设备运行状态良好,压缩机运行稳定,板式降膜蒸发器蒸发效果良好,原水水量供应稳定,各指标对比情况见表 4-3-31。

表 4-3-31 指标对比情况

指标	1#装置 设计标准值	1#装置 实际测试值	2#装置 设计标准值	2#装置 实际测试值
处理来水量/(m³·d⁻¹)	≥1 944.5	1 992	≥1 944.5	1 984
除盐水量/(m³·d⁻¹)	≥1 750	1 800	≥1 750	1 813
排出浓盐水量/(m³·d⁻¹)	≤194.5	192	≤194.5	190
浓缩比	≥10	10.3	≥10	10.2
产水矿化度/(mg·L⁻¹)	≤50	23	≤50	22
产水电导率/(μS·cm⁻¹)	107	47	107	46

4.3.6 高含盐水处理回用及达标外排技术

1) 软化环节含盐废水分质收集

软化树脂再生环节包括反洗、进盐、置换、一洗、二洗,如图 4-3-30 所示。反洗流程是去除软化树脂表面附着的机械杂质和油污。进盐流程是向软化树脂提供 Na^+,与树脂吸附的 Ca^{2+} 和 Mg^{2+} 进行交换。置换流程是用清水置换浓盐水。一洗和二洗流程是彻底替换盐水,确保离子交换树脂的软化效果。树脂再生采用的是价格相对低廉的工业盐溶液,质量分数约为 15%。树脂再生参数见表 4-3-32。

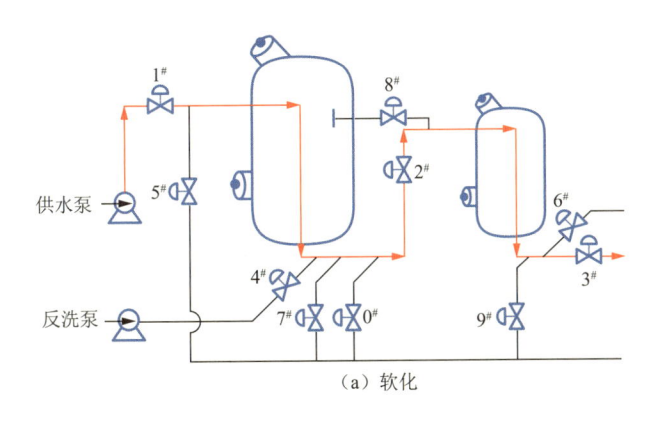

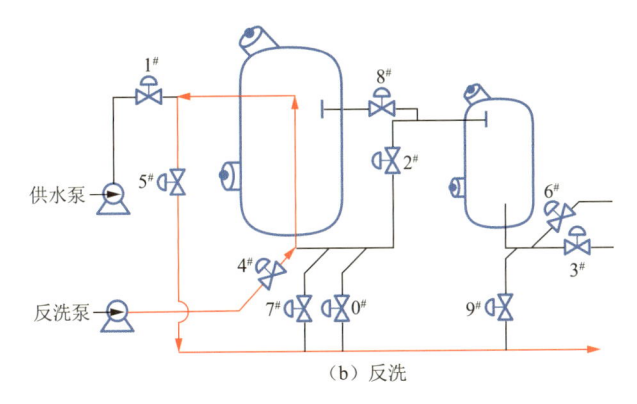

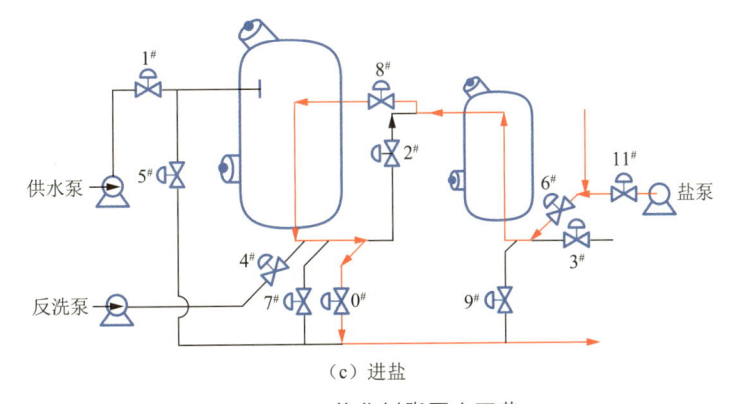

(a) 软化

(b) 反洗

(c) 进盐

图 4-3-30 软化树脂再生环节

(d) 置换

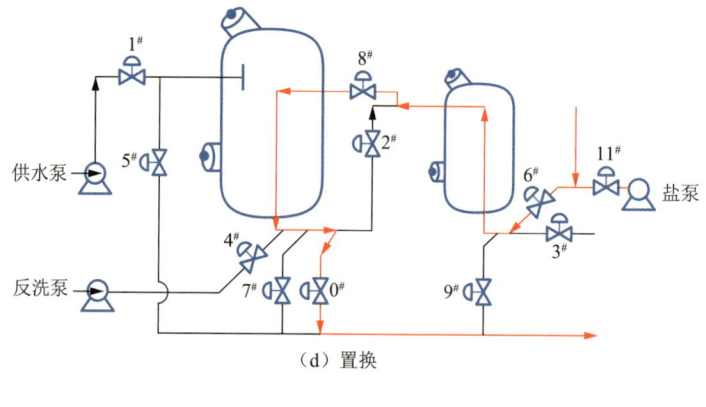

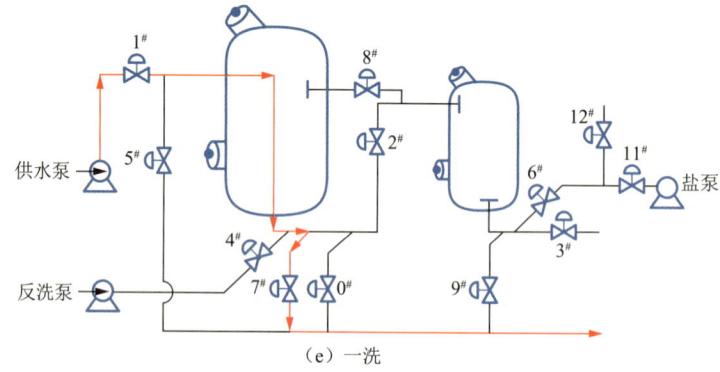

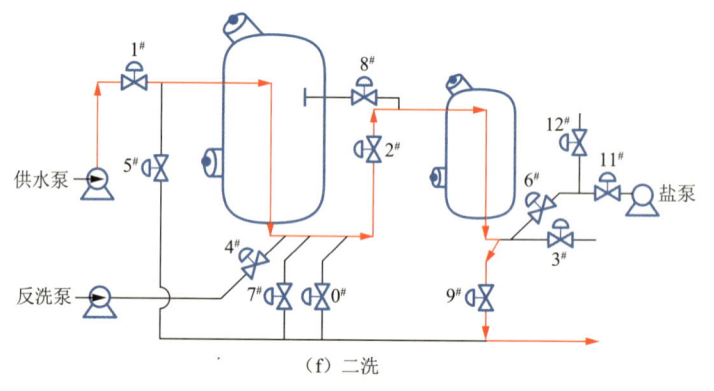

(e) 一洗

(f) 二洗

图 4-3-30(续)　软化树脂再生环节

表 4-3-32　树脂再生参数

软化器类型	再生过程	再生用时/min	再生水源	再生水用量/m³
清水软化器	反　洗	20	清水软化水	20
	进　盐	70	清水软化水-盐水	—
	置　换	60	清水软化水	1.4
	一　洗	40	清水软化水	10～30
	二　洗	30	清水软化水	10～30

续表 4-3-32

软化器类型	再生过程	再生用时/min	再生水源	再生水用量/m³
采出水软化器	反　洗	30	净水软化水	20
	进　盐	150	清水软化水-盐水	—
	置　换	140	净水软化水	1.4
	一　洗	35	净水软化水	10～30
	二　洗	35	净水软化水	10～30

树脂再生过程中,不同环节产生的水的含盐量不同,进盐和置换过程产生高含盐水,反洗、一洗和二洗产生低含盐水。通过切换流程,将高含盐水排入210万方池,低含盐水回掺入污水处理系统,实现了高含盐水产量减半。同时,回用的低含盐水含有水处理药剂,可降低水处理的药剂成本。

在分质收集过程中,若只是简单实施流程切换,低含盐水必然会混入一定量的盐水,导致回用水的盐度高于来自源头的采出水,同时也会导致回用低含盐水后高含盐水的量被放大。此外,简单的水质替换会导致经过每个环节后树脂罐内存有一定量的残留,产生大量的过渡水质,加大了废水量,使得高低含盐水水质不易精准控制。

针对上述问题,设置了由泵、阀、盐度传感器和逻辑控制器组成的自动控制系统,实现了高低含盐水的严格区分,减少了高含盐废水量和软化水的消耗,降低了COD等污染物含量,保证了低含盐水盐度与进水基本一致,有利于回收利用和生产的稳定运行。在置换流程排液处增加了自吸泵,在强化排液的同时保证了树脂层的稳定,减少了置换过程所用液量,减少了树脂罐内的残留液体。

2) 含盐废水资源化利用技术

结合风城油田实际情况,在充分利用现有油田生产设施和条件的基础上,含盐废水的资源化利用存在以下途径:

(1) 从高含盐废水中回收合格盐水用于树脂再生,减少外排量;
(2) 通过预处理改善高含盐废水与地层水的配伍性问题,用于稀油区块注水开发;
(3) 脱硬、净化、过滤后用于体积压裂的配液用水;
(4) 脱盐、脱硬后回用注汽锅炉。

风城油田针对高含盐水回用树脂再生开展了膜法、膜法/化学法以及化学法降盐实验,各方法的工艺原理如图4-3-31和图4-3-32所示,投资和成本对比见表4-3-33。虽然化学法建设投资、预计处理成本较低,且能完全回用,但是每天预计产生约2.5t污泥,污泥的处理会额外增加成本,并带来环保压力。风城油田工业用水进价为4.2元/m³,较高的处理成本是制约高含盐水回用树脂再生的主要因素。

高含盐废水作为稀油开发注水水源的处理工艺如图4-3-34所示,主体采用"混凝沉降+过滤+水质调整"的工艺。210万方池高含盐水经泵提升后,在线加入混凝剂、絮凝剂,进入反应器和混凝沉降罐进行反应净化,上清液经过滤后投加水质调整剂以控制水的腐蚀结垢,保证其配伍性良好。

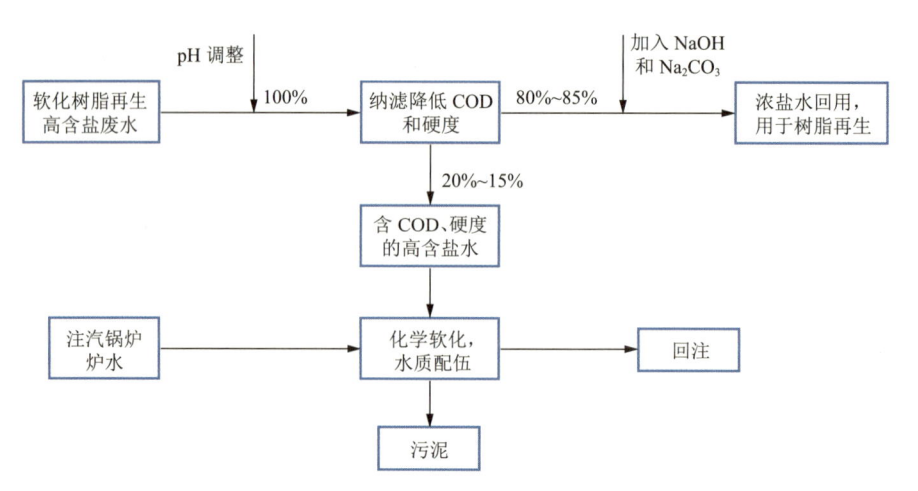

图 4-3-31 膜法处理工艺

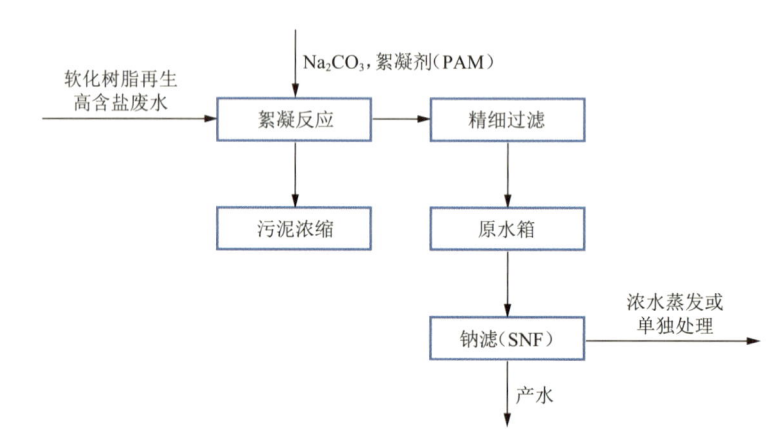

图 4-3-32 膜法/化学法处理工艺

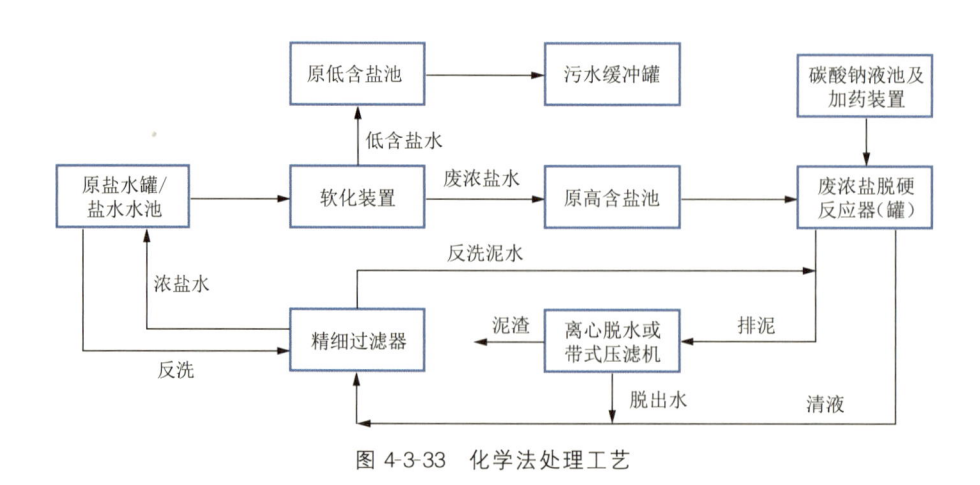

图 4-3-33 化学法处理工艺

表 4-3-33 制约高含盐水回用树脂再生投资和成本对比

处理方法	设计处理量 /(m·d^{-1})	建设投资 /万元	预制直接处理成本 /(元·m^{-3})	回用率 /%
膜法	600	1 200	40	80
膜法/化学法	600	1 200	60	85
化学法	600	300	45	100

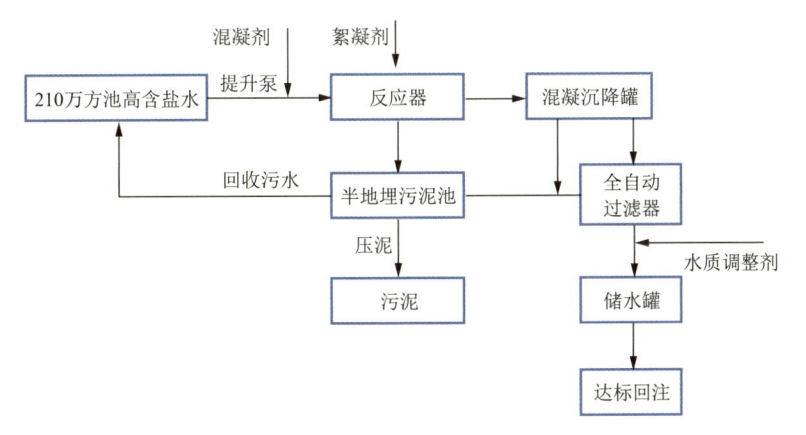

图 4-3-34 稀油开发注水处理工艺流程

高含盐废水作为环玛湖地区油井体积压裂水源的处理工艺如图 4-3-35 所示,主体采用"化学除硬＋混凝沉降＋过滤"的工艺。210 万方池高含盐水经泵提升后,在线加入除硬剂,进入 2 500 m³ 简易防渗池进行脱硬反应,上清液经净化、过滤后用于体积压裂的配液用水。

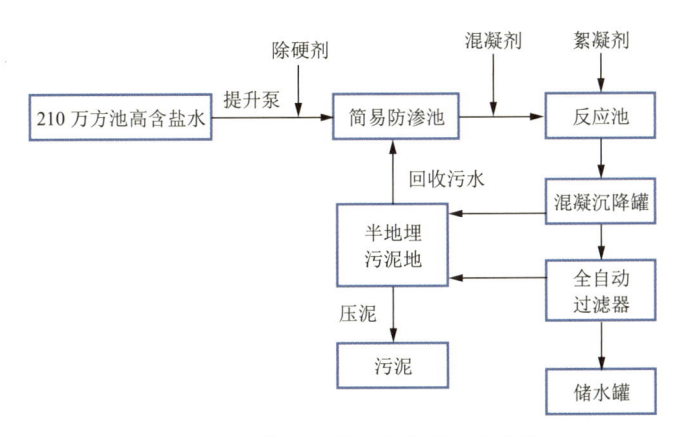

图 4-3-35 体积压裂用水处理工艺流程

高含盐废水回用锅炉的处理工艺如图 4-3-36 所示。为使处理后的稠油采出水满足注汽锅炉水质要求,在树脂软化环节后段增加了高温反渗透膜装置,以去除软化水(矿化度 5 500 mg/L)中的盐,产生的除盐水回用锅炉。高温反渗透膜装置产生约 30% 的浓水,与

129

锅炉排污水一同进入 MVC 蒸发除盐装置。MVC 装置产生的除盐水回用锅炉,约 10% 的高浓水排入 210 万方池。

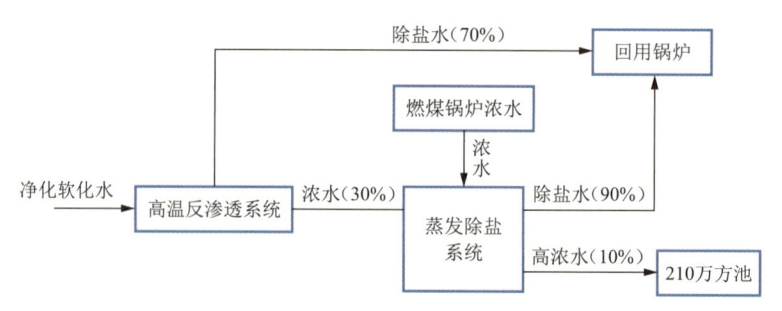

图 4-3-36 回用锅炉处理工艺流程

3）含盐废水达标外排技术

风城油田废水达标处理装置主要处理软化器进盐、置换过程排放的高盐废水（氯离子浓度大于 40 000 mg/L）,系统采用"混凝沉淀+臭氧催化氧化"工艺,工艺流程如图 4-3-37 所示。主要设备为卧式压力除油器和催化氧化反应器,设计规模为 2 500 m³/d,目前处理量为 1 400 m³/d。处理后水质达到 GB 8978—1996《污水综合排放标准》二级要求,即 COD 小于 150 mg/L、氨氮含量小于 25 mg/L、挥发酚含量小于 0.5 mg/L、悬浮物含量小于 150 mg/L。

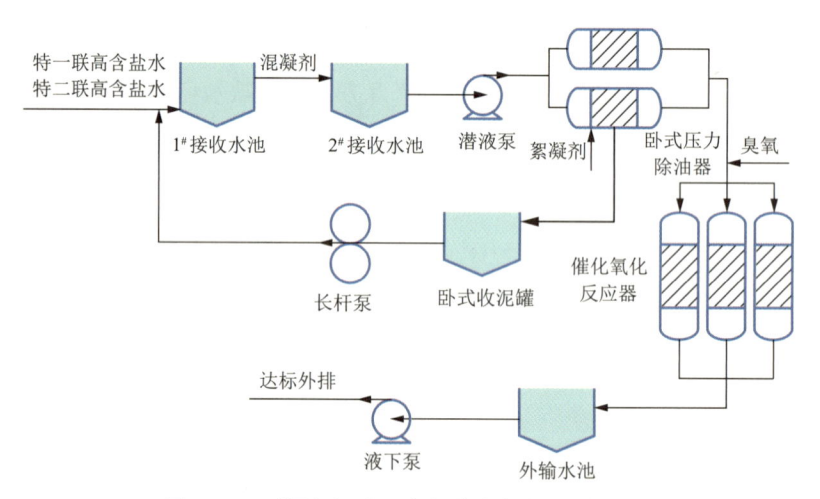

图 4-3-37 "混凝沉淀+臭氧催化氧化"工艺流程

为实现稳定达标外排,风城油田开展了混凝药剂筛选评价及 O_3 和 H_2O_2 联合氧化技术研究,旨在利用混凝最大限度地降低 COD,降低高级氧化工艺的负荷。该组合氧化工艺进一步提高了 COD 去除率,使得不同矿化度含盐废水的 COD 去除率在 41.26%～63.00% 之间,COD 小于 150 mg/L。同时,该方法对于挥发酚的去除特别有效,去除率在 20.28%～26.90% 之间,挥发酚含量小于 0.5 mg/L。处理后的水质满足国家二类排放标准。

4.4 超稠油污水处理适应性分析及应用情况

4.4.1 超稠油污水处理适应性分析

超稠油污水处理采用除硅技术、离子调整旋流反应技术、气浮选等,工艺流程主要为药剂除硅、重力除油+混凝反应沉降+压力过滤,处理达标后净化水回用油田注汽锅炉;辅助流程有水处理药剂投加、污油回收、污泥浓缩、污水回收等。针对污水含油量高、悬浮物含量高、泥质含量高的特点,展开了以下工作:

(1) 对污水性质进行了分析研究,发现污水中含油量高、悬浮物含量高、乳化程度高的小油珠占大部分,依靠重力沉降很难去除;

(2) 跟踪调整了调储罐污油厚度,优化了自动加药系统运行参数,确保污水反应罐和斜板沉降罐的处理效果,实现了污水处理系统平稳运行;

(3) 开展了采出水旋流处理试验,大幅度降低了污水调储罐来水含油量,实现了污油减量;

(4) 研发了针对性强的净水型反相破乳剂,筛选出适应性好的净水剂,提高了污水处理效率,降低了生产成本。

风城油田研究形成了适用于风城超稠油(50 ℃黏度小于或等于 20 000 mPa·s)的污水处理技术,净化污水含油量小于或等于 2 mg/L,悬浮物含量小于或等于 2 mg/L,实现了污水处理 100% 达标。

(1) 根据除硅原理进行了除硅剂的研发、除硅工艺条件的实验,开展了除硅处理的现场试验,改进了除硅工艺装置,形成了高效除硅技术,处理结果满足生产需要;

(2) 完善了"离子调整旋流反应法处理+旋流分离"技术,形成了针对风城超稠油污水的处理工艺技术及配套运行参数;

(3) 旋流除油+重力除油+旋流反应+混凝沉降+压力过滤自动连锁加药+离心脱水工艺技术有效保证了污水处理的效果,污水净化处理后含油量小于或等于 2 mg/L,悬浮物含量小于或等于 2 mg/L,满足了现场的要求;

(4) 优选了针对超稠油污水的高效净水型反相破乳剂、净水药剂,成功论证了反相破乳剂能处理含油量超 20 000 mg/L 的超稠油污水,除油率超过 96%,且含该反相破乳剂的污油很容易被脱水成合格原油;

(5) 旋流除油分离技术提高了污水处理系统的安全平稳性,实现了调储罐污油减量的目标;

(6) 逐步完善了软化系统再生污水的分质处理,通过对各阶段水质进行差异化处理,实现了污水的分质回收及再利用;

(7) 开展了高含盐水高温反渗透除盐,形成了完善的高温反渗透除盐系统,实现了高含盐污水回用锅炉;

(8) 开展了高含盐水蒸发除盐,形成了完善的蒸发除盐系统,实现了高含盐水回用锅炉;

(9)"混凝沉降＋臭氧催化氧化"工艺处理效果显著,保证外排水质满足国家污水综合排放二级标准。

4.4.2 超稠油污水处理技术应用与社会效益

开展除硅工艺后,风城油田二号稠油处理站污水含硅量由 350 mg/L 降至平均 80 mg/L,一号稠油处理站污水含硅量由 300 mg/L 降至平均 110 mg/L,且整个水系统运行平稳。开展除盐工艺后,产出水矿化度由进水的 4 500 mg/L 降至 500 mg/L,目前平均产水量为 3 000 m³/d。

超稠油污水深度处理极大地改善了污水的水质,缓解了污水回用带来的问题,提高了设备、设施的稳定性,降低了设备、设施的故障率,对稠油生产和安全环保具有重要的意义,社会效益巨大:

(1)减少了清水的使用量,增加了污水的回用量,使现有资源得到再利用,节约了资源,保护了环境,为稠油大规模生产开发提供保障;

(2)减缓了锅炉结垢速度,降低了锅炉的故障率和不稳定性,提高了锅炉的运行时效和安全性,为稠油生产奠定了基础;

(3)减缓了管网结垢速度,降低了注汽管网的阻力,提高了注汽效率,确保了注汽管网的安全,为稠油生产提供了保障;

(4)减缓了油井的结垢速度,减少了油井的管堵、泵卡频次,提高了油井的生产效率,保障了稠油安全连续生产;

(5)减少了设备维修和管网清垢频次,降低了劳动强度,节约了生产成本,提高了生产效率,加快了稠油的开发进程。

4.4.3 技术优化方向

(1)除硅反应器不断结垢,导致反应器内容积不断减小,影响除硅分离效果,需要每半年大修一次,影响处理进度;

(2)对高含盐水进行处理后用于离子交换树脂再生,因成本过高限制了其使用,因此应降低高含盐水的资源化利用的成本;

(3)COD 测试采用氯气校正法,受吸收方式的影响,其测试误差很大。

参 考 文 献

[1] 李金林.国内外稠油采出水回用工程介绍[J].工业用水与废水,2006,37(3):80-83.
[2] 郭野愚,孙福禄,孙绳昆.稠油采出水深度处理及应用[J].石油规划设计,2003,14(5):6-9,71.
[3] 梁金禄,丁彬,罗健辉,等.稠油破乳技术研究进展[J].石油化工应用,2010,29(8):1-6,21.
[4] 袁惠新,俞建峰,蔡小华.用旋流分离器处理含油污水的前景[J].炼油设计,2000(5):48-51.
[5] 丁洪雷,赵波,卜魁勇.油田稠油污水化学混凝除硅技术研究及应用[J].化学工程,2017,45(5):11-14.
[6] 唐丽.新疆油田百重 7 井区稠油污水处理药剂的研究[J].石油与天然气化工,2015,44(5):105-110.
[7] 华中师范大学.分析化学[M].4 版.北京:高等教育出版社,2011.

[8] 郝萌萌.污水除油型离心萃取机及其转鼓内流场模拟[D].上海:华东理工大学,2013.
[9] 刘崇华,王永刚,周皓.超稠油污水预处理工艺与工程实践[J].石油化工安全环保技术,2007(4):58-60,70.
[10] 张继武,张强,王化军.浮选技术在含油污水处理中的应用进展[J].石油化工环境保护,2003(1):12-16.
[11] 颜亨兵.气浮技术在含油污水处理中的研究进展[J].中国石油石化,2017(9):43-44.
[12] 孙绳昆,乔明.引进高效溶气浮选机的国产化及其在稠油污水处理中的应用[C].中国油气田地面工程技术交流大会,南宁,2013.
[13] CHEN A S C,FLYNN J T,COOK R J,et al. Removal of oil, grease, and suspended solids from produced water with ceramic crossflow microfiltration[J]. SPE Production Engineering, 1991, 6(2):131-136.
[14] LEE J M,FRANKIEWICZ T C. Treatment of produced water with an ultrafiltration (UF) membrane—A field trial[C]. SPE Annual Technical Conference and Exhibition, Society of Petroleum Engineers, 2005.
[15] 李颖.稠油污水回用湿蒸汽锅炉深度处理技术研究[J].内江科技,2012,33(2):95,98.
[16] GB/T 4774—2004 分离机械名词术语[S].北京:中国标准出版社,2004.
[17] 王兆安,刘福余,王曙光,等.曙一区超稠油污水处理流程的改进[J].特种油气藏,2001(4):89-91,102-103.
[18] 冯永训.油田采出水处理设计手册[M].北京:中国石化出版社,2005.
[19] 杨元亮,王辉,宋文芳,等.高盐稠油污水热法脱盐资源化技术研究进展[J].油气田环境保护,2016,26(3):4-8.
[20] 于永辉,孙承林,杨旭,等.稠油污水低温多效蒸发深度处理回用热采锅炉中试研究[J].水处理技术,2010,36(12):98-102.
[21] 杨元亮,王辉,张建,等.高盐高硬稠油污水淡化工艺方案优选[J].工业水处理,2016,36(7):90-93.
[22] 丁明宇,黄健,李永祺.海洋微生物降解石油的研究[J].环境科学学报,2001,21(1):84-88.
[23] 王棠昱,黄坤,王元春,等.稠油污水深度处理技术探讨[J].内蒙古石油化工,2007,(1):118-121.
[24] 张清军,罗全民,郝立军,等.河南油田稠油污水生化处理技术[J].石油地质与工程,2009,23(1):115-117,8.

第 5 章
采出液高温余热综合利用技术

国家能源局等 4 个部门曾明确提出,要在做好环境保护的前提下,促进浅层地热能的规模化应用。油田污水、采出液等所携带的余热归属于浅层地热能,对油田污水、采出液等的余热进行利用,有助于促进地热事业全面发展。

根据风城油田全生命周期开发方案,现阶段主要的开采方式有常规蒸汽吞吐和 SAGD 两种,且 SAGD 开采方式将逐渐取代常规稠油蒸汽吐吞开采,而成为超稠油开采的主要方式,从而实现风城油田超稠油油藏的高效开发。蒸汽吞吐的热介质主要是蒸汽,因此需要注汽锅炉提供大量蒸汽,锅炉中燃料燃烧产生的烟气温度为 170~220 ℃;通过 SAGD 开采的采出液温度为 160~220 ℃,且 SAGD 采出液余热量较大,约占采出液总余热量的 80%。可见,无论是锅炉烟气还是高温采出液均携带大量余热。就目前油田余热利用而言,主要有两个方面:一是原油的生产和运输,用来加热原油防止其凝结;二是采暖,采暖区域主要是油田内部办公场所。此外,中低温地热发电技术也在研发中,该技术将解决余热梯级利用等问题。

我国大部分油田的开发已进入中后期的高含水阶段,几乎所有的油田都有大量的采出液资源,对其所携带的热量进行有效利用,能够帮助油田提高能源利用率,实现循环经济发展。

5.1 余热利用技术现状

5.1.1 烟气余热回收利用技术

蒸汽是目前稠油热采最主要的热介质,注汽锅炉对注汽用清水进行加热过程中会产生高温烟气。作为油田热采的主要动力设备和耗能设备之一,注汽锅炉在油田分布较为分散,烟气余热大多随烟气排入大气,使得注汽锅炉余热利用效率不高,造成能量浪费。

利用换热装置可将低温污水转换为高温污水,同时将水蒸气转换为低温纯净水供注汽锅炉使用,而高温烟气变为常温。烟气余热回收流程为:由换热装置导入的油田污水经增温盘管升温后再由高压水泵输入烟气净化污水处理装置。换热装置由密闭的冷水腔与其中的大面积换热片组成。油田污水由冷水腔下部进入,经上部污水管导出;由烟气净化污水处理装置产生的水蒸气、烟气经输气管从换热片一侧进入,其中的蒸汽冷凝后由换热片下部的滤水阀和净水管排出,并给注汽锅炉供水,而烟气由换热片上部的输气管排出参与油井注汽或外排,如图 5-1-1 所示。

与注汽锅炉产生烟气类似,用于气田增压机组的燃气式发动机所产生的烟气也可对其余热进行直接回收。在发动机排气烟道内安装烟气换热器,利用高温烟气加热流经换热器的被加热介质,通过两者热交换将发动机烟气热量转换为被加热介质的热能。

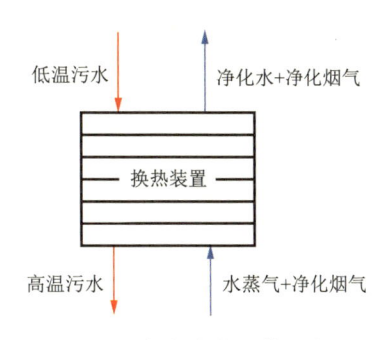

图 5-1-1 烟气余热回收示意图

5.1.2 热泵回收余热技术

热泵作为一种可有效利用生产余热的设备,在很多领域已经有所应用。油田采用的热泵机组主要为电动压缩式热泵。

热泵收集的热能多用于冬季采暖,即将低位热能转化为高位热能,用于站内建筑采暖,减少锅炉燃气量。其流程为:低温余热送至热泵机组蒸发器,释放低温热能,并经循环泵升压循环使用;热泵机组将从蒸发器中得到的余热通过设备转化送到设备冷凝器,并与用户的采暖水进行热交换,从而达到余热利用的目的。

5.1.3 余热采暖技术

冬季油田生产保温需求相对较大,在稠油生产的采出液中含有大量的高温污水,这部分污水经分离、净化、软化后可以作为供热站生产蒸汽的给水水源,并且由于这部分软化污水的温度较高,可以代替蒸汽直接用于采暖。

虽然高温采出水温度可以达到直接供暖的需求,但考虑到净化污水中可能含有 H_2S 气体,直接用于采暖系统存在一定的安全隐患,因此可采用间接换热的供热形式,如图 5-1-2 所示。

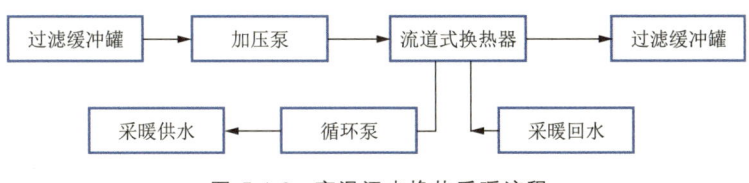

图 5-1-2 高温污水换热采暖流程

5.1.4 采出液余热发电技术

采出液余热发电技术主要依据朗肯循环原理(图 5-1-3),在蒸发器中,制冷工质与高温采出液换热并被蒸发,变成过热蒸汽,过热蒸汽进入膨胀机对外膨胀做功;膨胀机排出的蒸汽由冷凝器中的循环水冷却成液体,之后液体制冷工质通过工质泵输送至蒸发器。

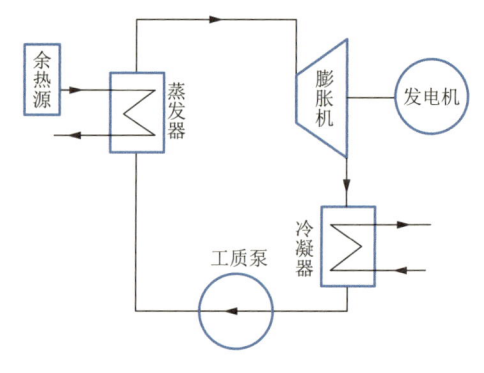

图 5-1-3 朗肯循环示意图

5.2 余热利用现状

随着 2012 年风城作业区进入 SAGD 大规模工业化开发阶段,SAGD 循环预热阶段采出液的集输和处理难度凸显,其温度高,携汽量大、油水乳化程度高等现状远超预测指标,给现有的集输、处理系统带来很大的冲击,对工艺管网、装置造成影响。

风城油田 SAGD 开发循环预热阶段采出液预处理单元(6 000 m³/d)、SAGD 采出液 3 号接转站、风城 1/2 号燃煤锅炉站、50/51/52 号密闭接转站于 2015 年 6 月后相继投产。随着这几个工程的投产,风城油田整个系统的热平衡、水平衡也出现了一些问题:

(1) 油田开发实际运行参数与全生命周期规划设计参数有较大差异,导致目前水处理系统的地面设施不能适应当前生产状况。例如,油汽比由 0.134 调整至实际的 0.104,使得注汽量、产液量、产水量、锅炉软化水量、伴生蒸汽量大幅增加。

(2) 冷源的量和换热量均减小。按规划热平衡,燃气锅炉给水温度为 130 ℃,除局部偏远区块需要增加空冷器外,到 2017 年才出现冷源不足的现象。受柱塞泵耐温性限制,燃气锅炉给水只能提升至 100 ℃,使得采出液冷源允许温升大大降低,仅为设计值的 1/3。另外,燃气锅炉给水只能提升至 100 ℃,导致 80～100 ℃ 的净化软化水无法参与换热。由运行数据明显可以看出,在燃煤的循环流化床锅炉投运后,冷源量减少,冷源温度提高。通过计算,设计冷源换热量为 70 490 kW,实际冷源换热量为 23 478 kW,只有设计值的 1/3,严重偏少。冷源量偏少导致脱硫系统温度超过 80 ℃,无法正常运行。

(3) SAGD 井组在循环预热阶段采取快速预热措施,注汽量高于设计指标,使得单井产量增加,同时使得采出液含汽量增加(由 40% 增加至 50%),造成热能不平衡。从运行参数可以看出,SAGD 单井组采出液设计释放热量为 1 540 kW,实际释放热量为 3 010 kW,为设计值的 2 倍;即使冷源参数等于设计参数,冷源量还是不足,而实际冷源参数只有设计参数的 1/3,综合影响下,热能不平衡严重制约了 SAGD 新开井组。

5.3 热能潜力分析

5.3.1 热源情况

表 5-3-1 为风城油田作业区 2020 年产量和参数表。由全年情况来看,产液量为 2226×10^4 t/a,产油量为 198.1×10^4 t/a,综合含水率为 91.1%。

表 5-3-1 风城油田作业区 2020 年产量和参数表

项 目	单 位	常规吞吐	SAGD	合 计
产液量	10^4 t/a	1 558	668	2 226
产油量	10^4 t/a	124.6	73.5	198.1
含水率	%	92	89	—
温 度	℃	105	180	—

5.3.2 冷源情况

风城油田作业区可作为余热利用最重要的冷源是清水软化水。表 5-3-2 为风城油田作业区 2020 年清水软化水的具体数据。

表 5-3-2 风城油田作业区 2020 年清水软化水数据

项 目	单 位	数 值
总 量	t/d	14 000
常年平均温度	℃	15

5.3.3 余热量计算

表 5-3-3 为风城油田作业区 2020 年采出液余热量数据。根据表中计算结果,SAGD 采出液余热量较大,占采出液总余热量的 78.2%,且由于其集中、温度高、易于利用,因此应该优先利用;常规蒸汽吞吐采出液余热量相对较小,占采出液总余热量的 21.8%,且温度低,并分散在风城油田作业区的 50 多个注汽接转站,而注汽锅炉给水大部分为高温净化水,冷源不足,因此应适度利用。

表 5-3-3　风城油田作业区 2020 年采出液余热量

项　目	单　位	常规吞吐	SAGD	合　计
产液量	10⁴ t/a	1 558	668	2 226
产油量	10⁴ t/a	124.6	73.5	198.1
含水率	%	92	89	—
温　度	℃	105	180	—
目标温度	℃	95	95	—
原油比热	kJ/(kg·K)	2.1	2.1	—
水比热	kJ/(kg·K)	4.186 8	4.186 8	—
采出液比热	kJ/(kg·K)	4.02	3.96	—
余热量	kW	19 860	71 299	91 159
占　比	%	21.8	78.2	100

目前风城油田作业区采出液依靠风城油田一号稠油处理站和二号稠油处理站进行处理。为了满足采出液处理工艺的要求，需要对采出液进行换热降温。一号稠油处理站和二号稠油处理站主要采用注汽锅炉，用清水软化水和净化软化水作为平衡热能的冷源，但由于锅炉给水温度提升受到给水泵耐温的限制，同时注汽系统采用温度较高的净化软化水作为锅炉给水的比例逐渐增高，所以平衡采出液的热量进一步降低，因此风城油田采出液的地面工艺系统的热量平衡问题突出。据统计，两座处理站的余热负荷每年维持在 100 MW 以上，因此风城油田整体的余热热负荷充裕，余热利用潜力较大。

随着 SAGD 后续井组的增加，采出液的余热量逐渐增大。据预测，风重 010 集中换热站 2022—2040 年为稳定运行期间，在此期间平均生产蒸汽量约为 2 126.74 t/d。

5.4　采出液余热综合利用关键技术

5.4.1　注汽转接站采暖

新疆地区采暖期较长，注汽转接站内冬季采暖保温大都采用高压蒸汽。高压蒸汽在站内经两级减压后进入站内采暖保温系统，尾气直接排入缓冲罐，造成大量高品质蒸汽浪费，同时蒸汽调节难度大，运行安全系数较低。

常规蒸汽吞吐分布在风城油田作业区的 50 多个注汽转接站，大规模集中利用有一定的难度，而常规吞吐采出液温度一般在 90～110 ℃ 之间，余热资源属于低温余热，可以用来供暖。

通过对风城油田作业区注汽转接站采暖现状进行研究，针对注汽转接站生产工艺特点，提出采用采出液间接采暖闭式循环系统，如图 5-4-1 所示。换热器采用相变换热装置，在站区以采出液为热源供采暖时使用，同时适用于与黏度大、密度高、凝点高、胶质沥青质含量高的介质进行换热的场合,以及换热过程中冷源、热源不允许混合的场合。

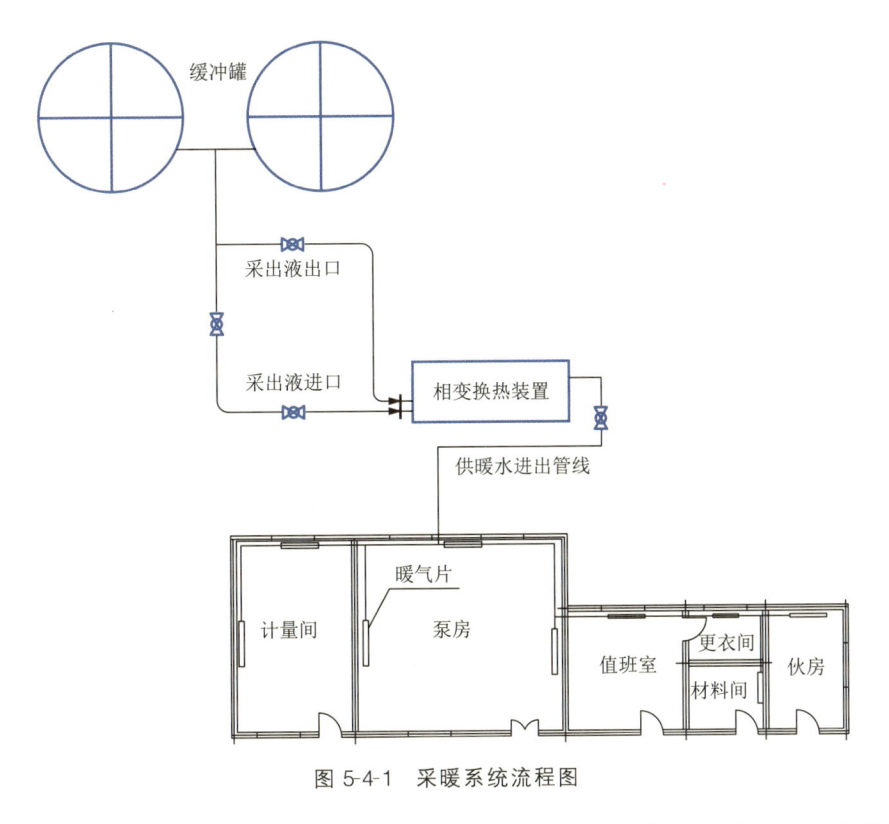

图 5-4-1 采暖系统流程图

图 5-4-2～图 5-4-4 为某年份根据 72 h 试运行抄表记录数据绘制的相变换热装置供热量、室内温度、采出液进出相变换热装置温度随时间变化的趋势图。

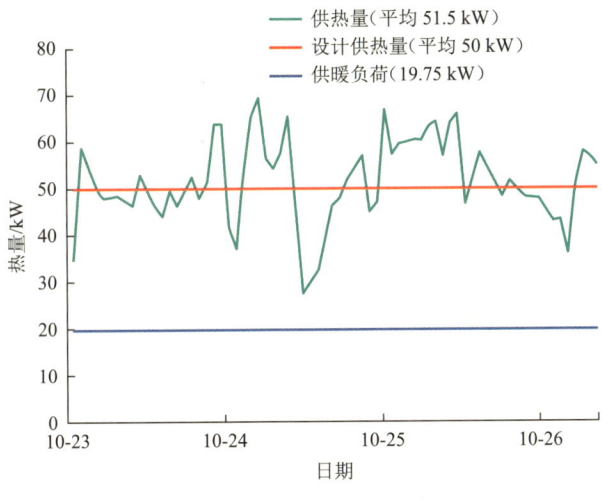

图 5-4-2 相变换热装置供热量

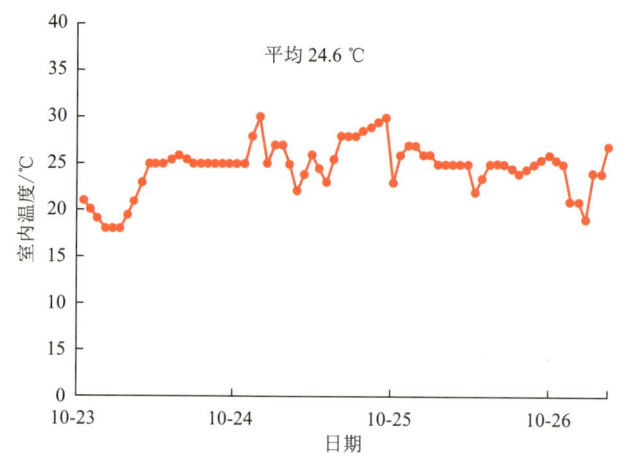

图 5-4-3 相变换热装置室内温度

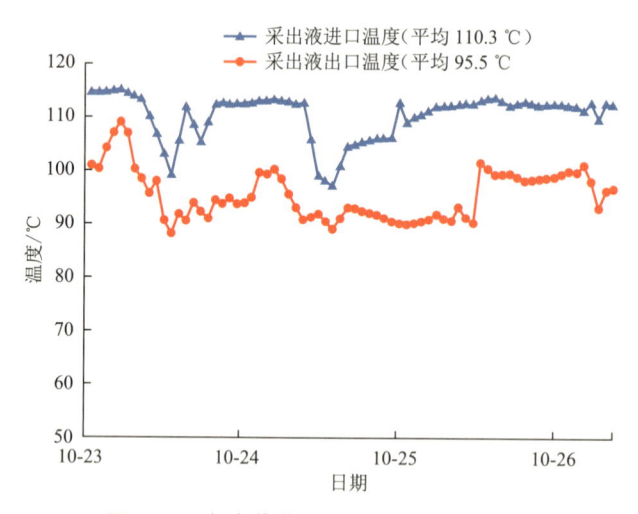

图 5-4-4 相变换热装置采出液进出口温度

由以上趋势图可以看出：

（1）设备平均供热量为 51.5 kW，达到设计值，满足供暖所需热负荷；

（2）室内温度最低为 18 ℃，最高为 30 ℃，平均保持在 24.6 ℃，达到供暖所需的室内温度 18～22 ℃ 的要求；

（3）进入相变换热装置的采出液温度平均降低 15 ℃ 左右。

据现场观察，设备投运后，生产系统运行稳定，对采出液正常输送和井口压力等无影响；简 14 号站大罐冒白烟量比附近站减少了 2/3，污染物减排和热量浪费的效果明显，有助于采出液的密闭集输。

相变换热装置采用相变换热原理，即通过在全封闭空间内工质的蒸发与凝结来传递热量，其工作过程是蒸发、上升、冷凝、下降 4 个过程的动态循环，如图 5-4-5 所示。蒸发是在蒸发段内，工质被热源（采出液）加热蒸发；上升即工质蒸汽通过上升管进到冷凝段内；

冷凝是在冷凝段内,工质蒸汽被冷源(供暖水)冷却;下降即工质冷凝液通过下降管回流到蒸发段内。

相变换热装置按结构可分为整体式和分体式。整体式是将受热部分(蒸发段)和放热部分(冷凝段)放置于一个大腔体内,而分体式是将受热部分和放热部分用蒸汽上升管与冷凝液下降管相连接。相变换热装置可用于冷、热流体相距较远或冷、热流体绝对不允许混合的场合。

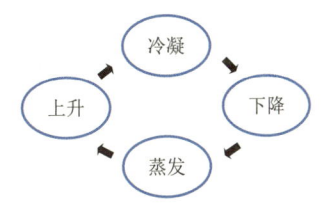

图 5-4-5 相变换热工质状态和流向示意图

整体式和分体式分离热管基本结构如图 5-4-6 和图 5-4-7 所示,热源流体(采出液)经过热流体通道时将热量传递给超导腔体内的超导介质,从而加热超导介质,产生的蒸汽向上进入上部超导腔内并将热量传递给冷源介质(供暖水),此时超导介质温度下降而发生冷凝,产生的冷凝液进入下部超导腔。通过往复不停的循环运动,热流体的热量不断传递给冷源介质,达到高温含水原油加热冷却水的目的。

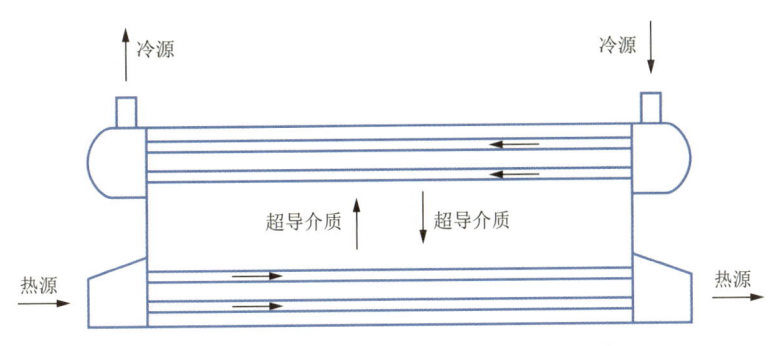

图 5-4-6 整体式相变换热装置结构和原理示意图

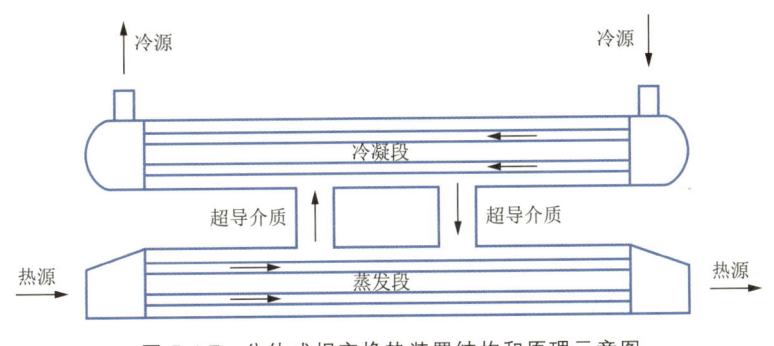

图 5-4-7 分体式相变换热装置结构和原理示意图

相变换热装置应用效果分析:

(1) 运行稳定,负荷使用范围大,能适应频繁启停的工况。

由于蒸发腔内充满了饱和工质,热容量大,停运后可起到保温作用,在冷热源流量剧烈变化的情况下,装置均能适应需求。

(2) 冷热源间互渗可能性极小。

由于结构上的特点,蒸发段和冷凝段互相独立,蒸发段和冷凝段管束同时泄漏的可能

(3) 不存在局部过冷或过热现象,可防止冻堵。

由于原油采出液的黏度大,一旦存在温度分布不均造成局部温度过低的情况,就会导致装置超导腔内的超导介质蒸汽处于饱和状态。而超导介质蒸汽饱和温度是由饱和压力决定的,因此与采出液进行换热的超导介质是呈处处等温的状态,不存在局部过冷或过热现象。

(4) 补充超导介质和排出不凝性气体方便,可防止传热失效。装置顶部设有充液口和排气阀,方便超导介质的添加和排气。

(5) 不宜积沙。装置设置了防积沙措施,能够降低泥沙堆积的可能性,而且蒸发段具有一定的自清洗能力,积沙以后清洗也比较方便。

(6) 高黏采出液附着沉积,可能影响换热效果。

原油采出液的附着沉积可能形成死区,导致换热器通道换热性能下降甚至局部堵塞,最终影响生产。

5.4.2 站内储罐保温技术

站内储罐保温采取盘管式换热器供暖工艺(图 5-4-8),即在站区生活水罐上焊接进、出水口管线,出水口连接管道泵,管线涂覆导热胶泥并以盘管方式缠绕在缓冲罐上,利用缓冲罐热传导换热加热管线中的水,并以此对站区供暖,最后回水至生活用水罐。

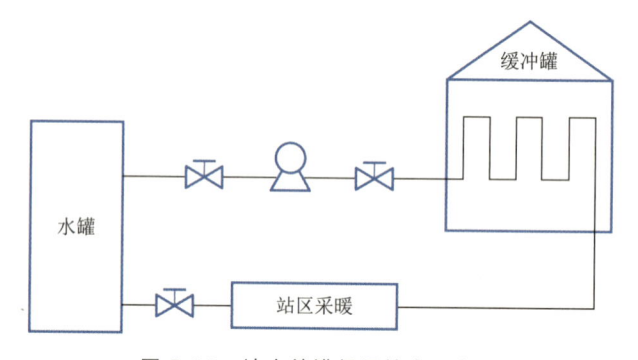

图 5-4-8 站内储罐保温技术示意图

盘管式换热器具有传热系数较高、结构紧凑、空间利用率高、换热面积大、占地面积小等特点,广泛应用于石油化工、低温工程、电力机械等众多领域。当空间不足以放置直管换热器或管内流体要求压降小时,螺旋盘管有其独特的结构与流动优势,尤其是在管内流体介质处于层流状态或流速较低时,极具换热性能优势。

该供暖方式工艺流程简单,管理方便,对站区生活水全天候保温,节约能源。但盘管式换热器管线以盘管的方式缠绕在缓冲罐上,当采出液液位较低时,缓冲罐上部会积存大量蒸汽,容易出现冷凝挂壁而影响换热效果,因此应根据缓冲罐液位高低调整盘管位置。

5.4.3 采出液换热采暖技术

利用换热器将高温来液与软化清水换热,加热后的软化清水作为交换介质用泵加压循环至各站采暖,取代传统的蒸汽采暖,其工艺过程如图 5-4-9 所示。

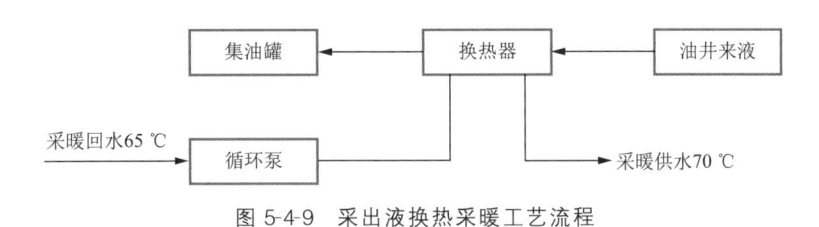

图 5-4-9 采出液换热采暖工艺流程

1) 螺旋板式换热器

如果需要进行换热的两种介质都是液体,则在螺旋板式换热器的流道内要按逆流方式流动,即进行换热的两相邻流道内的两种液体沿螺旋流道彼此相反的方向流动,这样能使两种流体介质之间始终保持一定的温差,从而达到最好的传热效果;如果两种介质中一种是液体,一种是气体,则它们在螺旋板式换热器内要按错流方式流动,即液体在换热器内沿螺旋方向流动,而气体沿换热器的轴向直接通过。

螺旋板式换热器是一种高效换热设备,适用于气-气、气-液与液-液对流传热,是发展较早的一种板式换热器。螺旋板式换热器具有体积小、效率高、制造简单、成本较低、重量轻、热交换温差低等优点,近年来在国内各行业中的应用日趋广泛。

目前采出液和软化水换热常采用螺旋板式换热器。对于风城油田采油一、二站转油站而言,特稠油采出液的组分复杂、黏度大、密度高、凝点高、胶质沥青质含量高,且采出液中的油泥具有含量高、颗粒细、温度高、稳定性好等特点,使用常规的螺旋板式换热器存在如下问题:

(1) 油水混合物中含泥沙较多,容易在换热面沉沙结垢,形成隔热层,从而降低换热器的换热性能。

(2) 风城原油黏度大,且随温度的降低,黏度迅速增加,同时冷却水和采出液之间的温差大,容易形成局部低温,因此局部温度低的区域容易形成死油区,使得换热热阻增加,换热面积减少,影响换热器的换热性能。

2) 相变换热器

用于 SAGD 采出液的相变换热装置利用相变换热原理将热流体热量不断传递给冷源介质,达到高温采出液加热锅炉给水的目的。

结合风城油田作业区原油采出液的实际情况,对相变换热装置进行了结构优化设计。如图 5-4-10 所示,将采出液放置于加热管道内,扩大了换热面积;两端设有管板,采出液流经管板时可以增加其扰动,破坏层流底层,从而强化了换热;改进了两端的接口设计,保证进出口流体的下端局部流速能带走因上部流道扩大而沉积的部分沙。上述改进不但提高了相变换热装置的换热效果,而且减小了采出液沉沙的可能性。

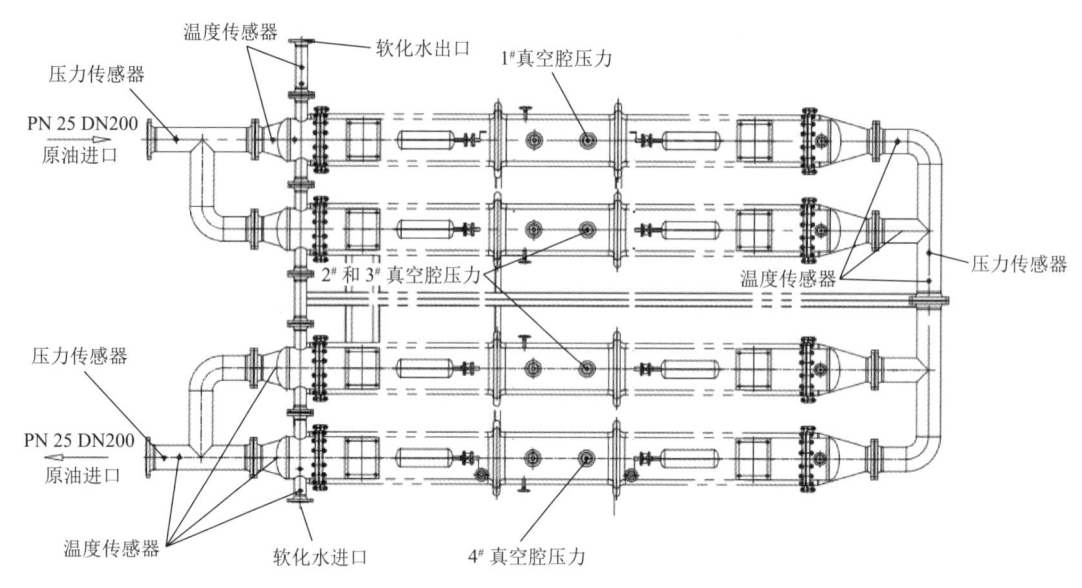

图 5-4-10 相变换热装置结构简图

SAGD采出液特种高效换热器（相变换热装置）安装于风城油田作业区 $30×10^4$ t SAGD密闭脱水试验站,用于集中换热站的油水二次换热。该装置自投运以来运行稳定,换热效果良好,现场运行情况表明：

（1）设备性能满足要求,负荷适用范围较广；

（2）设备运行比较稳定,换热性能保持较好；

（3）随着采出液流量的变化,设备换热系数在 150~457 W/(m²·K) 之间,采出液量较大时高于现场使用的螺旋板式换热器的换热系数[230~350 W/(m²·K)]；

（4）系统短暂停液后,在无人操作的情况下,设备成功启动,且运行平稳,换热效果良好,未发生采出液凝堵现象。

5.5 技术优化方向

目前风城油田携带大量余热的热源介质主要为蒸汽、采出液和污水。采出液油气分离后的蒸汽温度为 165~175 ℃,油气分离后的部分采出液温度为 165~175 ℃,采出液经脱水装置产生的采出水温度为 150~165 ℃。风城油田采出液处理工艺系统中的冷源为软化水,其温度的提升受柱塞泵耐温限值限制,只能提升到 95~100 ℃,并且其中温度较高的净化软化水的比例逐渐提高,冷源单一,冷源所平衡的热量逐渐减少。现阶段将SAGD采出液的余热用于作业区内采暖、储罐保温及提高稠油热采注汽锅炉的进口水温,将净化水(85 ℃)、清水(17 ℃)升温至 100~110 ℃,在满足SAGD采出液处理的同时进行余热回收利用,但随着开发规模的扩大,热源不断增加,冷源相对固定且调配困难,热平衡矛盾突出。另外,现有的余热利用方式对高品质余热造成浪费,因此为达到节能降耗、降低热力开采成本的目的,应开展相关余热利用技术的研究工作,其中提高采出液余热利用效率是关键。余热利用技术主要围绕以下方向发展。

1) 余热利用技术的发展

低温余热的热功(电)转化技术主要有朗肯循环和有机工质朗肯(ORC)循环-涡轮(膨胀机),后者比较成熟,可采用向心涡轮、螺杆式、滚动转子式及涡轮式膨胀机等多种形式。现有有机工质朗肯循环技术不仅系统简化,而且发电效率有显著提高。有机工质朗肯循环技术是未来低温余热回收利用的趋势,成熟和发展增加了余热资源利用的可能性。

有机工质朗肯循环是在传统朗肯循环中采用有机工质代替水推动涡轮机做功。低压液态有机工质经过工质泵增压后进入预热器、蒸发器吸收热量,转变为高温高压蒸汽后推动涡轮机做功,产生能源输出。涡轮机出口的低压蒸汽进入冷凝器,向低温热源放热并冷凝为液态,如此往复循环。

2) 节能和可持续发展

余热的高效利用是节能的重要环节,利用 300 ℃ 以下数量巨大的中低温热源发电是重点。目前风城油田作业区 SAGD 高温采出液携带的余热资源不能被有效地回收利用,造成较大的能源浪费,而利用有机工质朗肯循环可以很好地解决这一问题,即利用有机工质将低温余热回收后进行发电。

参考文献

[1] 姜伟.加拿大稠油开发技术现状及我国渤海稠油开发新技术应用思考[J].中国海上油气,2006(2):123-125.
[2] 于慧鹏,刘宝玉,王春华.注汽锅炉烟气余热回收[J].当代化工,2012,41(10):1138-1140.
[3] 张翼飞.烟道气回收利用一体化技术研究[J].石油石化节能,2018,8(4):11-14,7.
[4] 赵靓,胡金燕,杜德飞,等.气田增压机组烟气余热利用技术[J].油气田环境保护,2013,23(5):62-64,85.
[5] 王学.油田利用热泵回收余热的现状及效果分析[J].石油石化节能,2016,6(8):39-40,10.
[6] 赵立新.油田稠油生产站场采暖节能改造技术与应用[J].石油石化节能,2019,9(10):15-19,2-3.
[7] LIU L J,LIU X Y,ZHANG X P. Cascade utilization of waste heat in heavy oil exploitation by SAGD technology[J]. Advanced Materials Research,2013,2482(734-737):1150-1156.
[8] LIU X Y,ZHANG X P. Research on cascading use of waste heat technical program in heavy oil exploitation by SAGD technology[J]. Energy Procedia,2012,17:1145-1152.

第 6 章
含油污泥处理技术

含油污泥主要是石油勘探开发和化工行业生产过程中产生的油泥和油砂,其来源基本涵盖了石油生产和使用的全链条,包括开发、集输、运输、储存、炼制、销售等环节。按照来源划分,含油污泥主要分为油田油泥、储存与运输产生的油泥、炼厂油泥、事故油泥等。据报道,我国含油污泥产量已经超过 600×10^4 t/a。含油污泥主要组成为原油、泥沙和水分,其中含油量因污泥来源的不同而各异,平均含油量一般在 10%~30% 之间。水分主要为游离水、毛细水和乳化水,含油污泥中的含水率可高达 98%。含油污泥成分复杂,属于多相体系,一般由水包油(O/W)或油包水(W/O)型乳状液以及悬浮固体组成,且乳化充分,黏度较大,固相难以彻底沉降,给处理带来很大的难度。

含油污泥的露天堆放可能通过挥发、粉尘扩散、降解水渗入土壤和地下水等方式对周边土壤、水体、空气造成污染。目前含油污泥作为一种常见的暴露污染源已被国家列为重要污染废物,含油污泥的有效处理已成为油田环境保护与可持续发展的重大问题。虽然我国已在各油田推行含油污泥处理技术,积极采取措施保护油田及地方环境,但对含油污泥的处理多见于原油的简单回收、填埋及焚烧,与实现污泥无害化处理的目标还有很大差距。当前,我国油田对含油污泥的处理与利用尚处于初始阶段,亟待建立含油污泥最佳有效处理方案及工艺流程,并基于油田环境和污泥种类的特点,研发出契合工程实际的经济高效处理技术。

风城稠油联合站污泥池的含油污泥黏度大、成分复杂、处理难度大、产生量大,有一定的危害,处理不当可能会污染环境。如何做到减量化、无害化地处理含油污泥,是一个迫切需要解决的技术问题。新疆油田通过不断优化、研究和分析,寻找油、泥分离的突破口,研制出高效配方和工艺流程体系,形成了一套适合风城稠油联合站污泥池含油污泥连续处理的工艺技术,彻底摒弃了污泥主要依靠拉运后填埋的处理方式,节约了外运费用,降低了安全和环境风险。

6.1 含油污泥处理技术现状

含油污泥虽是一种工业废弃物,但其本身含油量较高,通过一些工艺手段的处理和化学药品的添加可以实现含油污泥的资源化利用。此外,含油污泥还含有大量细菌、腐蚀产物、重金属、苯系物、酚类、蒽类等有毒有害物质,并伴随恶臭和毒性,直接与自然环境接触会对土壤、水体和植被造成较大污染,因此必须进行无害化处理。在无害化、资源化利用过程中,减量化始终是含油污泥处理技术的关键环节,其中含油污泥的脱油脱水是减量化过程的关键步骤。只有有效去除了附着在含油污泥表面的矿物油,才能更有效地彻底去除其水分,才有机会真正达到后续减量化处理的目的。在实现减量化处理后,含油污泥的重量和含油污物排放量显著减少,降低了含油污泥处理难度,同时也大大减轻了处理设备的负荷,使得进行后续含油污泥处理所需的时间和成本随之显著降低。

6.1.1 含油污泥减量化处理技术

国内外含油污泥减量化处理工艺主要有自然干化法、螺旋压滤法、箱式压滤法、滚压带式压滤法和离心机分离法。各种减量化方法都有其适用范围,不具有普遍适用性。总体来说,含油污泥是含有大量有机物、絮状体的复杂多相稳定乳化胶体体系,界面活性和乳化能力均较强,直接固液分离方法效果较差,因此工程现场一般采用调质-固液分离技术来达到含油污泥减量化处理的目标。

1) 调质处理

所谓调质处理,是指利用物理或者化学的方法破坏含油污泥的微观结构、电荷及表(界)面张力等性质,从而改变其油、水、固三相的状态,提高固液分离效率的方法。

(1) 氧化法。

氧化剂可以将大部分重烃($C_{21} \sim C_{40}$)氧化为羧酸、酚类和醇类及其他气态副产品,破坏油水乳状/胶体结构、石油烃与颗粒表面的化学键,实现油、水、固三相分离,减少废物总量。青鹏等采用"H_2O_2+$ZnCl_2$+絮凝沉降"技术处理元坝气田采出的含油污泥,废物总量减少了30%~40%。Zhen等研究发现,利用$K_2S_2O_8$和$FeSO_4 \cdot 7H_2O$对含油污泥进行处理时,Fe(Ⅱ)活化过硫酸盐氧化法($Fe^{2+}/S_2O_8^{2+}$)产生的硫酸自由基氧化了大量的胞外聚合物(EPS),破坏了油、水、泥三相界面结构,导致 EPS 释放结合水,显著提高了含油污泥脱水性能。

(2) 絮凝法。

絮凝法是通过压缩双电层、吸附-电中和、吸附-架桥、网捕-沉淀等作用方式使含油污泥胶体中的细微颗粒聚集,改变油泥界面状态的一种最常用的含油污泥调质方法。在实际处理过程中,上述4种反应机理往往不会单独存在,而是几种机理同时或交叉组合共同发挥作用。絮凝效果及絮凝机理不仅与絮凝剂的物化性质有关,而且与处理污染物的特性及水质等特性有关。Chen 等将阳离子淀粉(CS)、丙烯酰胺(AM)和二烯丙基二甲基氯化铵(DMDAAC)采用过硫酸铵引发聚合和缩合反应,合成了阳离子淀粉/阳离子聚丙烯酰胺/氧化石墨烯(CS-g-CPAM/GO)三元复合絮凝剂,通过吸附架桥、电荷中和絮凝油泥颗粒。在加入 6 mg/L CS-g-CPAM/GO,40 ℃和 pH=3~12 条件下,含油污泥悬浮液的透光率可达 90.2%~97.5%,絮凝效果良好。

(3) 破乳法。

破乳法是通过破坏含油污泥中复杂的油水多重乳化体系,降低毛细吸入时间(CST)、比阻(SRF)等,提高含油污泥油水分离效果的方法,主要工艺技术包括化学破乳、电化学破乳、加热破乳、超声波破乳、微波破乳等,工程上最常用的是表面活性剂破乳、电化学破乳和加热破乳方法。

表面活性剂破乳是指在乳状液中加入破乳剂,破乳剂作为一种表面活性化合物会迁移至油水界面并取代界面上的乳化剂,降低油水界面强度甚至破坏刚性膜,导致水滴聚结,从而实现破乳的目的。Guo 等针对辽河油田稠油采出水处理过程中凝析气浮法生产的浮渣,用硫酸使絮凝体骨架断裂,在 pH = 2.0 时,CST 和 SRF 的降低效率分别为 93.1% 和 89.2%,释放了大量束缚水。谢志勤等用 0.8 g/L NaOH 和 H_2SO_4 联合破乳剂在 60 ℃ 时反应 120 min,固体颗粒的三相接触角从 95.6°减小至 87.0°,破乳后油层含水率降至 10.6%。Long 等采用 300~1 000 mg/L 的鼠李糖脂处理含油浮渣,在 pH 为 5~7,温度为 10~60 ℃ 时,可直接将 50%~80% 的水从稳定的油泥中分离出来。Puasa 等在污水处理产生的含油污泥中加入 50~250 mg/L 阳离子棕榈基酯(PBE),分离出 64%~84% 的油相,并提高了 70%~82% 的减重效果。杨洁等以煤油、甲苯为油相,乙醇、异丙醇及正丁醇为助表面活性剂,十六烷基三甲基溴化铵(CTAB)和壬基酚聚氧乙烯醚(NP-10)按质量比 1∶6 复配为表面活性剂,配制了一种热力学稳定、各向同性、外观透明或半透明、自发形成的分散体系,最佳条件下对罐底油泥的脱水率达到 95.23%。

含油污泥呈复杂的悬浮液状态,在直流电条件下,油相(非极性)与电-渗透水流方向相反,两个相反的极性末端之间的相互吸引产生了静电力,电凝聚使水滴相互靠近,当薄膜的厚度变得非常薄时,静电和分子力会使薄膜破裂而破乳,该方法即电化学破乳。通过应用垂直电极和足够的电强度来增强非极性轻质原油从极性孔隙水相的渗流,从而实现油、水、固分离。Taleghani 等研究了添加剂 $FeCl_3$、明矾、阳离子聚合物、黏土以及黏土与阳离子聚合物的混合物对悬浮液的电化学处理,在恒压梯度 1 V/cm 时,$FeCl_3$ 可以较好地回收水、轻油和重油,轻质油回收率达 28%~52%。研究发现,油包水型乳状液在交流电产生的高频电场作用下也可破乳脱水,但未见其应用于含油污泥破乳的报道。

微波加热破乳是采用微波辐射乳状液进行加热,微波辐射形成高频率变化的电磁场,会破坏含油污泥油水界面的 Zeta 电位,Zeta 电位作用变化以及失去空间位阻后,含油污泥中的水分更加容易碰撞聚集在一起,并从油相中分离出来。刘晓艳等研究了不同含水率下的柴油乳状液分别在微波加热以及常规水浴加热下的脱水效果,实验结果显示,微波的破乳效果远远好于常规水浴加热,而且微波加热到相应温度所用时间远少于常规加热方式。杨小刚对比分析了微波加热、热化学法、水浴加热等方法对原油乳状液破乳的影响,在沉降 1 min、微波辐照 10 s 的情况下,脱水率可以达到 95% 左右。Fortuny 研究了乳状液中温度、含盐量、pH 以及水含量对微波破乳的影响。范永平等将离心分离和微波辐照相结合来处理含油污泥的乳化层乳状液,探究不同因素对含油污泥破乳的影响,研究发现当微波辐射强度为 2 W/g、辐照时间为 3 min、离心时间为 4 min、离心转速为 2 500 r/min 时破乳效果最佳,此时乳状液中的含水率可降至 2.1%。Kuo 等采用海水辅助微波法对含油乳状液进行破乳实验,研究发现微波功率为 700 W、微波辐照时间为 40 s、海水添加量为

20%时,破乳效率可以高达93.2%。

超声波破乳主要利用其功率特性和空化、振荡来破坏含油污泥的结构,排放内部水,从而增加含油污泥颗粒聚集。当发生空化现象时,会产生强大的高密度微射流,微射流冲击固体颗粒的表面,空化气泡破裂时产生的高温高压条件能够破坏乳化结构。空化次数随超声频率的增加而增加,但超声强度过高将会抑制原油的液滴聚集。超声波与臭氧组合协同效应明显,超声波提高了臭氧分解效率,产生更大量的—OH。Su 等针对米脂天然气处理厂产生的含油污泥,加入氧化剂 MN-S、氧化钙、氢氧化钠,在 40 kHz 超声频率调质处理 4 min 后,比阻由 130.3 m/kg 降至 3.8 m/kg,毛细管阻力(SRF)降低至 3.81×10^{12} m/kg,含水率由 90.17% 降至 68.71%。

2) 固液分离

含油污泥经调质破乳处理后,需进行固液分离以达到减量化的目的。固液分离方法主要有沉降法、自然/加热干化法、机械压滤法、离心分离法等。调质并经重力沉降脱水后的浓缩污泥含水率通常小于 96%,根据工艺的需要可进一步进行机械脱水。常用的方法有带式压滤、板框压滤、螺旋压榨、真空过滤和离心脱水等,相应脱水装置的工作原理均是在过滤介质两面产生压差,截留固体颗粒而使水分通过,从而达到脱水的目的。

离心脱水是目前含油污泥调质-机械脱水工艺中经常采用的方法,以卧螺旋沉降式离心机的应用最为普遍。此类离心机处理效率高,调质药剂消耗少,并且因其设备紧凑、占地面积较小,适于处理石油钻井行业中的油田含油污泥(含油率大于 5%)以及其他工业领域中含油比较高的污泥。近年来,Flotting 等公司开发出集污泥浓缩、油水分离于一体的三相离心机。此离心机具有可调叶轮,能根据不同的水油密度差进行调节,已在德国 OMW 炼油厂和武汉钢铁公司能源总厂得到了实际应用。Jia 等采用三相离心机对含油污泥进行处理,通过参数优化满足了污泥、油、水三相分离的要求。结果表明,当输入量低于 5 m³/h 时,主电机和副电机的频率分别为 33 Hz 和 30 Hz,絮凝剂流量为 0.7 m³/h,温度为 55 ℃,离心处理后含油污泥的含水率由 98% 降至 70% 以下,达到了减量化处理的目的。

从国内运行的含油污泥处理项目来看,调质-机械脱水技术得到了广泛采用。现阶段,国内较成功的调质-机械脱水技术实用案例主要有大庆油田采油四厂杏北油田含油污泥处理工程(处理量 10 t/h)、大庆油田采油一厂北一区油田含油污泥处理工程(处理量 15 m³/h)和东江环保(江门)工业废物处理建设项目(处理量 19.85×10^4 t/a,其中废矿物油 1.7×10^4 t/a)等。

调质-机械脱水工艺发展得比较成熟,机械脱水是其中的关键,只有实现"水清、泥干、油纯"的三相分离,才能显著减少后处理费用。对于不同来源的含油污泥,需要确定最优的絮凝剂、破乳剂类型及其用量,以及脱水机械的型号和运行参数,目前很难有普适的药剂和脱水机械设备的组合。

3) 典型的含油污泥减量化处理工艺

图 6-1-1 所示为一典型调质+离心分离工艺流程,它能够很好地实现油、水、泥分离,分离后产物的含水率小于 75%、含油率小于 3%。含油污泥通过提升泵输送至反应罐(加热、加药、加水)进行调质,调质完成后通过一级提升泵提升至两相离心机进行固液分离;

液相至油水罐后由二级提升泵提升至三相离心机,同时在含油污泥物性较好时可以直接采用三相离心机处理,分离后污水通过污水回收泵回收至站内污水处理系统,污油通过污油回收泵回收至站内污油系统,固相通过晾晒场晾晒后进行无害化处置。

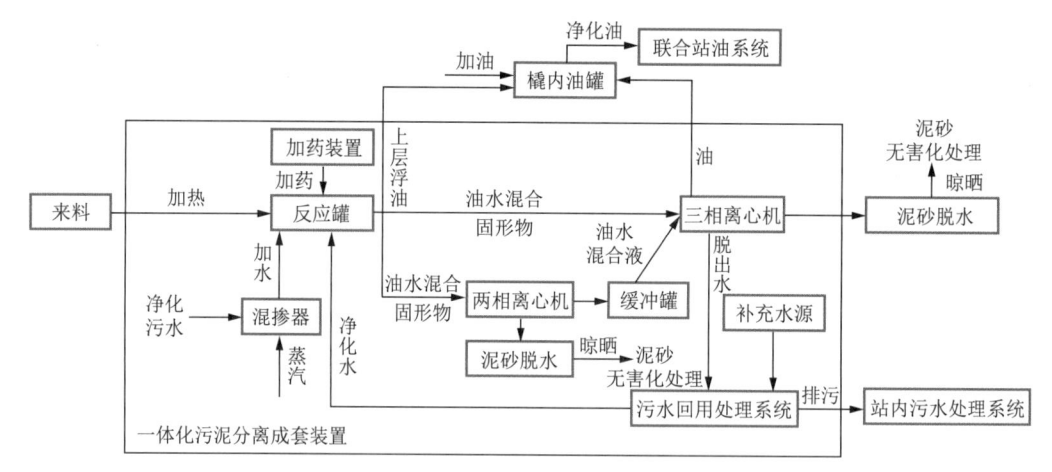

图 6-1-1 典型调质+离心分离工艺流程图

6.1.2 含油污泥无害化处理技术

无害化处理技术包括安全填埋法、稳定固化法、焚烧法、增强氧化法及生物降解法。

1）安全填埋法

含油污泥安全填埋是利用不具有渗透性的厚黏土层、人造内衬将含油污泥与空气、水体隔离开来。在安全填埋的底层还设有渗滤液收集系统,以达到含油污泥与环境生态系统最大限度的隔绝。为了减少填埋渗滤液进入地下水层,可以在填埋地周围建立植物带来吸收、分解石油碳氢化合物。含油污泥安全填埋在一些发达国家(如美国、英国、加拿大、德国)应用广泛。根据 Kriipsalu 等的报道,欧洲许多国家禁止将含油污泥进行填埋处置。虽然填埋法处理含油污泥成本低,但填埋法仍然无法避免渗滤液污染地面及地下水,还会占用大量土地。填埋法无法资源化利用含油污泥,只有当含油污泥无法进行其他方式处置时,才考虑使用填埋法,而且为了保证填埋的安全性,含油污泥需要进行脱水等预处理。

2）稳定固化法

稳定固化是一种快速、廉价的废弃物处置方法,是将含油污泥中的污染物转化为不可溶物或低毒害的形态,使含油污泥中所有污染组分呈化学惰性,降低在填埋、储存处置过程中污染环境的风险。固化处置是将含油废弃物与能聚结成固体的材料混合,将含油污泥包容或固化于结构高度完整的基材中,使其变成具有一定机械强度、不流动、浸出率低且便于运输、利用的稳定性废物。废物固化一般有水泥固化、沥青固化、塑料(热塑性和热固性)固化、玻璃固化等。然而,稳定固化并不十分适合处置含有机物的固体废弃物,因为有机组分会阻碍水泥基黏合剂的水合作用,不能与黏合剂水化产物形成化学结合。含油污泥中有机物的固化主要依靠在黏合剂基质中的物理阻拦或在黏合剂水化物表面的吸附,这些稳定固化后的含油污泥经雨水浸淋还有释放高浓度污染物的可能。Karamalidis 和 Voudrias 研究了固化于硅酸盐水泥的炼化含油污泥污染物(总碳氢化合物、烷烃、多环芳烃)的浸出特性,结果显示含油污泥被包容在水泥基材中,水泥结构的破坏会导致污染物浸出浓度增加。其他研究含油污泥与水泥固化的实验显示,多环芳烃、甲醇、邻氯苯胺的浸出浓度较高。通常单独的水泥固化基材不能有效稳定含油污泥中的有机污染物。为了提高稳定固化效果,添加吸附黏合剂是一种可行的方法,如将水泥和活性炭共同用于稳定含油污泥中的有机组分。Raner 的研究证实添加活性炭可以提高硅酸盐水泥固化有机污染物的效果。Leonard 和 Stegemann 的研究表明,向水泥中添加碳含量高的电厂飞灰可以有效地降低碳氢化合物的浸出。

  稳定固化技术不仅可以稳固含油污泥中的有机组分,还可以稳定含油污泥中的重金属。Karamalidis 和 Voudrias 研究了炼化含油污泥和含油污泥焚烧飞灰经水泥稳定固化后的重金属浸出行为,pH>6 时固化飞灰重金属稳定率高于 98%,pH>7 时固化油泥重金属稳定率高于 93%。研究还发现,pH 对重金属稳定固化有很强的影响,如 pH>8 时镍(Ni)的稳定率高达 98% 以上,而 pH=2.5 时稳定率仅为 47%。Al-Futaisi 等将储运含油污泥与硅酸盐水泥、水泥伴生灰、采石场细沙混合固化,浸出毒性分析显示重金属浸出浓度均未超过相关标准范围。虽然稳定固化技术可以有效稳定含油污泥中的有机、无机组分,但是该项技术处理成本、固化产物的机械强度等相关研究仍然欠缺,在未来的研究中仍需进一步探索更好的固化基材。

3) 焚烧法

  焚烧法是在过量空气和辅助燃料存在的条件下,对含油固体废弃物进行完全燃烧的过程。许多大型炼化厂都采用焚烧法处置含油污泥,通常采用回转窑和流化床作为焚烧炉。在回转窑焚烧炉中,燃烧温度通常为 900~1 200 ℃,停留时间约 30 min;在流化床焚烧炉中,燃烧温度在 730~760 ℃ 之间,停留时间可以长达数天。流化床焚烧炉具有燃料适应性强、燃料混合效率高、燃烧效率高、污染物排放量低等优点,可以处置含油量较低的含油污泥。焚烧炉的燃烧效率受多种因素影响,如燃烧工况、停留时间、温度、原料品质、添加的辅助燃料以及含油污泥给料速率等。Liu 等在流化床锅炉中添加辅助燃料水煤浆来焚烧含油污泥,结果显示可以通过控制水煤浆给料速率稳定燃烧温度,燃烧效率可达 92.6%。研究还表明,含油污泥与水煤浆共同焚烧排放的烟气及飞灰重金属含量均达到相应的环境要求。Wang 等将含油污泥与新型液态燃料水焦浆混合焚烧,实验结果显示混合燃料表现出黏度低、燃烧过程稳定的优点。Sankaran 等研究了不添加辅助燃料条件下将 3 种含油污泥在流化床燃烧器内直接焚烧,结果显示低含水率的含油污泥的燃烧效率可达 98%~99%,但是含水率超过 51% 的含油污泥很难进行焚烧。研究还表明,由于含油污泥黏度高,难于给料,焚烧前需对其进行加热预处理。

  含油污泥在焚烧炉内燃烧是直接作为燃料产生能源,可用于驱动蒸汽轮机,可以实现含油污泥减量化和再利用。高含水率油泥焚烧存在一些问题:① 含油污泥需要预脱水以提高燃料品质;② 焚烧时通常需要添加辅助燃料以稳定燃烧温度;③ 焚烧排放的污染物

(如低相对分子质量的PAHs)及含油污泥的不完全燃烧会造成大气污染;④ 焚烧过程产生的燃烧灰分、洗涤水、洗涤器淤渣等会产生二次污染等。我国绝大多数炼油厂都建有污泥焚烧装置,采用焚烧处理最多的废物是污水处理场的含油污泥。湖北荆门石化厂、长岭石化厂采用顺流式回转焚烧炉,而燕山石化公司采用流化床焚烧炉。含油污泥在经焚烧处理后,有害物质几乎全部除去,效果良好。但是,在我国含油污泥焚烧尚需要大量的柴油或污油,热量大都没有回收利用,成本很高,投资也大,加之焚烧过程中常伴有严重的空气污染,有的还有大量灰尘,因此焚烧装置的实际利用率较低。

4) 增强氧化法

近年来,一些新型的增强氧化法也被应用于含油污泥的处理,如超临界水氧化(SCWO)、湿式空气氧化(WAO)、光催化氧化(PO)。超临界水氧化是利用超临界水(超过临界点,临界点为374.3 ℃,22.1 MPa)为反应介质,经过均相的氧化反应,将碳氢化合物转变为水和二氧化碳。Cui等应用SCWO技术处理含油污泥,结果显示10 min的超临界水氧化处理可以去除含油污泥中92%的COD。湿式空气氧化是利用氧气作为氧化剂,在高温高压下将有机污染物转化为水、二氧化碳和其他无机物的过程。Jing研究发现,利用湿式氧化技术(WAO),在温度33 ℃、添加Ni^{2+}作为催化剂、过量空气系数1.8的工况下,可在9 min内去除含油污泥中88.4%的COD。光催化氧化是利用光(如紫外光、日光)激发氧化将O_2、H_2O_2等氧化剂与光辐射相结合,降解有机污染物的过程。da Rocha等应用多相光催化氧化(H_2O_2/UV/TiO_2)处理含油污泥,结果显示经96 h的催化反应后,PAHs的去除率可达100%,此外白光比黑光对光催化降解PAHs更有效。氧化法要大规模应用于含油污泥的处理仍需要进一步开发,因为氧化法需要消耗大量的化学试剂,并且处理效果受多种环境因素影响,而新型氧化法如WAO、PO和SCWO需要先进的设备,运行处理成本高。

5) 生物降解法

生物处理的主要原理是微生物以石油烃类作为碳源进行同化降解,使其最终完全矿化,转变为无害的无机物质(CO_2和H_2O)的过程。污油微生物降解可以按过程机理分为两个方向:一是向油污染点添加具有高效油污降解能力、自然形成并经选择性分离出的细菌、化肥和一些生物吸附剂;二是曝气,向油污染点投加含氮磷的化肥,刺激污染点微生物群的活性。生物处理工艺目前有地耕法、堆肥法等。

地耕法是将含油污泥分散、混合进土壤中,利用微生物分解有机组分的生物修复技术。地耕法处理含油污泥的效率主要取决于土壤微生物的密度和活力。微生物在土壤中降解有机物受多种因素影响,如含油污泥掺混比例、曝气量、施肥情况、土壤含油污泥混合物的含水率和pH等。Marin等研究发现,在半干旱气候条件下,利用地耕法净化炼化含油污泥,经11个月的降解后,PHCs的去除率达80%,其中前3个月的降解量达40%。Hejazi和Husain研究了翻耕、浇水、施肥3种常见的耕作活动对地耕法降解含油污泥的影响。在干旱的气候条件下,含油污泥经历了12个月的降解处置,结果显示翻耕是影响降解效果最明显的活动,可以使PHCs的降解率提高到76%。与其他含油污泥处置方法相比,地耕法有许多优点,如处理成本相对低、操作简单、能耗低、可以规模化处理含油污泥等。然而地耕法需要占用大量的土地,耗时长(通常6~24个月),且影响微生物活动的环境因素都会影响地耕法的处理效果,例如在寒冷的气候条件下,地耕法的处理效率会大大降低。此外,地耕法还会引起一些二次污染,如挥发性有机物(VOCs)的释放,PHCs、酚类、重金属会通过土壤迁移至地下水中引起污染。

堆肥法是将含油固体废弃物堆置成2~4 m高的料堆并利用微生物的代谢作用降解有机物的过程。堆肥可分为设置有曝气管道的静态堆肥和在翻转、搅拌装置中进行的动态堆肥。堆肥处置的效率受含水率、鼓气量、添加营养物质和疏松剂等因素的影响。疏松剂通常包括稻草、木屑、树皮等。疏松剂的添加可以提高土壤-含油污泥堆的孔隙率,使空气和水分更好地分布。此外,控制碳、氮、磷的比例和曝气量等也可以提高微生物的生存环境,有效地提高堆肥降解率。许多研究者都利用堆肥法处置含油污泥。Wang在研究中发现,利用堆肥法处置老化油泥时,添加棉杆作为疏松剂可以提高微生物的多样性和活力,降解220 d后,总碳氢化合物的降解率可达49.62%,但是大量添加营养素(如尿素)对微生物的活力会起到抑制作用。Liu的研究表明,肥料的添加可以大大提高油泥堆肥处置效率,经1年的生物堆肥处置后,添加肥料实验组的总碳氢化合物的降解达58.2%,而对照组的降解率仅为15.6%。与地耕法相比,堆肥法对含油污泥中碳氢化合物的脱除更有效,而且占地面积远小于地耕法,但是其处理量不及地耕法,同时也面临VOCs释放造成二次污染、处理时间长的问题。

6.1.3 含油污泥资源化处理技术

含油污泥资源化处理是未来的发展方向,是固废处理的一个热点研究方向。目前,含油污泥资源化处理技术主要包括化学热洗法、热解法、萃取法、冷冻熔融法等。

1) 化学热洗法

化学热洗法是众多处理方法中最为常用的一种,其基本原理是使用热碱水在最佳洗涤条件下对含油污泥进行清洗,然后采用气浮等措施进行固液分离,达到油、水、泥三相分离的目的。使用该方法可将含油污泥残油率降到1%以下,并且使用的碱大多为廉价易得的无机碱或无机盐等物质,成本低廉的同时能耗也相应较低。Jing等在含油污泥中分别加入AEO-9、Peregal O、Triton X-100、SDBS、硅酸钠等单剂清洗剂,发现无机盐硅酸钠清洗效果最好,在70 ℃和80 ℃搅拌下,清洗后含油污泥残油率分别降至4%和1.6%。Duan等将筛选出的AEO-9、鼠李糖脂与无机清洗剂复配,处理沥青质含量为1.2%的含油污泥,在剂泥比(即溶剂/油泥质量比)为3∶1、清洗时间为40 min、清洗温度为50 ℃时,含油污泥残油率降至1%,同时发现复配清洗剂无法清除沥青质中的链烷烃和多环芳烃。阳离子型、阴离子型和非离子型化学表面活性剂清洗含油污泥的效果较好,但属非环境友好型药剂,对生物体有毒性,过量使用易造成二次污染。生物表面活性剂不仅具有化学表面活性剂的优点,且无毒易降解。金黎考察了鼠李糖脂、双子表面活性剂、吐温-80、SDBS、DBS、OP-10对钻井含油污泥的处理效果,结果表明当质量浓度为200 mg/L、温度为25 ℃时,鼠李糖脂清洗含油污泥的除油率最高达 37%；鼠李糖脂与双子表面活性剂复配后，在 70 ℃ 下热洗含油污泥，除油率达 63.6%。Yan 等用鼠李糖脂生物表面活性剂清洗沥青质含量为 5.18% 的含油污泥，结果表明当碳氮比为 10∶1、温度为 35 ℃、剂泥比为 4∶1、生物表面活性剂质量分数为 4% 时，油品回收率可达 91.5%。

清洗剂用于清洗沥青质等含量低的含油污泥且清洗温度较高时效果较好，但清洗性质复杂的含油污泥时效果较差。开发高效、经济的清洗剂是含油污泥资源化处理的关键，含油污泥清洗技术可进一步研究化学清洗剂循环使用及增加生物表面活性剂产量，以降低环境污染和成本，从而促进含油污泥资源化处理的工程化。

2）热解法

热解是在惰性气体环境中，在高温（500～1 000 ℃）下对含油污泥中的有机组分进行热分解。根据热解条件的不同，含油污泥热解会生成液态的小分子碳氢化合物、气态碳氢化合物和焦炭。含油污泥快速热解产物为液态热解油，可用作燃料，或者作为原料生产其他更有价值的化工产品。在实际应用中，常见的热解方式有 3 种，分别为烧蚀热解、流化床和循环流化床热解、真空热解。商用规模的油回收一般采用流化床或循环流化床热解。含油污泥热解受许多因素影响，如热解温度、升温速率、含油污泥成分、化学添加剂等。许多研究者对含油污泥热解资源化利用进行了研究。Punnaruttanakun 等研究了不同升温速率（5 ℃/min、10 ℃/min 及 20 ℃/min）对含油污泥热解的影响，结果显示升温速率 20 ℃/min 时的热解效率低于升温速率 5 ℃/min 和 10 ℃/min，但升温速率对热解固体产物的量没有很大影响。Liu 等研究表明，含油污泥中大约 80% 的总有机碳可通过热解反应转换为有价值的碳氢化合物，反应温度在 327～450 ℃ 之间时，碳氢化合物产量达到峰值。Schmidt 和 Kaminsky 研究发现，在 460～650 ℃ 下热解含油污泥可得到液态热解油，并且在流化床反应器内热解含油污泥可分离其中 70%～84% 的油。Chang 等应用热解技术处理含油污泥，研究表明碳氢化合物最高产量时的热解温度为 440 ℃，产物主要是低相对分子质量的链烷烃和链烯烃，并且这些产物的蒸馏特性与柴油相似。研究发现，一些添加剂也会影响含油污泥热解转换、反应速率、油产量及品质，如金属化合物（如铝铁化合物）、固体废弃物催化剂（如飞灰、油泥灰分、废弃沸石、废弃聚乙烯醇）等。

相比于直接焚烧，热解含油污泥的 NO_x 和 SO_x 的排放量更低，含油污泥中的重金属也可固化于热解产物焦炭中。固化于焦炭中的金属比焚烧留存在飞灰中的金属稳定，不容易被雨水淋洗而浸出。焦炭通常占含油污泥质量分数的 30%～50%，可用作吸附剂脱除气体中的 H_2S 和 NO_x，还可用作土壤改良剂，增加土壤的养分。然而，油泥热解仍然没有得到大规模的应用，因为热解成本高，而热解产物的经济价值偏低，热解过程相对复杂，特别是对含水率较高的含油污泥，需要进行脱水预处理，进一步增加了处理成本。

3）萃取法

含油污泥萃取分离技术是利用相似相溶原理，将有机溶剂按一定比例加入含油污泥中，提取含油污泥中的油相组分，而溶剂与油的混合物通过蒸馏法分离。通常，萃取分离效率受溶剂种类、温度、压力、剂泥比、混合程度等多种因素影响。许多学者就含油污泥萃取分离中温度、溶剂选择、剂泥比等因素进行了研究。常温萃取分离可以降低含油污泥处理的成本,但是分离效率不高。为了提高油相组分分离效率,萃取分离常辅以搅拌、加热。高温可以加快溶剂萃取油的过程,但会导致PHCs和溶剂的蒸发损耗。Gazineu等用松节油作为萃取溶剂回收含油污泥中的原油,研究发现溶剂萃取可提取的原油占含油污泥总质量的13%~53%。Zubaidy和Abouelnasr对比了多种萃取溶剂的回收油效率,研究发现剂泥为比4:1时,丁酮和液化石油气冷凝物两种溶剂的萃取效率最高,油回收率分别为39%和32%。己烷和二甲苯也被用于萃取含油污泥中的油相,油回收率可达67.5%。这些可被萃取的油大都是$C_9 \sim C_{25}$的PHCs。

萃取法的优点是处理含油污泥较彻底,能够提取回收大部分石油类物质。但是由于萃取剂价格昂贵,而且在处理过程中有一定的损失,所以萃取法成本较高,在我国还未实际应用于含油污泥处理。此项技术发展的关键是开发出性能价格比高的萃取剂。近年来,一些学者研究了超临界萃取技术(supercritical fluid extraction,SFE),即将常温、常压下为气态的物质经过高压变为液态。常用的超临界萃取剂有甲烷、乙烯、乙烷、丙烷、二氧化碳等,这些物质的临界温度高、临界压力低,而且原料廉价易得,是良好的超临界萃取剂,且密度小、易于分离,可以有效地从含油污泥中提取碳氢化合物。杨东元等用超临界CO_2、R134a、正戊烷及异戊烷混合物进行梯度超临界萃取含油污泥中的原油,萃取后含油污泥中残留的胶质、蜡质及沥青质在催化剂作用下进行超临界水裂解,大分子物质裂解为CO、H_2、丙烯等组分,含油污泥残油率降至0.3%。CO_2用于超临界萃取含油污泥时,需在5~50 MPa高压及85~400 ℃高温下操作,油品回收率最高为70%。Wu等将含油污泥和水混合后,再通入CO_2,使环境维持在恒定压强下萃取含油污泥,研究结果表明只需在0~5 MPa和20~60 ℃的实验条件下,油品回收率最高可达80%,减少了分离设备的耗费和能量消耗。SFE技术避免了使用大量有机溶剂,但在大规模应用方面仍需提高技术的稳定性和分离效果。

4)冷冻熔融法

冷冻冻融法处理油泥是指在低温环境中,含油污泥乳状液中的水和油由于凝点不同相继冻结,结冰的水相体积膨胀,扰乱乳状液内部结构,而在融化的过程中,油相由于界面张力作用开始聚结,油水混合物在此过程中因重力作用而分离,如图6-1-2所示。Jean等首次采用冻融法从含油污泥中分离出油品,含油污泥在−20 ℃冷冻24 h,室温下融解12 h后,油品回收率达50%,同时发现超快速冷冻不利于油的分离。李一川发现用纯水调节含油污泥含水率至70%,在−16.5~−15.5 ℃下冷冻8 h,在20~25 ℃融化后,含油污泥的残油率可降至2.6%,若含油污泥进行二级冻融,则含油污泥含油率可降至0.5%。Zhang等把含油污泥进行超声预处理后,在−20 ℃冷冻12 h,24 ℃下融化后,油品回收率可达80%。有机溶剂萃取含水率高的含油污泥后,回收的萃取液含有大量乳化水。Hu等把回收的萃取液进行冻融处理,乳化水聚集沉降到底部,有效提高了油品回收质量。冷冻冻融法处理含油污泥需要控温以实现较好的处理效果,在低温高寒地区工程化应用更为适宜。

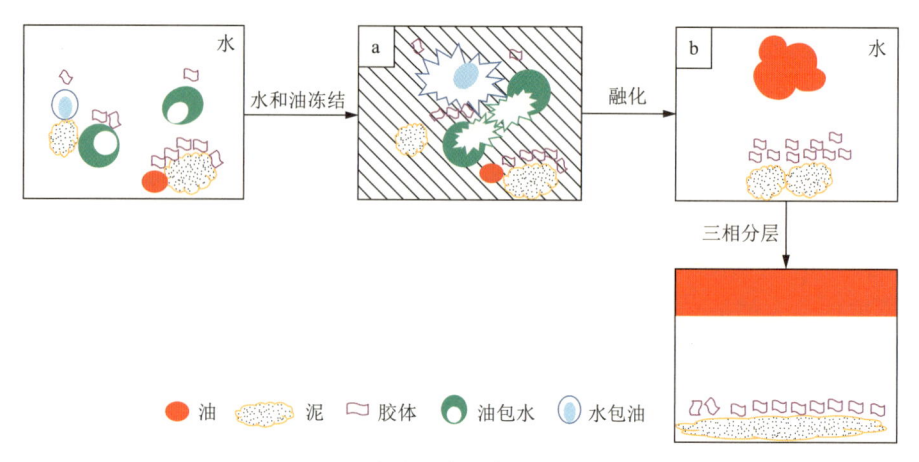

图 6-1-2 冻融法处理含油污泥流程图

6.1.4 国内典型含油污泥处理工艺流程

由于不同来源的含油污泥的成分和物理性质差别较大,因此要根据含油污泥的性质、组成和特点设计出适合的处理工艺。

1）吉林油田含油污泥处理工艺

吉林油田每年的含油污泥量达到 5×10^4 m³,为解决含油污泥回收处理问题,开发出有效处理含油污泥的工艺流程,即加热搅拌沉降分离技术。其工艺流程为:含油污泥进入落地油泥储存池中并进行分拣,预先分离直径大于 50 mm 的固体和异形物,然后进入一次搅拌池;在池中用蒸汽进行加热并加入破乳剂,实现油水与固体颗粒的初步分离;分离出的油水混合物排至储油池,剩下的含油污泥排入二次搅拌池再次进行化学分离,分离出的残渣晾晒后用来制砖,如图 6-1-3 所示。该工艺目前已经在扶余油田含油污泥处理工程中成功应用,每处理 1 m³ 的含油污泥成本约为 215.98 元,而 1 m³ 含油污泥可以分离出 0.15 t 原油,原油价格按照 2 360 元/t 计,可实现利润 138.02 元,如果每年处理含油污泥 7 000 m³,则利润可达 96.61 万元,如此计算 6 年就能收回成本。自从该工程建成投产之后,不仅净化了环境,还带来了一定的经济效益。

2）河南油田含油污泥处理工艺

河南油田对原有的含油污泥"晾晒—堆放—填埋"工艺进行了改进,选择了焚烧法彻底处理含油污泥技术。以不改变燃煤锅炉工况为前提,通过添加助燃剂,对含油污泥中的石油类物质进行焚烧,并将热量进行回收,利用烟气处理系统处理废气。这种处理方式可以实现含油污泥的资源化处理,消除二次污染,其工艺流程如图 6-1-4 所示。该工艺将处理后的含油污泥和煤搅拌混匀可以达到燃煤锅炉的参数要求,符合生产所需的使用条件,能够节约 5%～9% 的燃煤,燃烧时释放出的二氧化硫和氮氧化物的浓度都大幅降低。

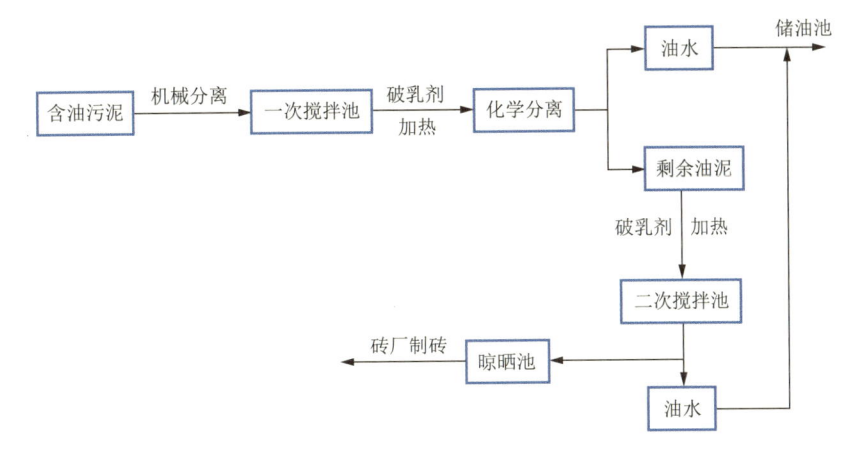

图 6-1-3 吉林油田含油污泥处理工艺流程

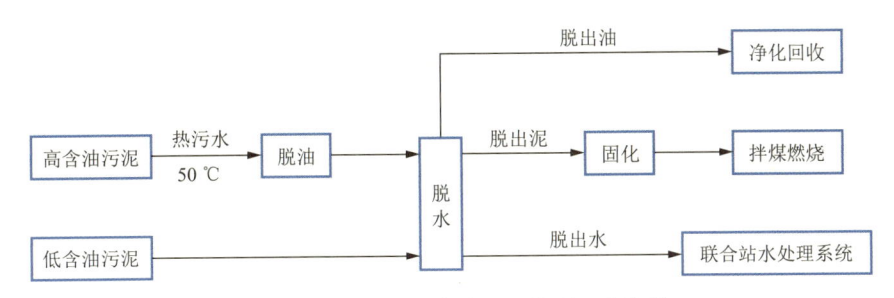

图 6-1-4 河南油田含油污泥处理工艺流程

3）辽河油田含油污泥处理工艺

辽河油田利用稠油污水和其热能开发出清罐含油污泥萃取热洗离心分离工艺、落地含油污泥热洗浮选三相分离工艺、浮渣底泥减量工艺和剩余残渣干化、热解焚烧工艺,总工艺流程如图 6-1-5 所示。稠油污泥处理厂于 2007 年建成投产,各种稠油污泥的年处理量为 50 000 t,年节约燃煤约 4 000 t,回收油约 2 000 t。对清罐油泥采取溶剂萃取及稠油污水热洗离心分离工艺进行处理,之后的泥砂中含油量低于 2%,能回收 65% 的热能和 90% 的油。对落地油泥采取化学热洗工艺进行减量化处理和资源回收,处理后的泥砂中含油量低于 3%,油回收率大于 82%。用油泥焚烧产生的余热烘干浮渣底泥和预处理后的油泥残渣(含水率低于 70%),能降低含水率至 15%,有利于燃烧。

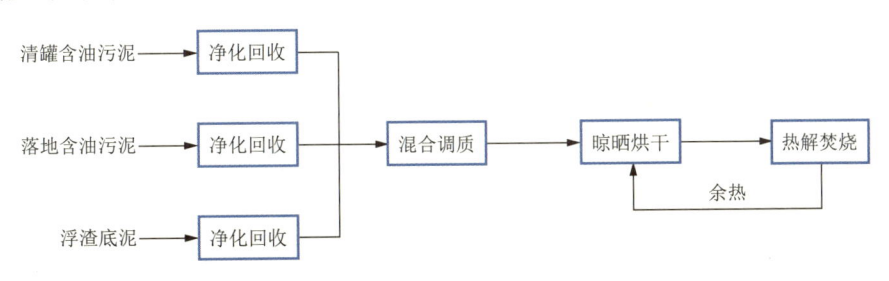

图 6-1-5 辽河油田稠油污泥处理总工艺流程

6.2 风城超稠油含油污泥成分分析

风城油田二号稠油联合站每天产生含水含油污泥约 1 000 t,其组成复杂、黏度高、乳化严重,处理难度很大,其中含油量为 10%～30%,含泥量为 10%～20%,含水率在 63%～85% 之间(表 6-2-1),去除水分后,每天产生含油污泥约 300 t。含油污泥中的原油各组分碳原子数分布为:小于 C_{10} 的有 0.05%,C_{11}～C_{20} 的有 37.87%,C_{21}～C_{35} 的有 59.12%,大于 C_{35} 的有 2.96%。其中,原油主要组分分布在 C_{21}～C_{35} 之间,表明原油重组分含量较多。原油在 50 ℃时黏度为 600 mPa·s,流动性较差,在反应过程中需要进行加热和搅拌以增加含油污泥的流动性。

表 6-2-1 含油污泥含水率

样品号	含水率/%	样品号	含水率/%
S1	83.402	S8	74.618
S2	75.403	S9	71.332
S3	70.501	S10	75.549
S4	75.000	S11	82.316
S5	78.651	S12	63.423
S6	76.455	S13	85.499
S7	72.871	S14	80.139

6.3 风城超稠油含油污泥处理关键技术

风城油田二号稠油联合站原油系统的罐底油泥处理采用的是复合微生物法处理含油污泥技术。该技术利用特种微生物及其表面活性强的代谢产物(生物酶+生物表面活性剂+助剂)分离含油污泥中的原油,使含油污泥达标排放,是一种经济、高效和生态友好的清洁技术。该技术处理能力为 800 m³/d,采用"多级药剂清洗+气浮搅拌"的工艺方案,处理后的回收污水中含油量小于 600 mg/L,悬浮物含量小于 600 mg/L,回收原油中含水率小于 40%、含固率小于 2.5%,离心产生的含水泥砂晾晒干化后含油率小于 2%。

复合微生物法工艺流程为:罐底油泥通过沉降交接计量后进入 80 m³ 反应罐,向反应罐内先后投加两种复合微生物制剂,经过一级反应、二级反应后,达到含油污泥中油、泥、水三相分离的效果,脱出的泥砂送至指定堆放地点,分离出的油、水分别进入油回收系统和水回收系统循环利用。复合微生物法工艺流程如图 6-3-1 所示。

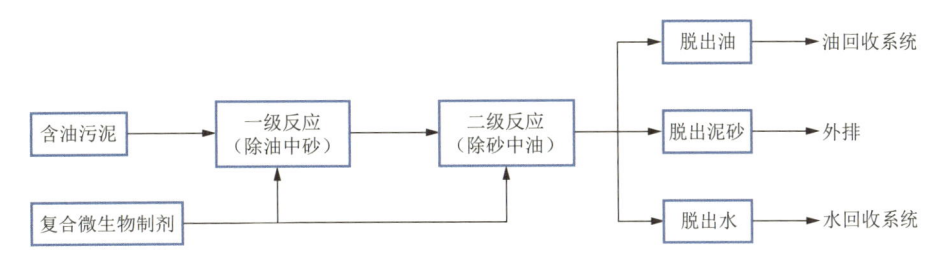

图 6-3-1 复合微生物法工艺流程示意图

6.3.1 高效菌种的筛选

复合微生物制剂是从新疆油田 28 种菌株的代谢产物中筛选出的 3 种产物的混合物。通过生理生化和分子生物学鉴定发现,这 3 种产物的产生菌分别是铜绿假单胞菌(FC-1)、枯草芽孢杆菌(FC-2)、红球菌(FC-3),如图 6-3-2 所示,产物分别是生物表面活性剂 DN001,DM002 和 DM003。

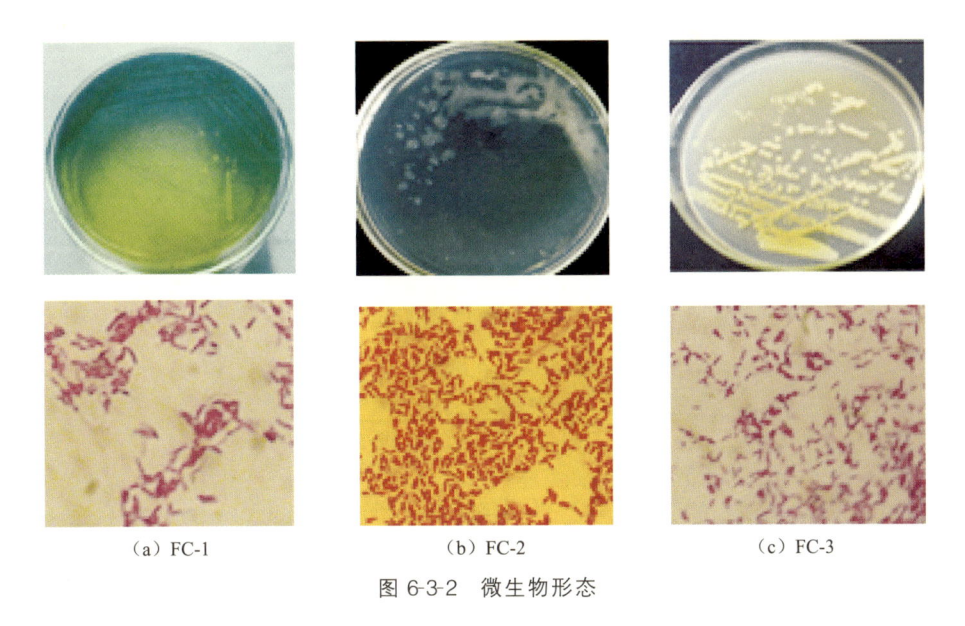

(a) FC-1　　(b) FC-2　　(c) FC-3

图 6-3-2 微生物形态

利用优化后的发酵参数,对这 3 种功能菌进行生长代谢评价实验,获得了它们的生长代谢规律。其中,FC-1 菌浓在 8 h 达到稳定,为 10^{11} cell/mL,产物含量在 96 h 达到最高,含量为 44.6 g/L(图 6-3-3);FC-2 菌浓在 18 h 达到稳定,为 10^{12} cell/mL,产物含量在 72 h 达到最高,含量为 6.9 g/L(图 6-3-4);FC-3 菌浓在 36 h 达到稳定,含量为 10^8 cell/mL,产物含量在 72 h 达到最高,含量为 11.5 g/L(图 6-3-5)。

复合微生物制剂相比化学制剂拥有更为复杂和庞大的化学结构,显示出极低的界面张力与临界胶束浓度(CMC),说明其拥有更强的洗油能力,并且药剂的用量更小。由表 6-3-1 可知,不同微生物制剂的表面活性有一定差异,其中 DM003 的表面活性相对较低。

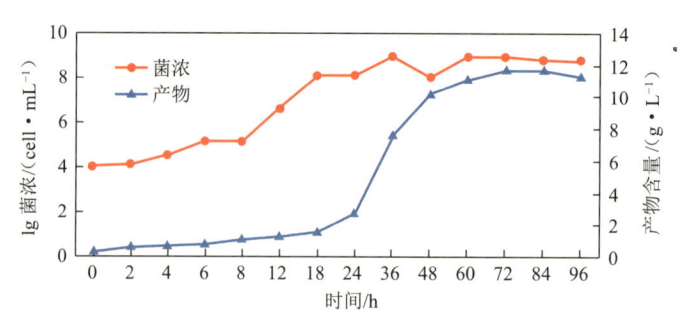

图 6-3-3 菌种 FC-1 生长代谢评价实验结果

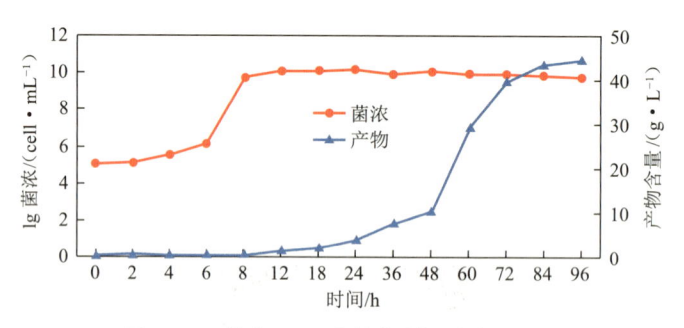

图 6-3-4 菌种 FC-2 生长代谢评价实验结果

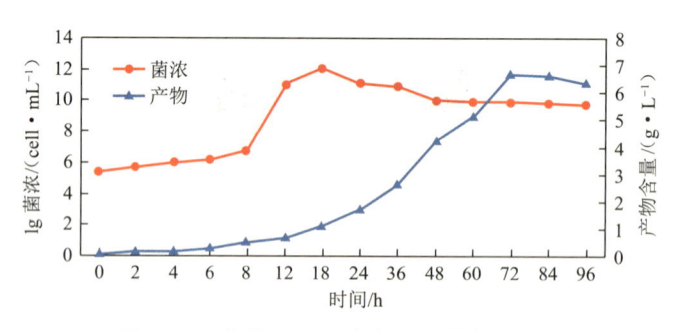

图 6-3-5 菌种 FC-3 生长代谢评价实验结果

在配方优化的方向上,筛选该类产物活性较高的菌种——红球菌(脂肽),是提高复合微生物制剂应用效果的有效途径。

表 6-3-1 不同微生物制剂表面活性

种 类	表面张力 /(mN·m^{-1})	界面张力 /(mN·m^{-1})	CMC /(mg·L^{-1})
DN001	23.6	0.007	0.48
DM002	21.7	0.002	0.24
DM003	29.4	0.015	1.01

从新疆油田各采油厂采出液中筛选出 12 株红球菌 XF01～XF012,通过检测分析不同红球菌产物在 25 ℃的表面张力、与风城稠油的界面张力和临界胶束浓度,见表 6-3-2。结果表明,XF07 产物的 DM004 表活性相对最好,并优于 DM003。

表 6-3-2　不同红球菌产物表面活性

种　类	表面张力/(mN·m^{-1})	界面张力/(mN·m^{-1})	CMC/(mg·L^{-1})
XF01	30.2	0.028	1.31
XF02	35.5	0.036	3.57
XF03	39.8	0.042	4.16
XF04	41.4	0..054	4.91
XF05	33.7	0.033	3.16
XF06	30.5	0.036	1.28
XF07	28.1	0.008	0.82
XF08	29.7	0.018	1.19
XF09	32.6	0.029	1.87
XF010	30.6	0.021	1.26
XF011	43.5	0.084	5.61
XF012	34.8	0.031	2.94

为了使功能微生物能最经济、最大量地产生代谢产物——复合微生物制剂组分,开展了菌种 XF07 在不同温度、pH 和盐度下的发酵参数优化实验。在不同温度条件下,不同菌种的生长代谢状况差别很大,其中 XF07 的最适宜温度为 35 ℃（表 6-3-3）。在不同 pH 条件下,不同菌种的生长代谢情况也不同（表 6-3-4,表 6-3-5）,其中 XF07 适应的 pH 为中性,并且在盐度 3%的环境下生长代谢较好。在最适宜条件下,菌种 XF07 菌浓在 16 h 达到稳定期,为 10^8 cell/mL,产物含量在 48 h 达到最高,为 18.6 g/L,如图 6-3-6 所示。

表 6-3-3　菌种 XF07 在不同温度下的生长情况

温度/℃	5	15	25	35	45	55
OD600	0.081	0.311	0.773	1.611	1.389	0.577

注:OD600 是指某溶液在 600 nm 波长处的吸光值。

表 6-3-4　菌种 XF07 在不同 pH 下的生长情况

pH	3	4	5	6	7	8	9	10
OD600	0.121	0.593	0.789	1.236	1.588	1.621	0.582	0.751

表 6-3-5　菌种 XF07 在不同盐度下的生长情况

盐度/%	1	3	5	7	9
OD600	1.512	1.497	0.521	0.199	0.103

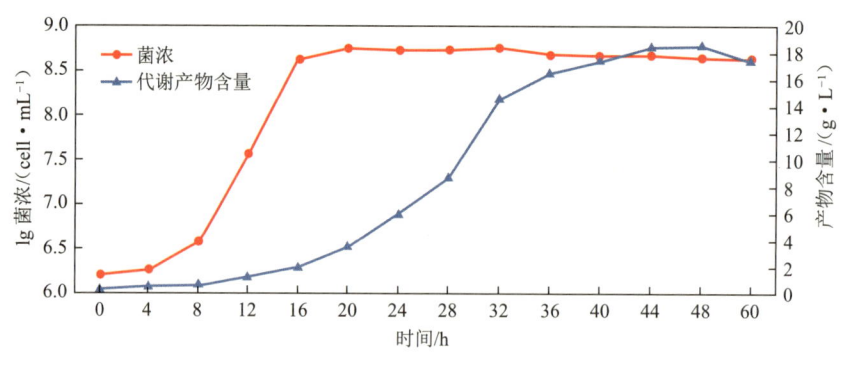

图 6-3-6　菌种 XF07 在最适宜条件下的生长代谢情况

6.3.2　复合微生物制剂配方及评价

根据复合微生物制剂的配比实验结果，形成两种药剂体系：1 号药剂（DN001＋DM004）和 2 号药剂（DM002＋DM004），确定了两级反应的药剂配方。检测结果显示，经一级反应后污泥含油率降至 4.5％，二级反应后污泥含油率降至 0.8％。将 XF07 的代谢产物 DM004 代替 DM003，在同等药剂浓度下（质量分数，下同）一级反应污泥含油率降至 4.5％所需的时间减少了 0.5 h。二级反应污泥含油率降至 2％以下所需的时间减少了 1 h，结果见表 6-3-6 和表 6-3-7。

表 6-3-6　一级反应微生物制剂效果对比

一级反应时间/h	不同药剂作用下的污泥含油率/％	
	DN001＋DM003	DN001＋DM004
0	12.2	12.2
0.5	11.7	11.4
1.0	10.3	10.1
1.5	9.2	8.8
2.0	8.1	7.3
2.5	6.6	5.9
3.0	5.4	4.9
3.5	4.7	4.4
4.0	4.5	4.3

表 6-3-7　二级反应微生物制剂效果对比

二级反应时间/h	不同药剂作用下的污泥含油率/％	
	DM002＋DM003	DM002＋DM004
0	4.4	4.4

续表 6-3-7

二级反应时间/h	不同药剂作用下的污泥含油率/%	
	DM002+DM003	DM002+DM004
0.5	4.3	4.2
1.0	4.2	4.0
1.5	4.0	3.4
2.0	3.5	2.8
2.5	3.0	2.4
3.0	2.7	2.2
3.5	2.4	2.2
4.0	2.3	2.1
4.5	2.1	2.0
5.0	2.1	1.8
5.5	2.0	1.7
6.0	1.9	1.7

DM004 代替 DM003 组分后，对反应后原油中的含水率进行检测，发现新药剂配方二级处理后原油含水率明显下降，均低于 1.5%，表明新药剂与原油的配伍性较好，见表 6-3-8 和表 6-3-9。

表 6-3-8　原药剂二级反应后分离的原油含水率

批　次	进料浓度（质量分数，下同）/%	平均反应温度/℃	反应时间/h	原药剂浓度/%	油中含水率/%
1	16	75	10	1.5	1.97
2	15	75	10	1.5	1.56
3	15	75	10	1.5	1.82
4	16	75	10	1.5	2.19

表 6-3-9　新药剂二级反应后分离的原油含水率

批　次	进料浓度/%	平均反应温度/℃	反应时间/h	新药剂浓度/%	油中含水率/%
1	16	75	10	1.5	1.47
2	15	75	10	1.5	1.36
3	15	75	10	1.5	1.22
4	16	75	10	1.5	1.39

6.3.3 运行参数对处理效果的影响

1) 温度对处理效果的影响

表6-3-10所示为新药剂在不同温度下的处理效果。可以看出,当温度在75℃以下时,随着温度的升高,处理效果有明显的提升;当温度超过75℃时,处理效果的改变不大,甚至会减弱。

表6-3-10 新复配药剂在不同温度下的处理效果

批 次	进料浓度/%	平均反应温度/℃	反应时间/h	新复配药剂浓度/%	油中含水率/%
1	14	65	10	2.0	2.17
2	15	65	10	2.0	2.36
3	15	70	10	2.0	1.02
4	16	70	10	2.0	0.98
5	14	75	10	2.0	0.69
6	15	75	10	2.0	0.77
7	16	80	10	2.0	0.76
8	16	80	10	2.0	0.74
9	15	85	10	2.0	0.92
10	14	85	10	2.0	0.89

2) 进料浓度对处理效果的影响

使用新药剂对不同含油量污泥进行处理,得到不同进料浓度与反应时间、药剂浓度之间的关系,见表6-3-11。结果表明,微生物制剂适于处理进料浓度为10%~27%的稠油污泥,当进料浓度超过27%时,处理后的含油率超过2%,不满足处理要求。另外从表中还可以看出,随着进料浓度的增加,需要提高微生物制剂浓度及反应时间。

表6-3-11 不同进料浓度对处理效果的影响

批 次	进料浓度/%	平均反应温度/℃	反应时间/h	原药剂浓度/%	油中含水率/%
1	10	75	10	1.0	1.22
2	10	75	18	1.0	1.17
3	13	75	10	1.0	1.67
4	13	75	10	1.2	1.28
5	13	75	18	1.2	1.22
6	16	75	10	1.2	1.76
7	16	75	10	1.5	1.29

续表 6-3-11

批 次	进料浓度/%	平均反应温度/℃	反应时间/h	原药剂浓度/%	油中含水率/%
8	16	75	18	1.5	1.21
9	20	75	10	1.2	1.83
10	20	75	10	1.5	1.31
11	20	75	18	1.5	1.25
12	23	75	10	1.5	1.79
13	23	75	10	1.8	1.43
14	23	75	18	1.8	1.36
15	25	75	10	1.8	2.15
16	25	75	10	2.0	2.03
17	25	75	10	2.5	1.65
18	25	75	18	2.5	1.60
19	27	75	10	2.0	2.31
20	27	75	10	2.5	2.07
21	27	75	10	3.0	1.73
22	27	75	10	3.5	1.59
23	27	75	10	4.0	1.52
24	27	75	18	3.0	1.67
25	27	75	24	3.0	1.64
26	27	75	48	3.0	1.62
27	30	75	10	4.5	2.27
28	30	75	18	4.5	2.18
29	30	75	24	4.5	2.11
30	30	75	48	4.5	2.07
31	33	75	10	4.5	3.15
32	33	75	24	4.5	3.07
33	36	75	10	4.5	3.81
34	36	75	24	4.5	3.61

3) 转速对反应时间的影响

通过改变设备转速得到不同转速与进料浓度、反应时间的关系,见表 6-3-12。可以看出,最优转速为 80 r/min。

表 6-3-12　转速对不同进料浓度的处理效果

批　次	进料浓度/%	平均反应温度/℃	新复配药剂浓度/%	转速/(r·min^{-1})	反应时间/h
1	10	75	1.0	60	10
2	10	75	1.0	70	9
3	10	75	1.0	80	7
4	15	75	1.5	60	10
5	15	75	1.5	70	9
6	15	75	1.5	80	8.5
7	20	75	1.5	60	10
8	20	75	1.5	70	9
9	20	75	1.5	80	8.5
10	25	75	1.5	60	22
11	25	75	1.5	70	20
12	25	75	1.5	80	18

6.3.4　现场运行参数及处理效果评价

通过一系列的现场试验，风城油田超稠油含油污泥微生物处理的运行参数调整为：进料浓度15%，反应温度75 ℃，微生物制剂浓度1.5%，处理时间8.5 h，转速80 r/min。

图6-3-7所示为菌种XF07的代谢产物DM004代替DM003组分后一级和二级反应处理后的干泥，处理前污泥含油率为55.7%（干泥），10 h后二级反应处理后污泥含油率为1.5%；处理后的回收污水中含油量小于600 mg/L、悬浮物含量小于600 mg/L，回收原油中含水率小于40%、含固率小于2.5%。

　　（a）处理前　　　　　　（b）一级反应处理后　　　　　（c）二级反应处理后

图6-3-7　含油污泥处理效果

6.4 技术优化方向

（1）复合微生物制剂处理含油污泥技术具有处理条件柔和、微生物制剂成本低、处理周期短等优点，其关键技术是筛选出合适的微生物菌种，这使其应用受到一定的限制，难以大范围推广。如果能够筛选出普适性好的微生物菌种，则可为该技术的推广奠定现实基础。

（2）虽然复合物微生物制剂处理含油污泥技术的处理条件相比其他技术较为柔和，但仍然需要 75 ℃的处理温度，浪费了较多的热能，具有一定的节能空间。

（3）处理后泥砂的含油率约为 1.5%，仍然具有一定的降解空间，如果能够结合植物降解技术对含油污泥进行协同处理，将进一步降低含油污泥的环境污染风险。因此，复合微生物制剂-植物降解协同处理含油污泥技术将是未来的一个优化方向。

参考文献

[1] SIVAGAMI K, ANAND D, DIVYAPRIYA G, et al. Treatment of petroleum oil spill sludge using the combined ultrasound and Fenton oxidation process[J]. Ultrasonics Sonochemistry, 2019, 51: 340-349.

[2] 青鹏, 朱国, 何海, 等. 元坝气田含硫污水脱硫处理及污泥减量化研究[C]. 环境工程 2019 年全国学术年会, 2019 年.

[3] ZHEN G, TAN Y, WU T, et al. Strengthened dewaterability of coke-oven plant oily sludge by altering extracellular organics using Fe(II)-activated persulfate oxidation[J]. Science of The Total Environment, 2019, 688: 1155-1161.

[4] 张军, 贾悦, 刘博, 等. 油气集输过程中含油污泥减量化[J]. 化工进展, 2020, 39(S2): 377-383.

[5] CHEN Y, TIAN G, ZHAI B, et al. Cationic starch-grafted-cationic polyacrylamide based graphene oxide ternary composite flocculant for the enhanced flocculation of oil sludge suspension[J]. Composites Part B: Engineering, 2019, 177: 107416.

[6] GUO S, LI G, QU J, et al. Improvement of acidification on dewaterability of oily sludge from flotation[J]. Chemical Engineering Journal, 2011, 168(2): 746-751.

[7] 谢志勤, 尹必跃, 张淮浩. 碱酸预处理高含渣污油的破乳机制研究[J]. 油田化学, 2017, 34(3): 162-166.

[8] PUASA S W, ISMAIL K N, MUSMAN M Z A, et al. Enhanced oily sludge dewatering using plant-based surfactant technology[J]. Materials Today: Proceedings, 2019, 19: 1159-1165.

[9] 杨洁, 刘天璐, 毛飞燕, 等. 微乳液法脱除含油污泥中的乳化水[J]. 浙江大学学报(工学版), 2017, 51(2): 370-377.

[10] TALEGHANI S T, JAHROMI A F, ELEKTOROWICZ M. Electro-demulsification of water-in-oil suspensions enhanced with implementing various additives[J]. Chemosphere, 2019, 233: 157-163.

[11] 陈家庆, 黄松涛, 沈玮玮, 等. W/O 型原油乳化液高频电场破乳特性实验[J]. 油气储运, 2017, 36(6): 694-701.

[12] 许昌. 炼厂油泥微波热解特性实验研究[D]. 济南: 山东大学, 2019.

[13] 刘晓艳,楚伟华,李清波,等.微波技术及微波破乳实验[J].东北石油大学学报,2005,29(3):96-98.

[14] 杨小刚.微波辐射原油破乳技术的研究[D].天津:天津大学,2006.

[15] FORTUNY M,OLIVEIRA C,MELO R,et al. Effect of salinity,temperature,water content,and pH on the microwave demulsification of crude oil emulsions[J]. Energy & Fuels,2007,21(3):1358-1364.

[16] 范永平,王化军,张强.油田沉降罐中间层复杂乳状液微波破乳-离心分离[J].过程工程学报,2007(2):258-262.

[17] KUO C H,LEE C L. Treatment of oil/water emulsions using seawater-assisted microwave irradiation[J]. Separation & Purification Technology,2010,74(3):288-293.

[18] SU B,HUANG L,LI S,et al. Chemical-microwave-ultrasonic compound conditioning treatment of highly-emulsified oily sludge in gas fields[J]. Natural Gas Industry B,2019,6(4):412-418.

[19] JIA M,ZHANG M,ZHANG X,et al. Experimental study of three-phase separation of oily sludge [J]. Industrial Water & Wastewater,2017,048(003):83-86.

[20] 李琳.油田含油污泥调质-机械脱水技术研究及应用现状[J].中国资源综合利用,2014(7):52-55.

[21] 李日宁,路浩,佟海松.油田含油污泥减量及无害处理技术研究[J].油气田地面工程,2019,38(12):111-115.

[22] KRIIPSALU M,MARQUES M,MAASTIK A,et al. Characterization of oily sludge from a wastewater treatment plant flocculation-flotation unit in a petroleum refinery and its treatment implications[J]. Journal of Material Cycles and Waste Managemen,2008,10(1):79-86.

[23] BUSINELLI D,MASSACCESI L,SAID-PULLICINO D,et al. Long-term distribution,mobility and plant availability of compost-derived heavy metals in a landfill covering soil[J]. Science of The Total Environment,2009,407(4):1426-1435.

[24] 毛飞燕.基于离心脱水的含油污泥油-水分离特性及分离机理研究[D].杭州:浙江大学,2016.

[25] MALVIYA R,CHAUDHARY R. Factors affecting hazardous waste solidification/stabilization:A review[J]. Journal of Hazardous Materials,2006,137(1):267-276.

[26] KARAMALIDIS A K,VOUDRIAS E A. Cement-based stabilization/solidification of oil refinery sludge:Leaching behavior of alkanes and PAHs[J]. Journal of Hazardous Materials,2007,148(1-2):122-135.

[27] CONNER J,HOEFFNER S. A critical review of stabilization/solidification technology[J]. Critical Reviews in Environmental Science & Technology,1998,28:4,397-462.

[28] RANER C,BIBER B,MARTNER J,et al. Investigation of solidification for the immobilization of trace organic contaminants[J]. Acta Anaesthesiologica Scandinavica,2010,35(3):196-200.

[29] LEONARD S A,STEGEMANN J A. Stabilization/solidification of petroleum drill cuttings[J]. Journal of Hazardous Materials,2010,174:463-472.

[30] KARAMALIDIS A K,VOUDRIAS E A. Release of Zn,Ni,Cu,SO_4^{2-} and CrO_4^{2-} as a function of pH from cement-based stabilized/solidified refinery oily sludge and ash from incineration of oily sludge[J]. Journal of Hazardous Materials,2007,141(3):591-606.

[31] AL-FUTAISI A,JAMRAH A,YAGHI B,et al. Assessment of alternative management techniques of tank bottom petroleum sludge in Oman[J]. Journal of Hazardous Materials,2007,141(3):557-564.

[32] SCALA F,CHIRONE R. Fluidized bed combustion of alternative solid fuels[J]. Experimental Thermal & Fluid Science,2004,28(7):691-699.

[33] ZHOU L,JIANG X,LIU J. Characteristics of oily sludge combustion in circulating fluidized beds[J]. Journal of Hazardous Materials,2009,170(1):175-179.

[34] LIU J,JIANG X,ZHOU L,et al. Co-firing of oil sludge with coal-water slurry in an industrial internal circulating fluidized bed boiler[J]. Journal of Hazardous Materials,2009,167(1-3):817-823.

[35] WANG R,LIU J,GAO F,et al. The slurrying properties of slurry fuels made of petroleum coke and petrochemical sludge[J]. Fuel Processing Technology,2012,104:57-66.

[36] SANKARAN S,PANDEY S,SUMATHY K. Experimental investigation on waste heat recovery by refinery oil sludge incineration using fluidised-bed technique[J]. Environmental Letters,1998,33(5):829-845.

[37] SU M. PAH emission from the incineration of waste oily sludge and PE plastic mixtures[J]. Science of The Total Environment,1995,170(3):171-183.

[38] CUI B,CUI F,JING G,et al. Oxidation of oily sludge in supercritical water[J]. Journal of Hazardous Materials,2009,165(1-3):511-517.

[39] JING G,LUAN M,HAN C,et al. An effective process for removing organic compounds from oily sludge[J]. Journal of the Korean Chemical Society,2012,18(4):1446-1449.

[40] ROCHA O,DANTAS R,DUARTE M,et al. Oil sludge treatment by photocatalysis applying black and white light[J]. Chemical Engineering Journal,2010,157(1):80-85.

[41] HEJAZI R, HUSAIN T, KHAN F. Landfarming operation of oily sludge in arid region-human health risk assessment[J]. Journal of Hazardous Materials,2003,99(3):287-302.

[42] MARIN J,HERNANDEZ T,GARCIA C. Bioremediation of oil refinery sludge by landfarming in semiarid conditions:Influence on soil microbial activity[J]. Environmental Research,2005,98(2):185-195.

[43] HEJAZI R,HUSAIN T. Landfarm performance under arid conditions. 2. evaluation of parameters[J]. Environmental Science & Technology,2004,38(8):2457-2469.

[44] KHAN F,HUSAIN T,HEJAZI R. An overview and analysis of site remediation technologies[J]. Journal of Environmental Management,2004,71(2):95-122.

[45] BALL A,STEWART R,SCHLIEPHAKE K. A review of the current options for the treatment and safe disposal of drill cuttings[J]. Waste Management & Research,2012,30(5):457-473.

[46] WANG X, WANG Q, WANG S, et al. Effect of biostimulation on community level physiological profiles of microorganisms in field-scale biopiles composed of aged oil sludge[J]. Bioresource Technology,2012,111:308-315.

[47] LIU W,LUO Y,TENG Y,et al. Bioremediation of oily sludge-contaminated soil by stimulating indigenous microbes[J]. Environmental Geochemistry and Health,2010,32(1):23-29.

[48] JING G,CHEN T,LUAN M. Studying oily sludge treatment by thermo chemistry[J]. Arabian Journal of Chemistry,2016,9(S1):457-460.

[49] DUAN M,WANG X,FANG S,et al. Treatment of daqing oily sludge by thermochemical cleaning method[J]. Colloids & Surfaces A:Physicochemical & Engineering Aspects,2018,554:272-278.

[50] 金黎. 鼠李糖脂作为清洗剂的应用研究[D]. 杭州:浙江大学,2013.

[51] YAN P,LU M,YANG Q,et al. Oil recovery from refinery oily sludge using a rhamnolipid biosurfactant-producing Pseudomonas[J]. Bioresource Technology,2012,116:24-28.

[52] LIU J,JIANG X,HAN X. Devolatilization of oil sludge in a lab-scale bubbling fluidized bed[J]. Journal of Hazardous Materials,2011,185(2-3):1205-1213.

[53] FONTS I,GEA G,AZUARA M,et al. Sewage sludge pyrolysis for liquid production:A review[J]. Renewable and Sustainable Energy Reviews,2012,16(5):2781-2805.

[54] PUNNARUTTANAKUN P,MEEYOO V,KALAMBAHETI C,et al. Pyrolysis of API separator sludge[J]. Journal of Analytical and Applied Pyrolysis,2003,68-69:547-560.

[55] LIU J,JIANG X,ZHOU L,et al. Pyrolysis treatment of oil sludge and model-free kinetics analysis [J]. Journal of Hazardous Materials,2009,161(2-3):1208-1215.

[56] SCHMIDT H,KAMINSKY W. Pyrolysis of oil sludge in a fluidised bed reactor[J]. Chemosphere, 2001,45(3):285-290.

[57] CHANG C Y,SHIE J L,LIN J P,et al. Major products obtained from the pyrolysis of oil sludge [J]. Energy & Fuels,2000,14(6):1176-1183.

[58] SHIE J L,CHANG C Y,LIN J P,et al. Use of inexpensive additives in pyrolysis of oil sludge[J]. Energy & Fuels,2002,16(1):102-108.

[59] TAIWO E A,OTOLORIN J A. Oil recovery from petroleum sludge by solvent extraction[J]. Petroleum Science and Technology,2009,27(8):836-844.

[60] GAZINEU M,ARAUJO A,BRANDAO Y,et al. Radioactivity concentration in liquid and solid phases of scale and sludge generated in the petroleum industry[J]. Journal of Environmental Radioactivity,2005,81(1):47-54.

[61] ZUBAIDY E,ABOUELNASR D. Fuel recovery from waste oily sludge using solvent extraction[J]. Process Safety and Environmental Protection,2010,88(5):318-326.

[62] WU X,QIN H,ZHENG Y,et al. A novel method for recovering oil from oily sludge via water-enhanced CO_2 extraction[J]. Journal of CO_2 Utilization,2019,33:513-520.

[63] HU G,LI J,HOU H. A combination of solvent extraction and freeze thaw for oil recovery from petroleum refinery wastewater treatment pond sludge[J]. Journal of Hazardous Materials,2015,283: 832-840.

[64] JEAN D,LEE D,WU J. Separation of oil from oily sludge by freezing and thawing[J]. Water Research,1999,33(7):1756-1759.

[65] 李一川.罐底油泥中原油回收的工艺技术研究[D].大连:大连理工大学,2008.

[66] ZHANG J,LI J,THRING R,et al. Oil recovery from refinery oily sludge via ultrasound and freeze/thaw[J]. Journal of Hazardous Materials,2012,203:195-203.

[67] 李文英,马艳飞,张俊锋,等.含油污泥资源化处理方法进展[J].化工进展,2020,39(10):4191-4199.

[68] 王倩,屈撑囤,秦芳玲,等.稠油污泥资源化处理技术研究进展[J].油气田环境保护,2013(4):65-69.

[69] LONG X,ZHANG G,HAN L,et al. Dewatering of floated oily sludge by treatment with rhamnolipid[J]. Water Research,2013,47(13):4303-4311.

第 7 章
风城超稠油掺稀输送技术

  风城油田产出的超稠油具有高黏度、高密度、低凝固点、低蜡、强热敏感性的特点,在 50 ℃条件下表观黏度可达 50 000 mPa·s,难以按常规方法输送。风城油田超稠油按照黏度先小后大的开发原则,开发初期全部依靠汽车拉运,给 217 国道造成了极大的交通压力。另外,随着克拉玛依九区稠油产量逐年递减,克拉玛依石化公司原料短缺问题日益突出,风城油田超稠油成为克拉玛依石化公司环烷基润滑油与沥青产品生产的接替原油资源。在充分调研国内外超稠油输送的最新技术基础上,经过试验和理论分析,提出风城油田超稠油掺柴油馏分降黏加热输送工艺。该工艺将采、输、炼作为一个整体考虑,采用克拉玛依石化公司生产的焦化柴油作为稀释剂,有利于稠油脱水及管输,同时可满足克拉玛依石化公司特色产品原油的供应。经设计方案优选,确定了风城稠油外输管道工艺设计参数,设计输量为 $500×10^4$ t/a,管径 $\phi457$ mm×7.1 mm,全线设首、末站各一座,站间距 102.26 km,首站出站温度 95 ℃,设计压力 8 MPa,保温层厚度 60 mm。2012 年 11 月 28 日,这条当时国内口径最大、站间距最长的高温掺柴热输稠油管道(即风-克管道)建成并成功投产。该管道的建设运营既保障了风城油田生产后路畅通,又满足了克拉玛依石化公司原料接续的需要。

7.1 超稠油输送技术现状

  稠油是非常规石油,目前各个国家及不同石油行业组织对稠油的划分标准仍有一定差别。国内一般将 50 ℃脱气后黏度为 100~10 000 mPa·s、20 ℃下密度为 0.92~0.95 g/cm³ 的原油定义为稠油;将黏度为 10 000~50 000 mPa·s、密度为 0.95~0.98 g/cm³ 的原油定义为特稠油;将黏度在 50 000 mPa·s 以上、密度在 0.98 g/cm³ 以上的原油定义为超稠油。

  稠油/超稠油的主要特点是密度高、黏度高,因此研究稠油的输送问题主要是围绕如何进行降黏展开。目前国内外各大油田针对稠油降黏输送采用的主要方法有加热输送、掺稀降黏输送、稠油改质降黏输送、乳化降黏输送等。

7.1.1 加热输送技术

1）加热输送的机理

大量实验表明，稠油的黏度对温度十分敏感，随着温度的升高，稠油黏度会逐渐降低，当温度由高温到低温变化时，稠油会由牛顿流体变为非牛顿流体。加热输送就是利用稠油黏度对温度的敏感性，通过加热提高稠油的流动温度，从而降低稠油黏度，减少管路摩阻损失的一种降黏方法。由于稠油中胶质与沥青质分子的相互作用，在稠油体系中形成了一定的π键和氢键，通过加热的方法可使稠油获得足够的能量，在一定程度上破坏π键和氢键，因而会大幅降低稠油的黏度。

加热输送分为热处理输送和预加热输送两种类型。热处理输送是在稠油管输前对其加热至一定温度，然后进行输送。该技术要求能够较好地将加热温度与冷却速度协同控制。预加热输送是利用稠油对温度较为敏感的特性，通过设置加热站、电伴热和对管线进行保温等措施，使稠油在管道运输过程中始终保持较高的温度，从而降低稠油黏度和管路压力损失的输送方法。我国目前较多采用蒸汽热水加热方式，近年来电伴热加热方法发展较快。电伴热法与其他方法相比，具有较多优点，如可调节温度的范围广；可以实现间歇加热；同一管线不同管段加热强度可以有不同的设定；有较强的适应性，易于实现自动化控制运行；结构紧凑，装配简单。

加热法单独运用于长距离输油管道的情况并不多，通常与其他方法协同应用于长距离输油管道。对地处低温地区的油田，常采用伴热的方法解决长距离单井集输问题。

2）加热降黏输送的应用及优缺点

加热降黏输送是国内外普遍采用的方法，也是传统的降黏输送方法，在许多国家都得到了广泛的应用，委内瑞拉从1955年就开始采用这种输送稠油的方法。

加热输送通过加热降低稠油黏度，可以有效地减小管路的摩阻损失，但其能耗高，加热炉燃料多取自管内原油，每增加100℃的温升，烧掉的原油以占管输任务0.6%的比例上升，经济损失大。在遇到突发情况，管道停输时间较长时，管内油品温度大幅度下降，管道系统再启动时可能遇到困难，可能发生管道初凝甚至凝管事故。

7.1.2 掺稀降黏输送技术

1）掺稀输送的原理

稠油掺稀输送是在稠油进入管道之前，将稀释剂（低黏液态碳氢化合物）加入其中，将稠油稀释，以降低稠油黏度，然后以混合物的形式进行输送。常用稀释剂有轻质油、凝析油、炼油厂中间产品（如石脑油）、柴油等。

一般情况下，稀释剂的加入量主要取决于稠油与稀释剂的相容性，不同的稀释剂所掺比例不同。例如，掺入稠油中的凝析油的比例为5%～35%；若掺入的是轻质原油，则掺入量更大。

2）混合理论研究

两种或多种物质经常依靠扩散、对流和剪切3种作用来实现混合。一般认为混合可分为层流混合和湍流混合，它们的混合机理各不相同。对于雷诺数很小的流体，其流动属于层流，此时流体之间的混合主要依靠分子扩散，流体可通过分离、移位及汇合来实现掺混；当雷诺数较大时，流体混合为湍流混合，湍流条件下流体的混合过程非常复杂，流体相遇后会产生宏观混合、介观混合以及微观混合。

宏观混合是指流体最初混合时会产生较大的涡旋，这种涡旋作用使得混合流体可以大范围运动，从而混合得更加均匀；随着混合的进行，中心区域存在较大的漩涡，而在边缘区域则存在小漩涡，这种差异使流体产生了剪切作用，较大的漩涡被分裂成许多小漩涡，同时也传递了能量。在这种情况下，从宏观尺度上，即观察尺度大于漩涡尺寸，物质已经均匀分布，然而在漩涡内部，混合并没有达到均匀。

介观混合是指小漩涡由于两端速度不同产生了剪切作用，进而发生了形变，成为更小的微团，被分割成为Kolmogorov尺度。此时，基于该尺度观察可以发现物质已经混合均匀，而从更小的尺度即分子尺度观察并没有达到混合状态，但总的来说已经降低了混合不均匀性，其不均匀程度只在分子水平。

微观混合是指分子尺度上的混合。此时漩涡尺度已经足够小，故在此过程中主要依靠分子扩散和布朗运动实现混合。若实现了分子混合，则就形成了高度均匀的混合物质。但实际上分子扩散仅在较短的距离内发挥作用，而布朗运动则具有随机和不确定性，易受环境影响，所以要实现微观混合非常困难。

在实际混合中，若达到介观混合状态，即可认为已经实现均匀混合。

评价流体的混合优良程度有多种手段，如直接观察或间接判定。直接观察是指对物料混合状态进行观察，不需要使用其他度量手段，一般常采用加入示踪剂的方法。混合状态的间接判定是指不对各组分的混合状态进行直接观察，而是将混合流体的物理、化学等性能作为判定依据。例如，Malguamear等通过检测混合制品的酸度来判定其混合程度，即在实验前将酸剂加入试样中；Richeter等根据放热量大小判定试样的混合质量。平均混合不均匀度可以衡量混合优良程度，其计算公式为：

$$\phi = \frac{c_{i\max} - c_i}{c} \times 100\% \tag{7-1-1}$$

式中　ϕ——平均混合不均匀度；

c——有限个取样数目的平均浓度；

c_i——随机取样测量的浓度；

$c_{i\max}$——n次测试的混合液浓度。

3）掺稀输送的应用

掺稀输送一直是稠油降黏减阻输送的主要方法，在美国、加拿大、委内瑞拉和我国都得到了广泛的应用。例如，在我国辽河高升油田稠油中掺入1/3的稀油量，可使稠油50℃的黏度由2 000～4 000 mPa·s降到150～200 mPa·s。我国胜利油田、新疆油田、河南油田对于距离较远的接转站均采用掺稀降黏流程；国外的掺稀输送掺入的是轻烃、凝析油或柴油，而非稀原油；加拿大稠油（如冷湖油田60℃脱气原油黏度为35 000 mPa·s，阿尔伯达省稠油在地层17～25 ℃下的黏度为$10×10^4$～$20×10^4$ mPa·s)均采用二级布站的密闭流程;苏联秋明油田使用凝析油作为稀释剂来解决矿场集输问题。

7.1.3 稠油改质降黏输送技术

稠油改质输送就是在输油之前进行脱蜡处理或者以除碳或加氢的方法将大分子烃类物质分解为小分子的烃,从而降低稠油黏度以进行输送的方法。对于高含蜡原油,一般采用脱蜡法进行处理,脱蜡后的原油与原始原油混合后可实现低温输送。除碳过程可分为热加工(包括减黏裂化和焦化等)和催化加工(以催化裂化为代表),加氢过程可分为加氢热裂化和加氢催化裂化。

稠油改质输送是一种浅度的原油加工方法,它可以将含碳原子数高的组分有选择地裂化变成轻质油小分子,使未发生裂化的稠油组分稀释,从而降低稠油黏度和凝固点,改善稠油的流动性。

稠油改质输送技术在国外得到了比较成熟的应用,如法国提出加氢降黏裂化法,打破了传统的单纯物理降黏法,可节省降黏措施费,方便生产。TFP公司以加拿大稠油进行实验,结果见表7-1-1。

表7-1-1 加氢裂化降黏结果

区　域	相对密度		40 ℃黏度/(mPa·s)	
	加氢前	加氢后	加氢前	加氢后
诺德明斯特原油	0.962	0.942	480	10
阿萨巴斯卡原油	0.998	0.969	2 600	60
冷湖原油	0.994	0.968	6 000	100

日本瓦斯株式会社和三菱株式会社提出了"全部重油残渣改质精炼法(CHERRY-P)",用以生产轻质燃料油、城市煤气和炼钢用焦。该方法采用热裂化和重整工艺取代常用的降黏裂化和延迟焦化。

我国辽河油田为解决高含蜡、高凝固点原油降凝集输的问题,借鉴了"全部重油残渣改质精炼法(CHERRY-P)",将原油凝固点从57.5 ℃降到-2.5 ℃或-10.5 ℃。

改质降黏可以改善稠油在管道中的流动性,实现稠油的常温输送,并且所得到的副产品渣油可以用于产生氢气,或者用于加热蒸汽以驱动汽轮机发电,或者用于加热蒸汽锅炉以产生蒸汽并进行蒸汽吞吐和蒸汽驱生产等。

7.1.4 乳化降黏输送技术

乳化降黏技术主要是将稠油掺水,并加入一定的表面活性剂,使稠油的油包水型乳状液转变成水包油型乳状液,从而降低稠油黏度,进行稠油输送的方法。

稠油乳化降黏的机理是当向稠油中加入含有表面活性剂的水时,稠油转相,连续相由黏度大的稠油变为黏度小的水,形成 O/W 型乳状液,使原油与管壁的摩擦转变为水溶液与管壁的摩擦。由于水与管壁的摩擦远小于油与管壁的摩擦,因此在降低稠油黏度的同时,也可大幅度降低管线的摩阻损失。

W/O 型乳状液转变为 O/W 型乳状液是建立在对 Richarson 公式分析的基础之上的。Richarson 公式可表示为:

$$\mu = \mu_0^{\kappa\psi} \tag{7-1-2}$$

式中　μ——乳状液黏度;
　　　μ_0——外相黏度;
　　　ψ——内相所占体积分数;
　　　κ——常数,取决于 ψ 的大小。

由式(7-1-2)可知,乳状液的黏度主要取决于外相的黏度和内相的体积分数。当乳状液为 W/O 型时,油为外相,水为内相,乳状液的黏度随着油的黏度的增加而增加,且随含水率的增加呈指数增加;当乳状液为 O/W 型时,水为外相,油为内相,乳状液的黏度随油在乳状液中所占体积分数的增加而增加。

乳化降黏输送技术的关键在于乳化降黏剂的选取。目前虽然乳化降黏剂的配方很多,但对于任何原油,不管什么条件都能降黏的化学药剂尚未发现,通常特定的乳化降黏剂只适用于某一种稠油。乳化降黏剂的选择一般遵循以下原则:① 选择的乳化降黏剂一定要对稠油具有较好的乳化作用,能够形成足够稳定的 O/W 型乳状液,降黏效率高;② 形成的乳状液在一定条件下要具有不稳定性,以便于下一步的破乳脱水。要将 O/W 型乳状液应用到稠油输送上,必须首先考虑形成的乳状液要具有较好的流动性和稳定性,且乳状液易于破乳;其次应考虑乳状液须经受储存、运输过程中各种剪切和热力作用而不被破坏。国内常用的乳化油降黏剂有 AE1910,J-50,GY-1,BN-99 和 HRV 等,所用的表面活性剂有烷基磺酸钠、烷基苯磺酸钠、OP-10 等。

目前,乳化降黏输送技术在美国、加拿大、委内瑞拉等国应用较成熟,我国从 20 世纪 90 年代开始在辽河、胜利、大港油田对此项技术进行了实验,取得了初步的成果。20 世纪 40 年代初,美国加利福尼亚州的 Kern 地区由格蒂石油公司(后并入德士古公司)经营的一条直径 200 mm、长 21 km 的管线开始采用油水比为 50∶50 的乳状液输送。

20 世纪 80 年代,委内瑞拉在奥里诺科重质原油中加入体积分数为 30% 的水及少量乳化剂,制备出名为 Orimulsion(奥里乳化油)的 O/W 乳状液,其 50 ℃黏度为 300~5 000 mPa·s(相同温度下原油黏度为 6 000~40 000 mPa·s),可以稳定储存一年以上。委内瑞拉用乳化降黏技术取代了传统的加热及稀释法,解决了特重原油和天然沥青的地面输送问题,通过 ϕ914 mm 管道成功地将其从 Morichal 处理站输送到 315 km 外的 Jose 海岸中转站。

20 世纪 90 年代以来,乳化降黏技术在我国辽河、冀中等稠油油田也有应用。辽河油田曙一区超稠油(50 ℃黏度为 115 893 mPa·s)油田于 1998 年 6 月起采用乳化降黏技术输送稠油,运行效果良好;冀中南部稠油开采中,采用乳化降黏技术,在不影响原油破乳的基础上取得了很好的效果。

稠油乳化降黏技术可以大幅度降低稠油的表观黏度,减少管路的摩阻损失,但其对于乳化剂的选择和乳状液有一定的要求。此外,乳化降黏作用如何受稠油组成的影响,降黏剂结构与其性能的关系至今仍未得出明确的答案。乳化降黏技术存在的问题表现为:稠油重新脱水,同时带来了污水处理难题;形成的 O/W 型乳状液存在腐蚀问题。

7.1.5 低黏液环输送技术

低黏液环输送是指在稠油中加入一定量的低黏度不相溶液体(一般为水),在输送过程中控制油流流速在一定范围内,使油流被水环环绕,形成环形流,从而降低管输摩阻,提高管输能力,实现稠油降黏输送。

低黏液环输送方法是近年来稠油输送的研究方向之一。20 世纪 70 年代,Verschuur,James 等相继取得了低黏液环输送高黏原油的专利,在他们的试验中,管径为 1~4 in(1 in=25.4 mm),管长为 32.8~5 ft(1 ft=0.304 8 mm),水油体积比为 1:4~1:1,原油黏度为 80~9 000 mPa·s。结果表明,该方法获得了明显的减阻效果。

Russell 和 Charles 等分析了两种黏度差异较大的不互溶液体的分层流(宽水平板之间)和核心环形流,提出了一个理论模型,得出了压降折减系数和功率折减系数。根据该模型,通过建立液环流动,泵送高黏度油($\mu=1$ Pa·s)所需的功率可大幅度降低。该研究确立了液环输送作为输送重油的节能手段。

Hasson 等使用蒸馏水和煤油-四氯乙烯溶液作为试验液体,对液-液环状流进行了系统研究。他们使用环形喷嘴将液体注入管道,并通过分析水平管道中核心流体的轨迹来测量管壁的膜厚。通过高速摄影获得的测量值与模型中假设的非波状界面的预测轨迹非常一致。根据观察结果,他们提出了两种环形流破裂机制:与两种液体的相对壁润湿性密切相关的壁膜破裂机制和基于瑞利分析的瑞利核心破裂机制。

国内应用低黏液环输送稠油的实例较少,一般仅限于油田内部某输油管线应用。例如,我国胜利油田清河采油区的一条稠油集输管线初步应用了水环输送方法,并取得了较好的效果。

与其他方法相比,低黏液环输送不需加热,容易实现常温输送,能耗较低;油水容易分离,降低了后期处理的难度。室内实验表明,当含水率为管输流量的 8%~12% 时,其输送阻力约是同等输量水时的 1.5 倍。实际应用所需水量往往要达到 20%。该技术最大的不足在于流型的稳定性差,容易遭到破坏而最终形成混相。在常温下,稠油黏度非常高,若水环被破坏,流动阻力将急剧上升,管壁上会黏附许多稠油,因此低黏液环输送主要适用于输送距离不长的稠油管道。此外,在水中添加一些聚合物有利于维持水环稳定。

7.1.6 超声波处理输送技术

超声波降黏是近年来发展比较迅速的稠油降黏技术。该技术主要利用超声波的空化作用和乳化作用来降低稠油黏度,从而实现在较低温度下输送稠油。

空化是液体的一种物理作用。当一定频率的超声波作用于稠油时,在液体的某一区域会形成局部的暂时负压,这时在液体中会产生空穴或气泡,且处于非稳定状态。当气泡突然闭合时,会产生激波,于是在极短时间内,其周围的极小空间会产生很大的压力和很高的温度(达几千摄氏度),在高温、高压以及空化时产生的冲击波作用下,稠油分子中的C—C键被破坏,稠油分子降解,其内部结构改变,从而降低了稠油黏度。

乳化作用是指当高强度的超声波作用于稠油时,可使稠油内原有的一定数量的空泡产生振动,并在空泡界面上产生很大的剪切应力,在剪切应力的作用下,稠油乳化形成乳状液。当水相浓度小于一定值时,为油包水型乳状液;当水相浓度超过一定值时,乳状液类型发生突变,变为水包油型乳状液,这时稠油与管壁间以及稠油之间的摩擦就变为水与管壁以及水与水之间的摩擦,大幅度降低了液流的摩擦阻力,并降低了稠油黏度。

我国各大油田对超声波降黏输送技术相继展开研究。李兆敏等在室内对胜利浅海脱水原油进行了不同声强、频率、作用时间的超声波降黏实验,得到了超声波降黏的最佳参数组合,降黏率可达70.6%。罗艳红等将声磁降黏技术应用于锦州油田,结果表明,使用声磁降黏技术不但可以减少掺稀油,增加原油产量,而且能够有效降低生产负荷,延长设备使用寿命。辽河油田通过室内研究和现场试验开发出KSC-Ⅱ型声磁降黏处理装置。该装置可较大幅度地降低稠油黏度,现场实现了锦2-3-05等油井的不掺稀开采。

7.2 风城超稠油基础物性

7.2.1 超稠油物性

风城油田超稠油物性见表7-2-1。由表7-2-1可知,风城油田超稠油具有凝固点高、胶质沥青质含量高、密度大、含盐量高、含蜡量低的特点。

表7-2-1 风城油田超稠油物性表

序号	项目	风重37井区、重32井区、8-7井区	风010井	重059井
1	凝固点/℃	22~28	45	50
2	开口闪点/℃	160~200	220	220
3	闭口闪点/℃	120~150	125	164
4	含蜡量/%	0.2~0.8	0.12	0.43
5	胶质含量/%	15~25	20.90	19.10
6	沥青质含量/%	2~8	0.69	2.32
7	酸值/(mg KOH·g^{-1})	1.15~1.11	0.145	0.231
8	含水率/%	25~30	25.90	20.48
9	初馏点/℃	142~270	236	240
10	含盐量/(mg NaCl·g^{-1})	—	15.7	25.1
11	密度(50 ℃)/(g·cm^{-3})	0.983 6	0.967 3	1.011 4

7.2.2 超稠油黏温关系及流变特性

1) 黏温关系

选取具有代表性且能够覆盖风城油田混合稠油黏度范围的 5 种油品,其黏温关系见表 7-2-2。由表 7-2-2 可知,风城油田超稠油黏度较高,50 ℃时风 010 井黏度达 176 200 mPa·s,70 ℃时重 59 井黏度达 146 900 mPa·s;温度高于 70 ℃以后,黏度大幅度下降。

表 7-2-2 风城油田超稠油黏温关系表

温度/℃	不同井区黏度/(mPa·s)					
	风重 37 井区	重 32 井区	8-7 井区	风 010 井	重 59 井
50	8 061	51 990	7 719	176 200	—
55	—	29 900	—	80 808	—
60	3 334	16 850	3 519	53 010	—
65	—	10 450	—	27 380	—
70	1 506	6 634	1 450	16 160	146 900
75	—	4 287	—	10 280	89 990
80	745.6	3 024	769.7	6 665	42 990
85	—	2 147	—	4 661	25 940
90	364.7	1 424	399.9	3 094	17 940
95	288.5	890.1	297	2 987	10 600
100	—	—	—	15 090	15 090
105	—	—	—	10 150	10 150
110	—	—	—	7 820	7 820
115	—	—	—	5 048	5 048
120	—	—	—	3 578	3 578

2) 流变特性

风 010 井和重 59 井超稠油在不同温度下的流变曲线如图 7-2-1 所示。选用适当的本构方程对该流变曲线进行线性拟合,可得到相应的流变方程,结果见表 7-2-3。

由流变曲线和流变方程可知,在实验温度范围(50~90 ℃)内,脱水后的风 010 井和重 59 井稠油表现出牛顿流体特性,即随温度升高,油流黏度降低,且油流黏度越大,对温度就越敏感。

(a) 风 010 井

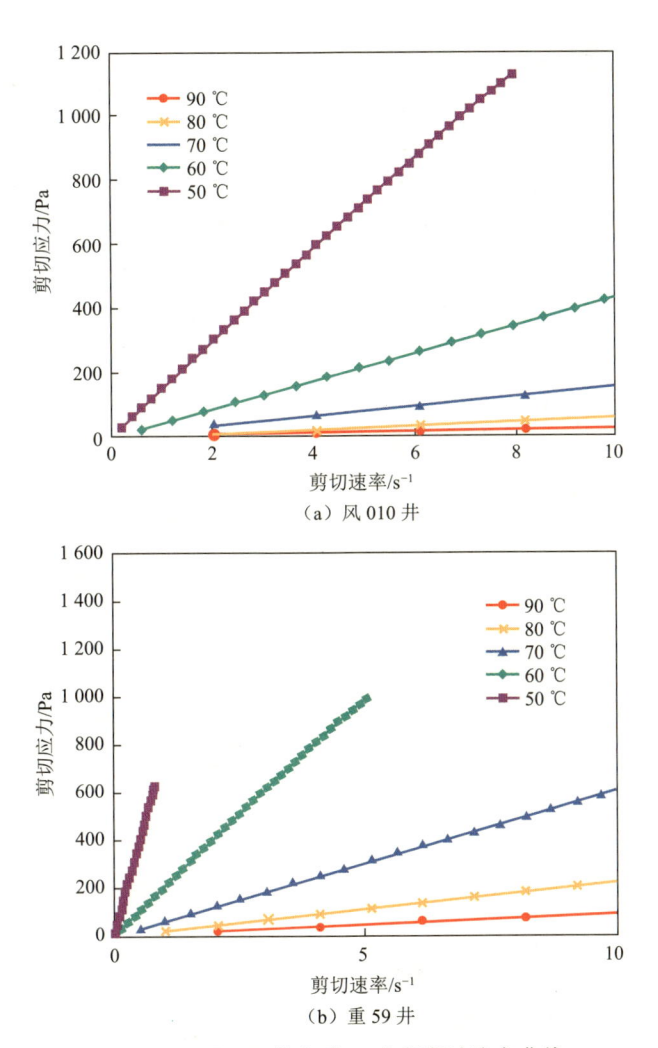

(b) 重 59 井

图 7-2-1　风 010 井和重 59 井超稠油流变曲线

表 7-2-3　风 010 井、重 59 井超稠油流变模式表

温度 /℃	风重 010 井		重 59 井	
	流变模式	R^2	流变模式	R^2
90	$\tau=2.7265\dot{\gamma}$	0.9998	$\tau=8.7923\dot{\gamma}$	0.9989
80	$\tau=5.9538\dot{\gamma}$	0.9996	$\tau=21.194\dot{\gamma}$	0.9990
70	$\tau=14.267\dot{\gamma}$	0.9979	$\tau=58.126\dot{\gamma}$	0.9982
60	$\tau=41.995\dot{\gamma}$	0.9992	$\tau=200.91\dot{\gamma}$	0.9991
50	$\tau=144.36\dot{\gamma}$	0.9992	$\tau=801.87\dot{\gamma}$	0.9993

注：τ—剪切应力，Pa；$\dot{\gamma}$—剪切速率，s^{-1}。

7.2.3 混油黏温特性

柴油的掺混量不同,其黏温性质将产生极大差异。表 7-2-4 和表 7-2-5 为两种空白油样在不同柴油掺量下的黏度。

表 7-2-4　不同柴油掺量下油样黏温特性表(油样 1)

温度 /℃	空白油样黏度 /(mPa·s)	不同柴油掺量下的混油黏度/(mPa·s)				
		5%	10%	15%	20%	30%
50	52 000	14 897	5 565	3 437	897.8	271.4
60	28 000	8 182	3 029	977.8	467.5	160.8
70	11 547	3 089	1 504	509.9	257.9	98.2
80	2 209	2 184	905.8	285.9	153.0	65.2
90	2 062	1 216	614.9	175.2	97.1	44.2
95	958.6	887.8	374.9	138.0	80.7	31.1

表 7-2-5　不同柴油掺量下油样黏温特性表(油样 2)

温度 /℃	空白油样黏度 /(mPa·s)	不同柴油掺量下的混油黏度/(mPa·s)				
		10%	15%	20%	25%	30%
50	176 200	31 200	10 840	4 054	2 477	1 614
60	53 010	8 957	3 732	1 678	1 351	904
70	16 160	4 906	2 312	966.9	531.6	319.9
80	6 665	2 206	1 123	579.7	288.5	131.9
90	3 094	1 125	626	295.2	202.4	82.0

结果表明,柴油掺量越大,降黏效果越好,当柴油掺量达 15% 时,油样 1 在 50 ℃ 的黏度降至 3 437 mPa·s;当柴油掺量达到 20% 时,油样 2 在 50 ℃ 的黏度降至 4 054 mPa·s。风城油田超稠油的柴油掺量一般为 15%～20%。

7.3　风城超稠油掺稀输送工艺技术

7.3.1　工艺原理

掺稀输送主要利用有机溶剂的相似相溶原理,掺入稀释剂的量取决于二者相溶性的大小。稠油中加入稀释剂后,混油的黏度一般取决于稀释剂的比例、原油以及稀释剂各自的黏度和密度。当稠油和稀油的黏度指数接近时,混合油黏度符合下式:

$$\lg\lg\mu_{混} = x\lg\lg\mu_{稀} + (1-x)\lg\lg\mu_{稠} \tag{7-3-1}$$

式中 $\mu_{混}$——混合油的黏度，mPa·s；

$\mu_{稀}$——稀油的黏度，也就是稀释剂的黏度，mPa·s；

$\mu_{稠}$——稠油的黏度，mPa·s；

x——稀油的质量分数。

掺稀输送的作用机理是：通过向稠油中加入稀释剂，降低胶质、沥青质的浓度，减弱沥青质胶束间的相互作用，从而降低黏度。对于含蜡量和凝固点较低而沥青质、胶质含量较高的稠油，掺稀输送的降黏效果显著。所掺稀油的相对密度和黏度越小，降凝降黏效果越好，且掺入量越大，作用越显著。一般情况下，稠油与稀油的混合温度越低，降黏效果越好，但是混合温度应高于混合油的凝固点 3~5℃，若低于凝固点，则降黏效果变差。在低温下，掺入稀油后可改变稠油流型，使其从屈服假塑性流体或假塑性流体转变为牛顿流体。

我国掺稀输送工艺技术与国外差距不大，其应用的主要制约因素为稀油来源。苏联的曼格什拉克原油外输管线因其黏度较高，掺入卡拉姆卡斯轻质原油后大幅降低了原油黏度，降黏率达95%，从而解决了高黏原油的输送问题。此外，加拿大洛伊明斯特至哈的聂斯管线掺入 22.5% 的凝析油后，可顺利输送至处理终端。

掺稀输送的优点是：

(1) 加入稀释剂后，稠油黏度会大幅度降低，可用常规方法输送；

(2) 可保证停输期间不会发生凝管现象；

(3) 稀释剂可循环利用，具有很好的经济性和适应性。

掺稀输送的缺点是：

(1) 必须保证稳定的稀释剂供应，且需要新建管线将稀释剂输送至油田处理站或首站以与稠油混输；

(2) 掺稀输送对稠油与稀油的性质都有影响；

(3) 稀油掺入前要脱水，耗能相对增加。

根据风城油田超稠油的特点及克拉玛依石化公司对终端产品品质的要求，稀释剂的筛选需要满足：① 加入的稀释剂不会影响克拉玛依石化公司特色产品的加工；② 稀释剂可循环利用；③ 稀释剂与稠油分离工艺简单，可以利用现有炼化工艺和装置进行加工，以降低成本，或稀释剂来自克拉玛依石化公司现有加工产品。此外，稠油输送管道大都在层流状态下运行，若因稀释剂的加入使流体变为紊流状态，则稀释降黏减阻的效果就会下降，因此应按层流条件确定稀释比。在考虑稀释剂与稠油的种类、稀释比、输送温度等参数的相互影响，以及对运行费用的综合影响条件下，应对比分析不同输送条件下的经济性，以确定最优稀释比范围。

由于克拉玛依石化公司是利用 250×10^4 t/a 蒸馏装置加工风城油田超稠油的，因此在装置内的常压塔的常二线蒸馏可以得到轻柴油。这种轻柴油与原料换热后即可返输至首站并掺入稠油进行输送。柴油通过石化厂已建的装置即可获得，因此不需对原有炼化装置进行改造，更无须新建装置；由稠油蒸馏获得的柴油掺入稠油不会造成稠油性质的改变，而且柴油的掺入对稠油的降黏效果也较好(掺入柴油量在 5% 时，降黏率达 50% 以上)。经经济比选后，掺入的稀释剂确定为柴油。

7.3.2　管道概况

风-克管道是国内第一条长距离超稠油输送管线。采用掺柴油输送工艺,掺混比为20%。柴油由克拉玛依石化公司提供,可循环利用。管道起点位于风城一号超稠油处理站原油罐区西侧,终点位于克拉玛依石化公司原油罐区北侧新疆油田公司克拉玛依石化交油点,线路长度为102.26 km。

风城油田超稠油设计输量为$400×10^4$ t/a,柴油设计输量为$100×10^4$ t/a。风-克管道采用$\phi457$ mm×7.1 mm 的 L450 管材,设计压力为 8 MPa,出站温度为 95 ℃;柴油管道采用$\phi219$ mm×5.2 mm 的 L290 管材,设计压力为 6.4 MPa。柴油管道除大、中型河流穿越段,铁路穿越段,带套管的等级公路穿越段外壁防腐采用 3 层 PE 加强级防腐层外,其余部分全部采用 3 层 PE 普通级防腐层。混油管道外壁全部采用普通级熔结环氧粉末防腐,聚氨酯泡沫塑料做保温层(厚度 60 mm),高密度聚乙烯(黑色)做防护层(4.5 mm±0.2 mm)。采用强制电流阴极保护法对新建混油管道与柴油管道进行联合阴极保护。全线共设置 2 座阴极保护站,分别设在首站和末站。每座站使用 2 台(其中一台备用)30 V、15 A 的带远传功能恒电位仪。

此外,该工程仪表及自动控制系统建设基于新疆油田油气储运公司的生产自动化系统规划进行,充分利用、有机整合现有数据采集与监视控制系统(supervisory control and data acquisition,SCADA)软、硬件及网络资源,辅之以工业电视监控系统、周界防范系统等弱电系统,以"保证输油管道安全、可靠、平稳、高效、经济地运行"为目标,实现现场数据采集、远程监控、远程视频监视及非法侵入报警,达到管道"有人值守,远程监控,分散控制,集中管理"的自动化水平。

管道 SCADA 系统由站控系统、中心主计算机系统、数据传输系统组成。中心主计算机系统置于昌吉调度室,通过广域网与各站控系统进行实时数据通信,实现远程监控和管理。管道采用三级监控模式:一级为调度室全线集中监控,统一调度;二级为站控系统监控;三级为现场就地控制。正常情况下,各站场由昌吉调度室主计算机系统进行远程监控、管理;当数据通信系统发生故障或主计算机系统发生故障时,二级控制即站控系统获得控制权,可对站场输油生产过程进行全面监控;当进行设备检修或事故处理时,可采用现场就地控制。

7.3.3　工艺流程

对于稠油掺稀输送时油品的混合过程、混合状况以及混合均匀性,国内外学者做了广泛的研究。孙建刚等研究了风城油田超稠油的特性,掺柴后的混油特性,掺柴工艺流程,不同输量下管道运行的水力、热力条件,以及最小启输量、最大输量及安全停输时间等。Thakur 等研究发现,当两种液体在层流条件下混合时,流体流经静态混合器接触面积很大,分子扩散使液体间浓度差缩小,实现了稀稠油的均匀混合,但混合时间较长;在湍流条件下混合时,混合时间会变短,但稠油黏度很高,通常难以达到湍流条件。因此,静态混合器难以实现两种油品的快速混合,且摩阻损失较大。刘成文等利用 Fluent 软件模拟得出,井下混合器有助于提高稀油与稠油的混合均匀程度,使降黏效果得到明显改善;随着掺稀比的增大,降黏效果变好,但混合的均匀程度并没有随着掺稀比的增大而进一步得到改善。Rahimi 等模拟分析了混合油品在罐内混合时的速度场分布以及安装搅拌器对混合状态的影响。

混合器依照其混合方式不同可分为动态、引射以及静态混合器。动态混合器是利用运动部件实现流体混合的,应用范围较广,但其能耗高、运动部件的设计和维护都比较复杂;引射混合器是利用喷管射流的方式实现流体混合的,具有能耗低、结构简单等特点,但其结构特性只适用于低黏流体;静态混合器是利用固定的部件实现流体均匀混合的。相比于动态混合器、引射混合器,静态混合器有如下特点:① 连续性较好,混合效率高;② 混合部件固定,混合稳定可靠;③ 具有良好的放大效应,适用范围广;④ 结构较简单,设备体积小;⑤ 能耗低,操作简单。静态混合器使流体混合的机理在层流与湍流时有较大差别。层流时在流体中按照"分割—移位—汇合"3 个混合要素的正常规律反复作用而进行混合,而湍流时除了上述三要素外,由于在流动断面方向发生的激烈涡流使流体受到强烈的剪切力,在混合的同时会有极少一部分流体被截留。在混合三要素中,移位是居主要地位的。各种混合器的差别仅在于使物料移位的方式不同,而由于这一差别,混合器的构造及混合性能会产生巨大差别。

1)静态混合器概述

为了扰乱流体流动或改变其流线,人们很早就在流道中设置挡板或迷宫,以此强化传热效应和层流反应,但这些构造过于简单,对于许多流体混合并不适用。另外,由机械驱动的搅拌机是目前主要的搅拌方式,其能耗损失较大。近年来,人们迫切希望能提高生产能力,降低劳动强度,因此研发出了静态混合器。

静态混合器没有可运动的元件,它借助自身结构引导流体流动,普遍适用于流体混合。我国引进的静态混合器主要有 SV 型、SX 型、SL 型、SH 型和 SK 型。

2)静态混合器的用途及性能

五类静态混合器产品用途及性能比较见表 7-3-1 及表 7-3-2。

表 7-3-1 五类静态混合器产品用途表

型 号	产品用途
SV 型	适用于黏度≤10^2 mPa·s 的液-液、液-气、气-气的混合、乳化、反应、吸收、萃取、强化传热等过程,单元水力直径≤3.5 mm 时适用于清洁介质,单元水力直径≥5 mm 时适用于伴有少量非黏结性杂质的介质
SX 型	适用于黏度≤10^4 mPa·s 的中高黏液-液混合、反应、吸收过程或生产高聚物流体的混合、反应过程,处理量大时使用效果更佳
SL 型	适用于化工、石油、油脂等行业黏度≤10^6 mPa·s 或伴有高聚物流体的混合,同时可进行传热、混合和传热反应的热交换器,加热或冷却黏性产品等单元操作

续表 7-3-1

型　号	产品用途
SH 型	适用于精细化工、塑料、合成纤维、矿冶等部门的混合、乳化、配色、注塑纺丝、传热等过程,对流量小、混合要求高的中高黏度($\leq 10^4$ mPa·s)的清洁介质尤为适用
SK 型	适用于石油、化工、炼油、精细化工、塑料加工、环保、矿冶等部门的中高黏度($\leq 10^6$ mPa·s)流体或液-固混合、反应、萃取、吸收、传热等过程,对小流量且伴有杂质的黏性介质尤为适用

表 7-3-2　五类混合器的性能比较

型　号	SV 型	SX 型	SL 型	SH 型	SK 型
分散、混合效果① （强化倍数）	8.7～15.2	6.0～14.3	2.1～6.9	4.7～11.9	2.6～7.5
适用介质情况黏度 /(mPa·s)	清洁流体 $\leq 10^2$	可伴杂质的流体 $\leq 10^4$	可伴杂质的流体 $\leq 10^6$	清洁流体 $\leq 10^4$	可伴杂质的流体 $\leq 10^6$
层流状态压降 （Δp 倍数）	18.6～23.5②	11.6	1.85	8.14	1
完全湍流压降 （Δp 倍数）	2.43～4.47	11.1	2.07	8.66	1

注:① 比较条件是介质相同,混合设备的长度、规格相近,忽略压降影响,流速为 0.15～0.60 m/s 时混合设备与空管比较;② 18.6 倍是指单元水力直径≥5 mm 时的压降倍数,23.5 倍是指单元水力直径＜5 mm 时的压降倍数(以 SK 型的压降为基准)。

以新疆油田油气储运公司 701 油库为例。该油库采用 SK 型静态混合器,其内部含有 6 个 SK 型叶片。SK 型叶片是将金属板条的一端相对另一端顺时针或逆时针扭转 180°后形成的。叶片在管内交错 90°连接,相邻叶片的旋向相反。SK 型静态混合器较适用于 1 000 Pa·s 以下的高黏介质或含有杂质的介质,油流经过混合器后压降相对较小,流道不易堵塞,混合效果良好,非常适宜应用在稠油掺稀工艺过程中。

在稠油掺稀降黏输送的过程中,SK 型静态混合器能有效提高稠、稀油的混合效果和稀油的利用率,其叶片个数直接决定了稀油在混合器内的流量,即决定了混合器内流体的流动速度,进而影响混合器内稀稠油的混合效果与降黏效率。

7.3.4　场站布置

目前,风城油田超稠油采用掺柴油输送工艺,管线全长 102.26 km,一泵到底。共建两条管道,一条为柴油管道,一条为混油管道,分别输送柴油及其与稠油的混油,且两条管道同沟敷设。柴油作为超稠油外输的稀释剂,不但可以安全有效地解决风城超稠油长输问题,满足下游石化公司特色产品的加工要求,而且可在不改变超稠油性质的条件下使油品黏度大幅降低。

混油管道沿线设风城首站与克拉玛依石化公司末站,柴油管道设克拉玛依石化公司首站与风城末站,混油管道首站与柴油管道末站合建,混油管道末站与柴油管道首站合建。

1)首站

风城首站建于风城油田一号超稠油处理站内,以站内已建的 8 座 7 000 m³ 净化油储罐作为稠油储罐。风城首站具有收油、油品增压、压力调节、柴油定量掺混、油品反输与清管器发送等功能。

(1)站场分区。

首站站内分为混油外输装置区、出站阀组区、柴油掺混装置区以及柴油罐区。其中,混油外输装置区设有 4 台(3 用 1 备)外输泵,并联安装;输油泵进出口阀均为电动平板阀,出泵流量、压力调节以变频调速为主、阀门回流调节为辅。出站阀组区设有 1 套清管器发送装置。柴油掺混装置区设有低压掺混系统、高压掺混系统、静态混合器以及流量计和调节阀,其中低压掺混系统设有 3 台(2 用 1 备)低压输送泵,主要通过调节阀调节流量将柴油定量掺入原油处理站管汇间;高压掺混系统设有 3 台(2 用 1 备)高压输送泵,输送柴油与稠油在静态混合器内掺混,使之充分混合后外输。柴油罐区设有 2 座 7 000 m³ 柴油储罐。

(2)工艺流程。

首站工艺过程包括掺混流程、外输流程及事故流程。图 7-3-1 所示为首站掺混流程及外输流程。掺混流程为:管道来柴油,一路经过柴油泵,再经流量计计量后掺入处理站管汇间;另一路经过柴油泵,再经流量计计量后,与稠油在静态混合器中掺混。外输流程为:稠油与柴油掺混后,通过外输泵进入混油管道,输送到末站。

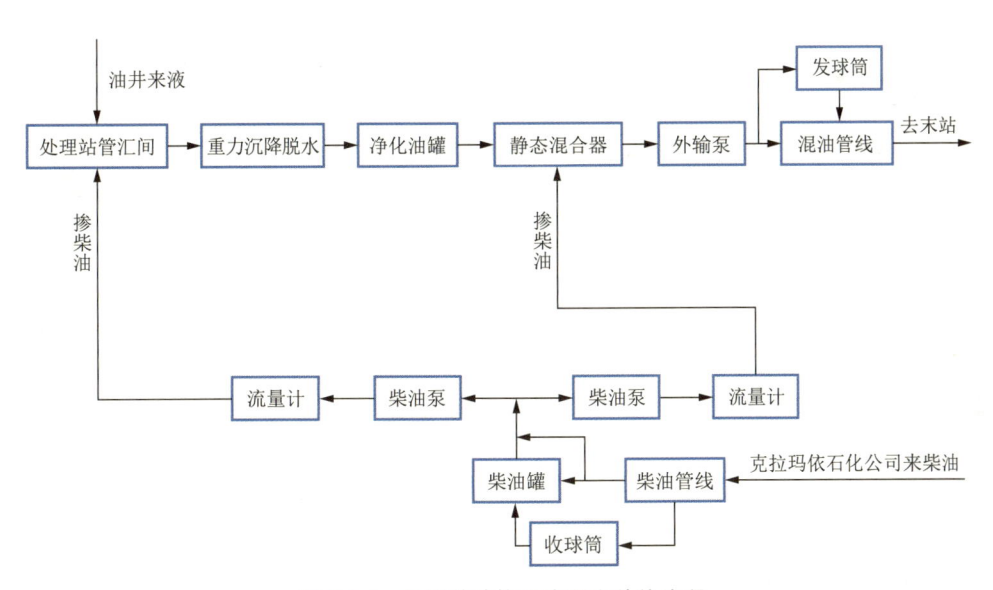

图 7-3-1 风城首站掺混流程和外输流程

如果混油管道发生事故停输,则可启动离心泵将柴油注入干线中,顶替管内稠油。风城首站事故处理流程如图 7-3-2 所示。

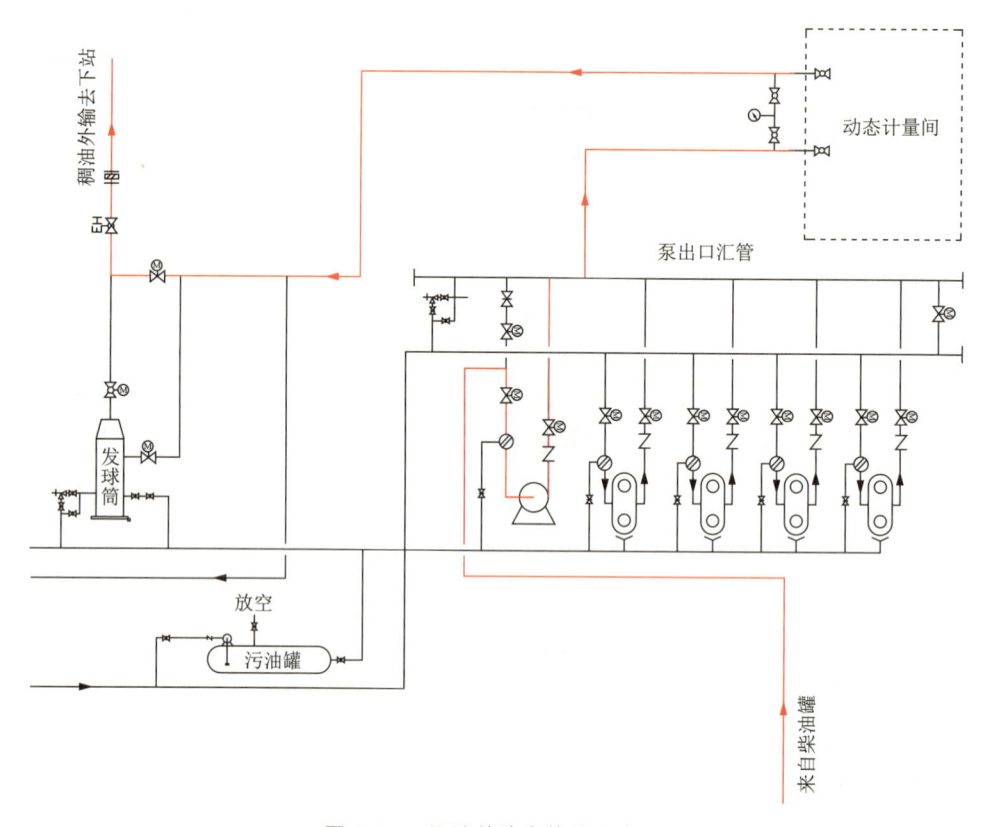

图 7-3-2 风城首站事故处理流程

2)末站

末站位于已建的油气储运公司炼油厂交油点处,主要接收风城来混油,并通过动态计量系统向克拉玛依石化公司交接油品,同时接收克拉玛依石化公司柴油并通过柴油管道输送至风城首站,其混油和柴油储罐均依托克拉玛依石化公司储罐。

(1)站场分区。

末站包括收球区、计量区、柴油外输泵房区。其中,收球区设有 1 座收球筒;计量区设有 1 套动态交接计量装置,用于计量交接管输稠油,并设有 4 路(3 用 1 备)计量通道,计量装置标定系统使用油气储运公司已建体积管标定装置;柴油外输泵房区设有 2 台(1 用 1 备)外输泵,并联安装。

(2)工艺流程。

上站来混油进入动态交接计量装置,经计量交接后进入克拉玛依石化公司稠油储罐;克拉玛依石化公司柴油罐区的柴油管输至风城首站。克拉玛依石化公司末站工艺流程如图 7-3-3 所示。

(a)来油交接计量流程

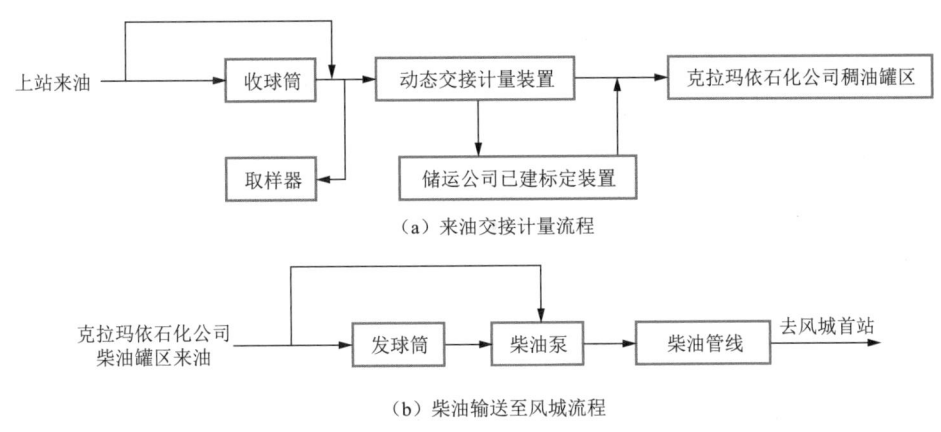

(b)柴油输送至风城流程

图 7-3-3　克拉玛依石化公司末站工艺流程

7.4　应用效果分析

与其他降黏减阻输送工艺相比,掺稀输送的约束条件较多(主要制约因素为稀油来源),但掺稀输送能大幅降低输送温度,且管道输送效率较高,若能解决稀油来源的制约,其技术经济优势明显。

风城油田掺稀输送的柴油通过克拉玛依石化公司已建的装置即可获得,因此不需对原有炼化装置进行改造,更无须新建装置,同时由稠油蒸馏获得的柴油掺入稠油不会造成稠油性质的改变,即不影响克拉玛依石化公司特色产品的加工,而且柴油的掺入对稠油的降黏效果也较好。当掺入柴油量在5%时,降黏率均在50%以上。

参 考 文 献

[1] 刘霞.WH稠油管道安全经济优化运行分析[D].青岛:中国石油大学(华东),2017.
[2] 高婷.针对新疆超稠油管道输送的可行性研究[D].西安:西安石油大学,2013.
[3] 龙震.稠油管道输送技术方法综述[J].当代化工,2016,45(8):2030-2032.
[4] 沈瞳瞳.稠油掺稀均质化流场模拟及混合元件改进[D].成都:西南石油大学,2017.
[5] 骆培成,程易,汪展文,等.液-液快速混合设备研究进展[J].化工进展,2005,24(12):1319-1326.
[6] MALGUARNERA S C,SUH N P. Liquid injection molding I. An investigation of impingement mixing[J]. Polymer Engineering & Science,1977,17(2):111-115.
[7] RICHTER E B,MACOSKO C W. Kinetics of fast (RIM) urethane polymerization[J]. Polymer Engineering & Science,1978,18(13):1012-1018.
[8] 王勇.静态混合器混合机理研究[D].大庆:大庆石油学院,2006.
[9] 贺丰果.辽河油田超稠油掺活性水原油降黏剂的研究[D].成都:西南石油大学,2006.
[10] JAMALUDDIN A K M,NACZARKO T W. Controlling sand production during downhole emulsification[J]. Journal of Canadian Petroleum Technology,1995,34(7):22-28.
[11] 迟尚忠,王宝昌,刘爱国.奥里乳化油的生产和储运[J].石油规划设计,1997(4):46-48.

[12] 付亚荣,马永忠,底国彬,等.HRV系列降黏剂在冀中南部稠油开采中的应用[J].油田化学,1999,16(3):206-208.
[13] 段林林,敬加强,周艳杰,等.稠油降黏集输方法综述[J].管道技术与设备,2009(5):15-18,22.
[14] 石在虹,石爽,韩冬深,等.稠油掺稀多相流动规律及生产参数设计[J].水动力学研究与进展(A辑),2012,27(3):284-292.
[15] 孙建刚,赵文峰,李庆杰.风城超稠油外输管道掺稀输送工艺[J].油气储运,2014,33(6):662-664,679.
[16] THAKUR R K,Vial C,NIGAM K,et al. Static mixers in the process industries—A review[J]. Chemical Engineering Research and Design,2003,81(7):787-826.
[17] 刘成文,魏洪波,李兆敏.旋流式混合器对油管掺稀降黏效果影响的数值模拟[J].科学技术与工程,2012,12(16):3848-3851.
[18] RAHIMI M. The effect of impellers layout on mixing time in a large-scale crude oil storage tank[J]. Journal of Petroleum Science and Engineering,2005,46(3):161-170.
[19] 沈张根.静态混合器基础及应用[J].化工装备技术,1984(4):50-64.
[20] 陈志平,章序文,林兴华.搅拌与混合设备设计选用手册[M].北京:化学工业出版社,2004.
[21] 万宇飞,邓道明,刘霞,等.稠油掺稀管道输送工艺特性[J].化工进展,2014,33(9):2293-2297.
[22] 刘敏,廖冲,叶玉娟.稠油管道输送降粘方法研究[J].西部探矿工程,2013,25(5):58-60.
[23] 杜仕林.稠油水环输送过程数值模拟及实验研究[D].青岛:中国石油大学(华东),2018.
[24] 蒋文明,杨旭东,李琦瑰,等.稠油水环节能输送实验系统构建[J].实验技术与管理,2021,38(5):50-54.
[25] 王阳恩,程衍富,凌向虎.超声波在稠油输送中的应用[J].油气储运,1999(4):10-11.
[26] 李兆敏,林日亿,张平,等.超声波对胜利浅海原油降粘实验研究[J].水动力学研究与进展(A辑),2004,19(4):463-468.
[27] 罗艳红.声磁降粘技术的原理及在锦州油田的应用[J].内蒙古石油化工,2009,35(20):99-100.
[28] RUSSELL T,CHARLES M E. The effect of the less viscous liquid in the laminar flow of two immiscible liquids[J]. Canadian Journal of Chemical Engineering,1959,37(1):18-24.
[29] HASSON D,NIR A. Annular flow of two immiscible liquids Ⅱ. Analysis of coreliquid ascent[J]. Canadian Journal of Chemical Engineering,1970,48(5):521-576.